"十二五"普通高等教育本科国家规划教材
高等教育计算机学科"应用型"教材

C/C++程序设计教程——面向对象分册（第3版）

郑秋生　主　编
刘凤华　王文奇　李晓宇　副主编
　　　　　　　　王黎明　主　审

电子工业出版社
Publishing House of Electronics Industry
北京·BEIJING

内容简介

本书属于 C++程序设计系列教材，分为面向过程和面向对象两个分册。

面向对象分册详细阐述了 C++语言中面向对象程序设计的语法和思想。主要内容包括类与对象、继承与派生、虚函数与多态性、异常处理、模板和 STL 标准模板库等内容。书中通过流行的 UML 工具描述 C++ 类，内容讲解清晰，实例丰富，力避代码复杂冗长，注重程序设计思想。简短的实例和 UML 图特别有助于初学者更好地理解、把握解决问题的精髓，帮助读者快速掌握面向对象程序设计的基本方法。

本书的特点是实例丰富，重点突出，叙述深入浅出，分析问题透彻，既有完整的语法，又有大量的实例，突出程序设计的思想和方法，将 C 语言程序设计和 C++程序设计有机地统一起来。本书特别适合作为计算机学科各应用型本科、专科的 C 语言程序设计和 C++语言程序设计教材，也可作为其他理工科各专业的教材，还适合作为相关专业技术人员的自学参考书。

未经许可，不得以任何方式复制或抄袭本书之部分或全部内容。
版权所有，侵权必究。

图书在版编目（CIP）数据

C/C++程序设计教程. 面向对象分册/郑秋生主编. —3 版. —北京：电子工业出版社，2019.1
ISBN 978-7-121-33047-6

Ⅰ. ①C… Ⅱ. ①郑… Ⅲ. ①C 语言－程序设计－高等学校－教材②C++语言－程序设计－高等学校－教材 Ⅳ. ①TP312.8

中国版本图书馆 CIP 数据核字（2017）第 280705 号

策划编辑：张贵芹
责任编辑：康　霞
印　　刷：三河市君旺印务有限公司
装　　订：三河市君旺印务有限公司
出版发行：电子工业出版社
　　　　　北京市海淀区万寿路 173 信箱　邮编　100036
开　　本：787×1092　1/16　印张：22.75　字数：582.4 千字
版　　次：2008 年 2 月第 1 版
　　　　　2019 年 1 月第 3 版
印　　次：2019 年 1 月第 1 次印刷
定　　价：47.00 元

凡所购买电子工业出版社图书有缺损问题，请向购买书店调换。若书店售缺，请与本社发行部联系，联系及邮购电话：(010) 88254888，88258888。

质量投诉请发邮件至 zlts@phei.com.cn，盗版侵权举报请发邮件至 dbqq@phei.com.cn。
本书咨询联系方式：(010) 88254511；82470125@qq.com。

前　　言

　　本书主要作者都是有着丰富教学经验的一线教师，从事 C/C++语言程序设计课程教学多年，深知学生在学习 C++语言程序设计这门课程后，对程序设计方法、算法设计、调试程序、习题解答的茫然和疑惑，因此本书在介绍理论知识、相关概念和语言语法时，始终强调其在程序设计中的作用，使语言语法与程序设计相结合。同类书籍大部分偏重于对语言语法和概念的介绍，虽然在书中有针对一个语法和知识点的程序例子，但学生对每章内容在实际程序设计中的作用缺乏了解，而本书每章节后都附有针对性较强的应用实例分析，尽可能使初学者在学习每章的内容后，拿到题目就能够独立进行程序设计、解决实际问题，而不至于无从下手。本书有以下五个鲜明特点。

　　第一，改变了传统的教学模式：先讲 C 语言程序设计，再讲 C++对 C 语言的扩展、面向对象的程序设计。本书将 C/C++ 语言的学习很好地融在一起，让读者把面向过程和面向对象的程序设计方法有机地结合在一起，面向过程和面向对象两分册都统一使用 Visual Studio 2013 编译器。

　　第二，改变了传统教材以语言、语法学习为重点的缺陷，从基本的语言、语法学习上升到程序的"设计、算法、编程、调试"层次。为了让学生更好地掌握程序开发思想、方法和算法，书中提供了大量简短、精辟的代码有助于初学者学习解决问题的精髓，并且在每章后都有一节关于程序综合设计的内容，有一个或多个较大的程序，帮助读者更好地掌握程序设计方法和解决实际问题的能力。

　　第三，强调程序的设计方法，大量例题有流程图、N-S 图和 UML 图，即突出程序的算法和设计而不仅仅是语法和编程，培养学生程序设计能力和程序调试技能，养成好的编程习惯，为专业程序员的培养打下好的基础。

　　第四，培养学生面向对象程序设计的能力，引导学生建立程序设计的大局观，帮助学生掌握从客观事物中抽象出 C++类的方法。通过系统的学习，使学生的编程能力上一个台阶，具备解决复杂问题的程序设计能力。

　　第五，根据当前实际大型软件项目开发的需要，加大了异常处理、模板等内容，新增 STL 标准模板库，并通过流行的 UML 工具设计 C++类。

　　本书的编写充分考虑了目前应用型本科 C/C++语言程序设计课程教学的实际情况和存在的问题：

　　第一，学生在大一阶段的基础课程较多，不可能投入过多的精力来学习本门课程。

　　第二，大学生对这门课学习的期望值很高，但对学习时可能遇到的困难估计不足。

　　第三，大学生现有的上机实践条件大大改善，特别有利于贯彻先进的精讲多练的教学思想。

　　第四，学生学会了语言的语法，仍不具备解决实际问题的能力，学生的程序设计、算法设计、编程、调试能力相对较差。

　　本书正是考虑了学生的这些实际问题，进而精心编写的一套面向应用型本科的 C/C++语言程序设计教程,特别适合于分两个学期系统讲授 C/C++语言程序设计。第一学期讲授面向过程分册,第二学期讲授面向对象分册。

本分册共分 9 章,第 1~4 章主要阐述面向对象程序设计的重要概念:类和对象、继承与派生、虚函数与多态性。第 5 章介绍输入/输出流技术,第 6 章主要介绍异常的概念、异常的产生及异常的处理机制,第 7 章和第 8 章介绍模板和 STL 标准模板库,第 9 章主要讲述面向对象的分析与设计方法,并以实例形式详细介绍如何用 C++语言进行程序设计。

为了方便使用本教材的教师备课,我们还提供了配套的电子教案公开放在网站上,供任课教师自由下载使用。相信我们多年的教学经验会对广大师生的教和学有所帮助。建议本分册的教学学时为 60 学时,其中理论教学 44 学时,课内上机实践 16 学时,课外上机不少于32 学时。

本书的编写得到了河南省计算机学会的大力支持,其组织河南多所高校编写了高等教育计算机学科"应用型"系列教材。参编本书的高校有中原工学院、郑州大学、河南科技大学、郑州轻工业学院。

本书由郑秋生任主编,第 1 章和附录 A 由张晓玲(河南科技大学)和夏敏捷编写,第 2章和第 3 章由王海龙和苏安婕编写,第 4 章由王文奇编写,第 5 章由王璐编写,第 6 章和第 7 章由宋宝卫(郑州轻工业学院)编写,第 8 章由李晓宇(郑州大学)编写,第 9 章由刘凤华编写,附录 B 和 C 由郑秋生编写。全书最终由中原工学院郑秋生修改并统稿。郑州大学王黎明为本书提出了改进意见,在此谨向他们表示衷心的感谢。

由于编者水平有限,时间仓促,书中难免有错,敬请广大读者批评指正,在此表示感谢。
作者邮箱:zqs@zzti.edu.cn。

编　者

目　录

第1章　类和对象 ·········· 1
  1.1　从 C 到 C++ ·········· 3
    1.1.1　C++的诞生 ·········· 3
    1.1.2　C++对 C 的扩充 ·········· 3
    1.1.3　面向对象和面向过程的区别 ···· 9
    1.1.4　命名空间 ·········· 12
  1.2　面向对象程序设计的基本概念 ······ 17
    1.2.1　类 ·········· 17
    1.2.2　对象 ·········· 18
    1.2.3　封装与数据隐藏 ·········· 18
    1.2.4　继承 ·········· 18
    1.2.5　多态性 ·········· 19
    1.2.6　消息 ·········· 19
  1.3　类和对象的定义 ·········· 19
    1.3.1　类的定义 ·········· 20
    1.3.2　成员函数的定义 ·········· 23
    1.3.3　类对象的定义 ·········· 26
    1.3.4　对象成员的访问 ·········· 27
    1.3.5　类对象的内存分配 ·········· 32
    1.3.6　this 指针 ·········· 33
  1.4　构造函数和析构函数 ·········· 35
    1.4.1　构造函数的定义 ·········· 35
    1.4.2　构造函数的重载 ·········· 38
    1.4.3　带默认参数的构造函数 ······ 40
    1.4.4　析构函数 ·········· 42
    1.4.5　拷贝构造函数和默认拷贝
　　　　　构造函数 ·········· 43
  1.5　综合应用举实例 ·········· 48
  习题 1 ·········· 50

第2章　类和对象的进一步应用 ·········· 55
  2.1　对象的进一步应用 ·········· 57
    2.1.1　堆对象 ·········· 57
    2.1.2　对象数组 ·········· 57
    2.1.3　类对象作为成员 ·········· 59
    2.1.4　面向对象程序中的常量 ······ 62
  2.2　静态成员 ·········· 65
    2.2.1　静态数据成员 ·········· 65
    2.2.2　静态成员函数 ·········· 67
  2.3　友元函数和友元类 ·········· 71
    2.3.1　友元函数 ·········· 71
    2.3.2　友元类 ·········· 75
  2.4　string 类 ·········· 77
    2.4.1　char 型字符串 ·········· 77
    2.4.2　string 型字符串定义 ·········· 77
    2.4.3　string 类构造函数 ·········· 78
    2.4.4　string 类成员函数 ·········· 79
  2.5　综合应用实例 ·········· 82
  习题 2 ·········· 86

第3章　继承与派生 ·········· 91
  3.1　继承与派生的基础知识 ·········· 93
    3.1.1　继承与派生的基本概念 ······ 93
    3.1.2　派生类的声明方式 ·········· 94
    3.1.3　派生类的构成 ·········· 97
  3.2　类的继承方式 ·········· 98
    3.2.1　公有继承 ·········· 98
    3.2.2　私有继承 ·········· 100
    3.2.3　保护继承 ·········· 102
    3.2.4　继承方式的总结和比较 ······ 102
  3.3　派生类的构造函数与析构函数 ······ 103
    3.3.1　简单派生类的构造函数 ······ 104
    3.3.2　析构函数 ·········· 105
    3.3.3　复杂派生类构造函数和析构
　　　　　函数 ·········· 106
    3.3.4　派生友元类 ·········· 109
  3.4　基类对象与派生类对象的相互
　　　转换 ·········· 110
  3.5　多重继承 ·········· 112
    3.5.1　多重继承的定义 ·········· 112
    3.5.2　多重继承中的二义性问题 ···· 114
  *3.6　虚继承和虚基类 ·········· 119
    3.6.1　虚继承和虚基类的定义 ······ 119

3.6.2 虚基类及其派生类构造函数
执行顺序 ················· 122
3.7 C++11 新特性之继承构造函数和
委派构造函数 ················· 124
3.7.1 继承构造函数 ············· 124
3.7.2 委派构造函数 ············· 125
3.8 综合应用实例 ················· 126
习题 3 ····························· 139

第 4 章 多态性 ···················· 147
4.1 多态性的概念 ················· 149
4.2 运算符重载 ··················· 149
4.2.1 运算符重载概述 ··········· 149
4.2.2 运算符重载的实现 ········· 150
4.2.3 单目运算符重载 ··········· 151
4.2.4 双目运算符重载 ··········· 153
4.2.5 赋值运算符重载 ··········· 156
4.2.6 下标运算符[ ]重载 ········· 159
4.2.7 关系运算符重载 ··········· 161
4.2.8 类型转换运算符重载 ······· 163
4.2.9 函数对象 ················· 164
4.3 联编和虚函数 ················· 165
4.3.1 静态联编和动态联编 ······· 165
4.3.2 虚函数的引入 ············· 165
4.3.3 虚函数的定义 ············· 168
4.3.4 动态联编的工作机制 ······· 170
4.3.5 虚析构函数 ··············· 171
4.4 纯虚函数和抽象类 ············· 173
4.4.1 纯虚函数 ················· 173
4.4.2 抽象类 ··················· 173
4.5 综合应用实例 ················· 176
习题 4 ····························· 181

第 5 章 输入/输出流 ·············· 183
5.1 输入/输出流的基本概念 ······· 185
5.1.1 从 C 语言的输入/输出函数
到 C++的输入/输出流 ····· 185
5.1.2 流的概念及流类库 ········· 186
5.1.3 流的深入探讨 ············· 187
5.2 面向标准设备的输入/输出流 ··· 188
5.2.1 标准流对象 ··············· 188
5.2.2 标准输入/输出流的
格式化 ··················· 189

5.2.3 用流成员函数实现输入/
输出 ····················· 195
5.3 面向文件的输入/输出流 ······· 197
5.3.1 文件流类与文件流对象 ····· 197
5.3.2 文件的打开和关闭 ········· 198
5.3.3 文本文件的输入/输出
（读/写） ················· 200
5.3.4 二进制文件的输入/输出
（读/写） ················· 202
5.3.5 文件的随机访问 ··········· 204
5.4 面向内存的字符串流 ··········· 206
5.5 自定义数据类型的输入/输出 ··· 210
5.6 综合应用实例 ················· 211
习题 5 ····························· 216

第 6 章 异常处理 ·················· 219
6.1 异常的概念 ··················· 221
6.2 异常处理机制 ················· 222
6.2.1 异常处理机制的组成 ······· 222
6.2.2 异常处理的实现 ··········· 222
6.3 异常处理规范 ················· 227
6.4 标准库中的异常类 ············· 229
6.5 C++11 引入的异常处理 ········ 230
6.6 综合应用实例 ················· 231
习题 6 ····························· 236

第 7 章 模板 ······················ 237
7.1 模板的概念 ··················· 239
7.2 函数模板 ····················· 239
7.2.1 函数模板语法 ············· 240
7.2.2 函数模板实例化 ··········· 241
7.2.3 函数模板中模板参数隐式
转换产生的错误 ··········· 243
7.2.4 用户定义的参数类型 ······· 245
7.2.5 函数模板和模板函数 ······· 247
7.2.6 使用函数模板需要注意的
问题 ····················· 247
7.3 类模板 ······················· 248
7.3.1 类模板的语法 ············· 249
7.3.2 类模板实例化 ············· 250
7.3.3 类模板的派生和继承 ······· 258
7.3.4 使用类模板的注意事项 ····· 260

7.4 C++11 标准的模板新内容 ············261
    7.4.1 模板的右尖括号 ···············261
    7.4.2 别名模板 ··························261
    7.4.3 函数模板的默认参数 ·······262
    7.4.4 变长参数 ························264
7.5 综合应用实例 ·····························266
习题 7 ···270

第 8 章 标准模板库(STL)的介绍及应用 ······273
8.1 标准模板库（STL）的概念 ·······275
    8.1.1 什么是 STL ····················275
    8.1.2 STL 的组成部分 ·············275
    8.1.3 STL 对 C++的影响 ·········276
8.2 容器 ···276
    8.2.1 容器简介 ·························276
    8.2.2 容器的结构 ·····················277
    8.2.3 容器的使用 ·····················278
8.3 迭代器 ···284
    8.3.1 输入迭代器 ·····················285
    8.3.2 输出迭代器 ·····················285
    8.3.3 前向迭代器 ·····················286
    8.3.4 双向迭代器 ·····················287
    8.3.5 随机访问迭代器 ·············287
    8.3.6 迭代器的使用 ·················287
8.4 算法 ···288
    8.4.1 算法和函数对象 ·············288
    8.4.2 算法分类介绍 ·················289
8.5 综合应用实例 ·····························293
习题 8 ···296

第 9 章 面向对象程序设计实例 ············297
9.1 图书管理系统需求分析 ·············299
    9.1.1 需求分析的任务 ·············299
    9.1.2 图书管理系统需求描述 ·······299
    9.1.3 图书管理系统需求 ·········299

9.2 图书管理系统需求模型 ·············300
    9.2.1 图书管理系统用例图 ·····300
    9.2.2 图书管理系统用例规约 ·······301
9.3 图书管理系统设计 ·····················308
    9.3.1 分析类 ·····························308
    9.3.2 顺序图 ·····························308
    9.3.3 设计类图 ·························309
    9.3.4 系统结构设计 ·················310
9.4 图书管理系统的实现 ·················311
    9.4.1 类的定义 ·························311
    9.4.2 类的实现 ·························313
    9.4.3 用户界面设计 ·················322
    9.4.4 系统主函数 ·····················323
    9.4.5 系统管理员功能模块 ·····325
    9.4.6 普通管理员功能 ·············328
习题 9 ···331

附录 A 常用容器与算法介绍 ············332
A.1 常用容器 ·····································332
    A.1.1 向量（vector） ···············332
    A.1.2 列表（list） ····················334
    A.1.3 双队列（deque） ············336
    A.1.4 栈（stack） ·····················339
    A.1.5 队列（queue） ················339
A.2 常用算法 ·····································340
    A.2.1 非修正算法 ·····················340
    A.2.2 修正算法 ·························341
    A.2.3 排序算法 ·························342
    A.2.4 数值计算算法 ·················344

附录 B C++新特性 ·······························345

附录 C C/C++跨平台开源开发环境——Code::Blocks ···································351

参考文献 ···356

第 1 章

类和对象

C++是一种面向对象的程序设计语言，为面向对象技术提供了全面的支持。学习C++首先要认识类和对象，掌握它面向对象的特性和实现面向对象的方法。类是构成实现面向对象程序设计的基础，也是C++封装的基本单元，对象是类的实例。本章主要介绍类和对象的基本概念、类的定义和使用，以及类的一些特性。

通过对本章的学习，应该重点掌握以下内容：

- ➢ C++对C的扩充。
- ➢ 面向对象程序设计的基本特点。
- ➢ 类和对象的定义与使用。
- ➢ 构造函数和析构函数。
- ➢ 拷贝构造函数。

1.1 从 C 到 C++

1.1.1 C++的诞生

计算机诞生初期，人们要使用计算机必须用机器语言或汇编语言编写程序。世界上第一种计算机高级语言诞生于 1954 年，它是 FORTRAN 语言，先后出现了多种计算机高级语言，其中使用最广泛、影响最大的当属 BASIC 语言和 C 语言。

BASIC 语言是 1964 年在 FORTRAN 语言的基础上简化而成的，它是为初学者设计的小型高级语言。

C 语言是 1972 年由美国贝尔实验室的 D.M.Ritchie 研制成功的。它不是为初学者设计的，而是为计算机专业人员设计的。大多数系统软件和许多应用软件都是用 C 语言编写的。

但是随着软件规模的增大，用 C 语言编写程序渐渐显得有些吃力了。

1982 年，美国 AT&T 公司贝尔实验室的 Bjarne Stroustrup 博士在 C 语言的基础上引入并扩充了面向对象的概念，发明了一种新的程序语言。为了表达该语言与 C 语言的渊源关系，它被命名为 C++。此后 C++语言不断完善。例如，1990 年 C++语言引入模板和异常处理的概念。1993 年引入运行时类型识别（RTTI）和命名空间（Name Space）的概念。1997年，C++语言成为美国国家标准（ANSI）。1998 年，C++语言又成为国际标准（ISO）。目前，C++语言已成为使用最广泛的面向对象程序设计语言之一。

C++是由 C 发展而来的，与 C 兼容。用 C 语言写的程序基本上可以不加修改地用于 C++。从 C++的名字可以看出它是 C 的超集。C++既可用于面向过程的结构化程序设计，又可用于面向对象的程序设计，是一种功能强大的混合型程序设计语言。

1.1.2 C++对 C 的扩充

C 是一种结构化语言，它的重点在于算法和数据结构。C 程序的设计首要考虑的是如何通过一个过程，对输入（或环境条件）进行运算处理得到输出（或实现过程（事务）控制），而对于 C++，首要考虑的是如何构造一个对象模型，让这个模型能够契合与之对应的问题域，这样就可以通过获取对象的状态信息得到输出或实现过程（事务）控制。

所以 C 与 C++的最大区别在于它们用于解决问题的思想方法不一样。

C++语言是 C 语言的超集，与 C 语言具有良好的兼容性，使用 C 语言编写的程序几乎可以不加修改直接在 C++语言编译环境下进行编译。C++语言对 C 语言在结构化方面做了一定程度的扩展。C++既可用于面向过程的结构化程序设计，也可用于面向对象的程序设计。在面向过程程序设计领域，C++继承了 C 语言提供的绝大部分功能和语法规定，并在此基础上做了不少扩充，主要有以下几个方面。

1. 输入/输出

为了方便使用，除了可以利用 printf 和 scanf 函数进行输入和输出外，还增加了标准输入流/输出流 cin 和 cout。它们是在头文件 iostream 中定义的，标准流是不需要打开文件和关闭文件就能直接操作的流式文件，而标准输入流是指从键盘上输入的数据，标准输出流是指向屏幕输出的数据流。

1）用 cout 进行输出

输出操作使用的是输出流对象 cout。采取的运算符是"<<"，称作"输出运算符"或"插入运算符"。

可以在一个输出语句中使用多个"<<"运算符将多个输出项插入到输出流 cout 中，"<<"运算符的结合方向为自左至右，因此多个输出项按自左至右的顺序插入到输出流中。可以使用多个"<<"将一大堆数据像糖葫芦一样串起来，然后再用 cout 输出。

格式：cout <<表达式 1[<<后跟一个表达式]

用 cout 和"<<"可以输出任何类型的数据，例如：

```
int a;
float b;
char name[10];
cout<<a<<b<<name<<"\n ";
```

也可以不用"\n"控制换行，在头文件 iostream 中定义了控制符 endl 代表回车换行操作，作用与"\n"相同。endl 的含义是 end of line，表示结束一行。

可以看到输出时并未指定数据的类型（如整型、浮点型等），系统会自动按数据的类型进行输出。这比用 printf 函数方便，在 printf 函数中要指定输出格式符（如%d, %f, %c 等）。

2）用 cin 进行输入

在 C++中，输入操作使用的是输入流对象 cin，右移运算符">>"的含义被重写，称作"输入运算符"或"提取运算符"。

格式：cin>>变量 1>>变量 2…

">>"是 C++的提取运算符，表示从标准输入设备取得数据，赋予其后的变量。从键盘输入数值数据时，两个数据之间用空格分隔或用回车分隔。

```
int a;
float b;
cin>>a>>b;
```

可以从键盘输入　60　88.99

a 和 b 分别获得 60 和 88.99。用 cin 和">>"输入数据同样不需要在本语句中指定变量的格式控制符。

2. const 修饰符与#define 命令

用#define 命令定义符号常量是 C 语言所采用的方法，C++把它保留下来是为了和 C 兼容。C++的程序员一般喜欢用 const 定义常变量。虽然二者实现的方法不同，但从使用的角度看，可以认为都是用了一个标识符代表一个常量。

#define 与 const 的不同之处在于用#define 命令定义的符号常量只是用一个符号代替一个字符串，在预编译时把所有的符号常量替换所指定的字符串，它没有类型，在内存中并不存在以符号常量命名的存储单元；而用 const 定义的常变量具有变量的特征，它具有类型，在内存中存在以它命名的存储单元，可以用 sizeof 运算符测出其长度。与一般变量唯一的不同

是指定变量的值不能改变。

C++推荐使用const修饰符,因为const定义的常变量具有数据类型,而宏常量没有,编译器可以对 const 常量进行类型安全检查,而对宏变量只是进行字符替换,这就可能导致预料不到的错误。

3. 运算符 new 与 delete

在内存管理上,常常需要动态地分配和撤销内存空间。malloc/free 是 C/C++语言的标准库函数,而 new/delete 是 C++的运算符。C++推荐使用 new/delete,不仅是因为 new 能够自动分配空间大小,更为重要的一点在于对于用户自定义的对象而言,用 malloc/free 无法满足动态管理对象的要求。对象在创建的同时要自动执行构造函数,对象在消亡之前要自动执行析构函数。由于 malloc/free 是库函数而不是运算符,不在编译器控制权限之内,不能够把执行构造函数和析构函数的任务强加于 malloc/free,因此 C++需要一个能对对象完成动态内存分配和初始化工作的运算符 new,以及一个能对对象完成清理与释放内存工作的运算符 delete,简而言之,new/delete 能对对象进行构造和析构函数的调用,进而对内存进行更加详细的工作,而 malloc/free 不能。

new 运算符使用的一般格式为:

new 类型 [初值];

用 new 分配数组空间时不能指定初值。

例如:

```
new    int;                      //开辟一个存放整数的空间,返回一个整型数据的指针
new    int(80);                  //开辟一个存放整数的空间,并指定该整数的初值为 80
new    char[10];                 //开辟一个存放字符数组的空间,该数组有 10 个数组元素
                                 //返回一个字符数据的指针
new    int[3][4];                //开辟一个存放二维整型数组的空间,该数组大小为 3*4
float  *p=new float(3.14159);    //开辟一个存放实数的空间,该实数的初值为 3.14159
```

delete 运算符使用的一般格式为:

delete [ ] 指针变量;

如果要撤销上面用 new 开辟的存放实数的空间,应该用:

delete   p;

前面用 new   char[10]开辟的空间,如果把返回的指针赋给了指针变量 pt,则应该用以下形式的 delete 运算符撤销所开辟的空间:

delete   [ ] pt;

4. 函数的重载

在前面的程序中用到了插入运算符"<<"和提取运算符">>"。这两个运算符本来是 C 和 C++位运算中的左移运算符和右移运算符,现在 C++又把它作为输入/输出运算符,即一个运算符用于不同场合,有不同含义,这就叫运算符的"重载"(overloading),即重新赋予它新的含义,其实就是"一物多用"。

在 C++中,函数也可以重载。C++允许用一个函数名定义多个函数,这些函数的参数个数或者参数类型不相同。用一个函数名实现不同的功能,就是函数的重载。C++语言可实现

函数重载,即多个函数在同一作用域可以用相同的函数名,编译器在编译时可以根据实参的类型或个数来选择应该调用的函数。

参数的个数和类型也可以不同。重载函数的参数个数或类型必须至少有其中一个不同,函数的返回值类型可以相同也可以不同。

注意:不允许函数参数个数、参数类型都相同,只是函数返回值类型不同。因为系统无法从调用形式上判断调用与哪个函数相匹配。

5. 默认参数

一般情况下,在函数调用时形参从实参那里取得值,因此实参的个数应与形参相同。但是有时多次调用同一个函数时用的是同样的实参值,C++允许为函数的参数设置默认值,这时调用函数时,如果没有实参,就以默认值作为实参值。

格式:形参类型 形参变量名 = 常数

功能:调用函数时,如果没有实参,就以常数作为该形参的值;如果有实参,则仍以实参的值作为该形参的值。

例如:编写计算圆柱体体积的函数 float volume (float h, float r = 12.5)。

调用可以采用以下任何一种形式:

```
volume( 45.6);          //相当于 volume( 45.6,12.5)
volume( 32.5, 10.5);    //h 的值为 32.5,r 的值为 10.5
```

函数参数结合从左到右,用第一种方式调用时,只有一个实参,圆半径的值取默认值 12.5;用第二种方式调用时,有两个实参,圆半径的值取实参的值 10.5。

注意:

(1)如果用函数原型声明,则只要在函数原型声明中定义形参的默认值即可。

(2)有默认值的形参必须放在形参表的右边,不允许无默认参数值和有默认参数值的形参交错排列。

```
int    f1(float a,int b=0,int c,char d='a');    //不正确
int    f2(float a,int c,int b=0,char d='a');    //正确
```

如果要调用上面的 f2 函数,则可以采取下面的形式:

```
f2(3.6,6,9, 'x')     //形参的值全部从实参得到
f2(3.6,6,9)          //最后一个形参的值取默认值'a'
f2(3.6,6)            //最后两个形参的值取默认值, b=0,d='a'
```

(3)一个函数名不能同时用于重载函数和带默认形参值的函数。当调用函数时,如少写一个参数,则系统无法判断是利用重载函数还是利用带默认参数值的函数,会出现二义性。

6. 作用域运算符

在 C++语言中增加了作用域标识符(或称为名字解析运算符)::,用于解决局部变量与全局变量的同名重复问题。在局部变量的作用域内可用作用域标识符::对被其隐藏的同名全局变量进行访问。下面是一个简单的例子:

```
int x=0;
int test(int x)
```

```
    {
        x=5;          //此处引用局部变量
        ::x=9;        //此处引用全局变量
    }
```

7．字符串变量

除了可以使用字符数组处理字符串外，C++还提供了字符串类类型 string，实际上它不是 C++的基本类型，它是在 C++标准库中声明的一个字符串类，程序可以用它定义对象。

定义字符串变量格式如下。

格式：string 变量名表;

可以在定义变量时用字符串常量为变量赋初值：

```
string 变量名 = 字符串常量
string   string1;              //定义 string1 为字符串变量
string   string2="china";      //定义 string2 为字符串变量同时对其初始化
```

注意：如用字符串变量，则在程序开始处要用包含语句把 C++标准库的 string 头文件包含进来，即应加上#include<string>。有关字符串变量的具体使用见第 2 章中的 string 类。

8．变量的引用

C++提供了为变量取别名的功能，这就是变量的引用（reference）。引用是 C++对 C 的一个重要扩充。

1）引用的概念和简单使用

格式：类型 &变量1 = 变量2

变量2是在此之前已经定义过的变量，且与变量1的类型相同。这里为变量2定义一个别名变量1，在程序里变量1和变量2就是同一个变量。

注意：两个变量不能用同一个别名。

例如：

```
    int a = 3 ,b =4;
    int &c = a;         // c 是 a 的别名
    int &c = b;         // 错误的用法
```

一个变量可以有多个别名。

例如：

```
    int a = 3;
    int & b= a;
    int & c= b;         //变量 a 有两个别名 b 和 c
```

2）引用的几点说明

（1）引用并不是一种独立的数据类型，它必须与某一种类型的数据相联系。声明引用时必须指定它代表的是哪个变量，即对它进行初始化。例如：

```
    int a;
    int  &b=a;          //正确，指定 b 是整型变量 a 的别名
```

```
        int    &b;              //错误,没有指定 b 是哪个变量的别名
        float  a;
        int &b=a;               //错误,声明 b 是整型变量的别名,而 a 不是整型变量
```

注意:不要把声明语句"int &b=a;"理解为"将变量 a 的值赋给引用 b",它的作用是使 b 成为 a 的引用,即 a 的别名。

(2)引用与其所代表的变量共享同一个内存单元,系统并不为引用另外分配存储空间。实际上,编译系统使引用和其代表的变量具有相同的地址。

(3)当看到&a 这样的形式时,怎样区别是声明引用变量还是取地址的操作呢?请记住,当&a 的前面有类型符时(如 int &a),它必然是对引用的声明;如果前面没有类型符(如 p=&a),此时的&是取地址运算符。

(4)对引用的初始化,可以用一个变量名,也可以用另一个引用。例如:

```
        int    a=3;
        int &b=a;               //声明 b 是整型变量 a 的别名
        int &c=b;               //声明 c 是整型引用变量 b 的别名
```

这是合法的,这样,整型变量 a 就有两个别名 b 和 c。

(5)引用初始化后不能再被重新声明为另一个变量的别名。例如:

```
        int    a=3,b=4;
        int  &c=a;              //正确,声明 c 为整型变量 a 的别名
        c=&b;                   //错误,企图使 c 改变为整型变量 b 的别名
        int  &c=b;              //错误,企图重新声明 c 为整型变量 b 的别名
```

9.内联函数

C++提供了一种机制,在编译时,将被调用的函数代码嵌入调用函数代码中,在执行函数时省去了调用环节,提高了函数的执行速度。这种机制称为内置函数,也称内联函数。

格式:

```
        inline 函数类型 函数名(形参表)
        { 函数体 }
```

inline 是 C++的关键字,在编译时,编译程序会把这个函数嵌入主调函数的函数体中。

调用格式:函数名(实参表)

【例 1.1】 计算 3 个整数中的大数。

```
        #include<iostream>
        using namespace std;
        inline int max(int a,int b,int c)    //这是一个内联函数,求 3 个整数中的最大者
        {
            if (b>a)   a=b;
            if (c>a)   a=c;
            return a;
        }
        int   main()
```

```
        {
            int i=7,j=10,k=25,m;
            m=max(i,j,k);
            cout<<"max="<<m<<endl;
            return 0;
        }
```

程序运行结果为：

  max=25

由于在定义函数时指定它是内联函数，因此编译系统在遇到函数调用 max(i,j,k) 时就用 max 函数体的代码代替 max(i,j,k)，同时用实参代替形参。

调用语句 m= max(i,j,k) 就被置换成：

```
        {
            a=i ; b = j ; c= k;
            if ( b>a)    a=b;
            if ( c>a)    a=c;
            m=a;
        }
```

使用内联函数可以节省程序的运行时间，但增加了目标程序的长度。假设要调用 10 次 max 函数，则在编译时先后 10 次将 max 的代码复制并插入 main 函数，大大增加了 main 函数的长度，所以在使用时要衡量时间和空间上的得失。内置函数只用于规模很小而使用频繁的函数，可大大提高运行效率。

1.1.3 面向对象和面向过程的区别

1. 面向对象和面向过程的具体区别

面向过程就是分析出解决问题所需要的步骤，然后用函数把这些步骤一步一步实现，使用的时候一个一个依次调用就可以了。

面向对象是把构成问题事务分解成各个对象，建立对象的目的不是为了完成一个步骤，而是为了描述某个事务在整个解决问题步骤中的行为。

例如，五子棋，面向过程的设计思路就是首先分析问题的步骤：

（1）开始游戏；

（2）黑子先走；

（3）绘制画面；

（4）判断输赢；

（5）轮到白子；

（6）绘制画面；

（7）判断输赢；

（8）返回步骤（2）；

（9）输出最后结果。

把上面每个步骤用各自的函数来实现,问题就解决了。而面向对象的设计则是从另外的思路来解决问题。整个五子棋可以分为:

(1) 黑白双方,这两方的行为是一模一样的。
(2) 棋盘系统,负责绘制画面。
(3) 规则系统,负责判定诸如犯规、输赢等。

第一类对象(玩家对象)负责接收用户输入,并告知第二类对象(棋盘系统)棋子布局的变化,棋盘对象接收到了棋子的变化就要负责在屏幕上显示出这种变化,同时利用第三类对象(规则系统)来对棋局进行判定。

可以明显地看出,面向对象以功能来划分问题,而不是步骤。同样是绘制棋局,这样的行为在面向过程的设计中分散在了多个步骤中,很可能出现不同的绘制版本,因为通常设计人员会考虑到实际情况进行各种各样的简化。而在面向对象的设计中,绘图只可能在棋盘对象中出现,从而保证了绘图的统一。

功能上的统一保证了面向对象设计的可扩展性。比如,要加入悔棋的功能,如果要改动面向过程的设计,那么从输入到判断再到显示这一连串的步骤都要改动,甚至步骤之间的顺序都要进行大规模调整。如果是面向对象的设计,只用改动棋盘系统就行了,棋盘系统保存了黑白双方的棋谱,简单回溯就可以了,而显示和规则判断不用顾及,同时整个对象功能的调用顺序都没有变化,改动只是局部的。

再比如要把这个五子棋游戏改为围棋游戏,如果是面向过程的设计,那么五子棋的规则就分布在了程序的每一个角落,要改动还不如重写。但是如果当初就是面向对象的设计,那么只用改动规则系统就可以了,五子棋和围棋的区别不就是规则吗?(当然棋盘大小好像也不一样,但是这是一个难题吗?直接在棋盘系统中进行一番小改动就可以了。)而下棋的大致步骤从面向对象的角度来看没有任何变化。

当然,要达到改动目的只是局部需要设计人员有足够的经验,使用对象不能保证程序就是面向对象的,初学者或者低水平的程序员很可能以面向对象之虚而行面向过程之实,这样设计出来的所谓面向对象的程序很难有良好的可移植性和可扩展性。

2. 程序举例

上面的下棋例子实现起来太复杂,下面举一个比较简单的例子来比较一下面向对象与面向过程的区别。

问题:输入圆的半径,求圆的周长和面积。

1) 用面向过程编程的方法实现上述问题

【例1.2】 用面向过程编程的方法实现输入圆的半径,求圆的周长和面积。

数据描述:

  半径、周长、面积均用实型数表示。

数据处理:

  输入半径 r;
  计算周长 = 2*π*r ;
  计算面积 = pi * r2 ;
  输出半径、周长、面积;

```
#include<iostream>
```

```cpp
using namespace std;
void f(double r)
{
    cout<<"the radius is: "<<r<<endl;
    cout<<"the area is: "<<r*r*3.14<<endl;
    cout<<"the girth is: "<<2*r*3.14<<endl;
}
int  main()
{
    double r;
    cout<<"input the radius:";
    cin>>r;
    f(r);
    return 0;
}
```

程序运行结果为:

input the radius:
the radius is: 5
the area is: 78.5
the girth is: 31.4

2) 用面向对象编程的方法实现上述问题

【例 1.3】 用面向对象编程的方法实现输入圆的半径，求圆的周长和面积。

```cpp
#include<iostream>              //包含输入/输出头文件
using namespace std;            //使用标准命名空间 std
class Circle
{
    public:
        void setRadius(double r)
        {   radius=r;   }
        void getRadius()
        {   cout<<"the radius is: "<<radius<<endl;   }
        void getGirth()
        {   cout<<"the girth is: "<<radius*2*3.14<<endl;   }
        void getArea()
        {   cout<<"the area is: "<<3.14*radius*radius<<endl;   }
    private:
        double radius;
};
int  main()
{
    Circle c;
    c.setRadius(3);
    c.getRadius();
```

```
            c.getGirth();
            c.getArea();
            return 0;
}
```

程序运行结果为:

    the radius is: 3
    the girth is:18.84
    the area is: 28.26

如今,面向对象的概念和应用不仅存在于程序设计和软件开发中,而且在数据库系统、交互式界面、应用结构、应用平台、分布式系统、网络管理结构、CAD 技术、人工智能等诸多领域都有所渗透。

1.1.4 命名空间

命名空间,就是在程序的不同模块中使用相同的名字表示不同的事物(实体),目的是提供一种机制,使大程序的各个部分因出现重名而导致冲突的可能性降到最低。

命名空间的名称有点像姓氏,在大多数家庭中,每个家庭成员都有一个唯一的名字。例如,在 Smith 家中,有 Jack、Jill、Jean 和 Jonah。在家庭成员之间,用名字来指代每个人,不用加姓氏。但是,其他家庭的成员可能与 Smith 家的成员有相同的名字。例如,在 Jones 家中,有 John、Jean、Jeremiah 和 Jonah。Jeremiah Jones 在称呼 Jean 时,显然是指 Jean Jones,如果他想指代 Smith 家中的 Jean,就要使用全名 Jean Smith。非这两个家庭的成员只能使用全名来表示要指代的成员,如 Jack Smith 或 Jonah Jones。

如果两个或多个程序员为同一个大型软件工程的不同部分工作,负责不同的程序模块,就会有潜在的名称冲突。有了命名空间,就可以解决这个问题,这就是命名空间的作用。在命名空间内部,可以使用其成员的名字。在命名空间的外部,就只能把某个实体的名字和命名空间的名称组合起来,表示该命名空间中的实体。

一般情况下,一个程序中可以包含几个不同的命名空间。在本章的例子中用到 C++标准库命名空间 std。在标准库中的所有实体名都用 std 来限定。使用命名空间 std 的方法是在程序中加入"using namespace std;"语句。

在实际开发过程中,经常需要引入对象、函数、类、类型或其他全局实体。在同一个项目中,这些全局实体也必须有一个唯一的名字,否则将会产生编译错误。为了解决这个问题,C++引入了命名空间机制。

1. 命名空间的定义

定义命名空间的语法格式如下:

```
namespace  命名空间名 {
    声明序列
}
```

命名空间的定义以关键字 namespace 开头,后面是命名空间名。命名空间名必须在它被定义的作用域中具有唯一的名字,否则会产生错误。在命名空间名后一对花括号"{}"括起来的是声明序列,所有可以出现在全局作用域的定义或声明都可以放在其中。在命名空间中声明的实体并不会改变其原来的意义,但是这些实体包含在命名空间中,它们需要和命名空间结合起来使用以标志相应的实体。

定义或使用一个命名空间需要注意以下几个方面。

(1) namespace 只能在全局范畴定义,但它们之间可以互相嵌套,即在命名空间的定义内容中定义一个新的命名空间,如下面命名空间的定义。

```
namespace myNameSpace1{
    string myStr1 = "myStr1";
    namespace myNameSpace2{
        string myStr2 = "myStr2";
    }
}
```

(2) 可以通过多次声明和定义同一个命名空间,把新的成员名称加入到已有的命名空间之中,即使多次声明在不同的头文件中,也属于同一个命名空间体。例如,项目中包含以下两个头文件时,将会产生编译错误。

```
//myClass1.h
namespace myNameSpace3{
    void myFunc();
    int myCount = 0;
}
//myClass2.h
namespace myNameSpace3{
    void myFunc();
    int myCount = 0;
}
```

(3) 一个 namespace 的名字可以用另一个名字做它的别名。例如,上面的 myNameSpace3 可以使用下面的代码另取一个别名。

```
namespace myNS = myNameSpace3;
```

(4) 可以在命名空间之外定义命名空间的成员(如函数的定义),这时成员的名字必须被命名空间限定修饰。如果在命名空间之外定义,则必须在命名空间之内声明。

对上述函数 myFunc 在命名空间之外的定义为:

```
void myNameSpace3:: myFunc()
{
    …;      //函数实现
}
```

2. 命名空间的使用

对命名空间中成员的引用,需要使用命名空间的域操作符::。下面的例子中使用了自定义的命名空间。

【例 1.4】 使用命名空间的例子。

程序如下：

```
#include <iostream>
#include <string>
using namespace std;
//两个在不同命名空间中定义的名字相同的变量
namespace mySpace1{//自定义命名空间
    string myStr = "myStr1";
}
namespace mySpace2{
    string myStr = "myStr2";
}
int main()
{
    //用命名空间域操作符 mySpace1::访问变量 myStr
    cout<<"Hello, "<< mySpace1::myStr<< "…    goodbye! "<<endl;
    //用命名空间域操作符 mySpace2::访问变量 myStr
    cout<<"Hello, "<< mySpace2::myStr<< "…    goodbye! "<<endl;
    return 0;
}
```

程序运行结果：

```
Hello, myStr1…    goodbye!
Hello, myStr2…    goodbye!
```

上面的例子中定义了两个命名空间 mySpace1 和 mySpace2，每个命名空间中都定义了一个字符串 myStr。在 main()函数中，通过命名空间的域操作符"::"访问两个同名的字符串 myStr 不会引起错误，但是每次使用 myStr 时都要使用域操作符"::"以限制要访问的实体。为了避免这种麻烦，可以使用 C++的 using 编译指令来简化对命名空间中名称的使用。

如果想直接使用命名空间中的某一个成员，而不使用命名空间的域操作符，则可以采用 using 声明。using 格式如下：

```
using 命名空间[::命名空间…]::成员名称
```

上述例子中如果有以下 using 声明：

```
using mySpace1::myStr;
```

则在随后的程序中，myStr 变量指的是命名空间 mySpace1 中的成员 myStr。

using 声明需要注意下几点：

（1）using 声明的作用域就是 using 所处位置的作用域，即全局域中是从 using 使用开始到文件结束，局部域内使用则其作用域是局部的。与普通变量一样，局部变量将隐藏全局变量。

（2）using 声明的名字在该域内必须是唯一的，不能重复声明。

【例 1.5】 using 声明指定命名空间成员。

程序如下：

```cpp
#include <iostream>
#include <string>
using namespace std;
namespace myNameSpace1{ //自定义命名空间 myNameSpace1
    int a=1,b=2,c=3;
}
int   b;
int main()
{
    {
        using myNameSpace1::a;
        a++;      //a 为 myNameSpace1::a
        int a;    //错误重复声明
        using myNameSpace1::c;        //c 为 myNameSpace1::c，注意其作用域
    }
    c++;  //错误，c 在这里不可见
    using myNameSpace1::b;   //隐藏全局变量 b
    b++;  //myNameSpace1::b，不是全局变量 b
    return 0;
}
```

using 声明用于直接指定命名空间成员，也可以使用 using 指定整个命名空间，语法格式为：

    using namespace 命名空间名[::命名空间名…];

其中括号内的可选部分是嵌套的命名空间名。使用 using 指令后，在编写程序时可以直接使用该命名空间的成员，而不用每次都使用"命名空间名::"来限定要访问的实体。

【例 1.6】 用 using 指令使用命名空间的例子。

程序如下：

```cpp
using namespace std;
#include <iostream>
#include <string>
using namespace std;
namespace myNameSpace1{ //自定义命名空间 myNameSpace1
    string myStr1 = "myStr1";
    //在 myNameSpace1 中嵌套定义命名空间 myNameSpace2
    namespace myNameSpace2{
        string myStr2 = "myStr2";
    }
}
using namespace myNameSpace1;     //using 指令使用命名空间 myNameSpace1
// using 指令使用命名空间 myNameSpace1 的子命名空间 myNameSpace2
using namespace myNameSpace1::myNameSpace2;
int   main()
```

```
    {
        cout<<"Hello, "<<myStr1<< "… goodbye! "<<endl;
                                            // myNameSpace1:: myStr1
        cout<<"Hello, "<<myStr2<< "… goodbye! "<<endl;
                                            // myNameSpace1::myNameSpace2:: myStr2
    return 0;
    }
```

程序运行结果：

```
Hello, myStr1…   goodbye!
Hello, myStr2…   goodbye!
```

使用 using 指令指定命名空间需要注意的问题是当指定两个命名空间时，两个命名空间有相同的成员会引起二义性问题。编译器不能直接发现二义性的成员变量，而是当使用引起二义性的成员变量时，才能检查出来编译出错。

3．标准命名空间 std

标准 C++库中的所有组件都定义在一个称为 std 的命名空间中，标准头文件，如 <iostream.h>、<string.h>、<exception.h>、<vector.h>、<list.h>、<algorithm.h>等中声明的函数对象和类模板都被声明在命名空间 std 中，因此 std 又称为标准命名空间。

在编写程序时，如果需要使用标准 C++库的组件，则在包含相应的标准 C++头文件后，可以采用下面几种方法使用头文件中声明的函数对象、类模板等。

（1）使用域操作符 std::。
（2）使用编译指令 using namespace std;。
（3）使用编译指令 using namespace std::进行更具体的限制，如 using namespace std:: string。

实际上由于本书的大部分例子都使用了标准命名空间的输入/输出，因此大部分都使用了 using namespace std;语句。

4．无名空间

有时，所定义的对象、函数、类、类型或其他全局实体只在程序的一小段代码中使用，在其他地方不会使用。为了保证这些全局实体不和项目其他地方的全局实体冲突，可以使用无名空间。无名空间声明的语法格式如下：

```
namespace {
声明序列
}
```

namespace 后不跟命名空间名字，直接用一对"{}"括住声明序列，就定义了一个无名空间。下面看一个使用无名空间的例子。

【例 1.7】 使用无名空间的例子。

程序如下：

```
#include <iostream>
```

```cpp
using namespace std;
namespace {
    void func1(){cout<<"调用了 func1()"<<endl;}
    void func2(){cout<<"调用了 func2()"<<endl;}
}
int  main()
{
    cout<<"测试无名空间的例子! "<<endl;
    func1();    //无名空间中定义的函数
    func2();    //无名空间中定义的函数
    return 0;
}
```

程序运行结果：

```
测试无名空间的例子!
调用了 func1()
调用了 func2()
```

无名空间只在定义它的文件中有效，在其他文件中都不可见。另外，一个文件最多只能定义一个无名空间。

1.2 面向对象程序设计的基本概念

面向对象（Object Oriented，OO）方法学的出发点和基本原则是尽可能模拟人类习惯的思维方式，使开发软件的方法与过程尽可能接近人类认识世界、解决问题的方法与过程，也就是使描述问题的问题空间（也称为问题域）与实现解法的解空间（也称为求解域）在结构上尽可能一致。

面向对象程序设计（Object Oriented Programming，OOP）是软件系统设计与实现的方法，这种方法既吸取了结构化程序设计的绝大部分优点，又考虑了现实世界与面向对象空间的映射关系，所追求的目标是将现实世界的问题求解尽可能简单化。在自然界和社会生活中，一个复杂的事物总是由很多部分组成的。例如，一个人由姓名、性别、年龄、身高、体重等特征描述；一个自行车由车轮、车身、车把等部件组成；一台计算机由主机、显示器、键盘、鼠标等部件组成。当人们生产一台计算机时，并不是先生产主机，然后生产显示器，最后生产键盘、鼠标，即不是顺序执行的，而是分别生产主机、显示器、键盘、鼠标等，最后把它们组装起来。这些部件通过事先设计好的接口连接，以便协调工作。例如，通过键盘输入可以在显示器上显示字或图形。这就是面向对象程序设计的基本思路。

面向对象程序设计方法提出了一些全新的概念，如类和对象、封装、继承和多态性，下面分别讨论这几个概念。

1.2.1 类

类是面向对象程序设计语言的基本概念。在现实生活中，人们常把众多事物归纳并划分为若干种类型，这是认识客观世界常用的思维方式。例如，人们把载人数量为 5～7 人的、各种品牌、使用汽油或柴油的、四个轮子的汽车统称为小轿车，也就是说，从众多的具体车辆中抽象出小轿车类。再例如，一所高校所有在校的、各个班级和各个专业的本科生、研究生统称为学生，可以从众多的具体在校人员中抽象出学生类。

对事物进行分类时，依据的原则是抽象，将注意力集中在与目标有关的本质特征上，而忽略事物的非本质特征，进而找出这些事物的所有共同点，把具有共同性质的事物划分为一类，得到一个抽象的概念。日常生活中的汽车、房子、人、衣服等概念都是人们在长期生产和生活实践中抽象出来的概念。

面向对象方法中的"类"，是具有相同属性和行为的一组对象的集合，它为属于该类的全部对象提供了抽象的描述，其内部包括属性和行为两个主要部分。

1.2.2 对象

对象是现实世界中一个实际存在的事物，它可以是看得见、摸得到的物体（如一本书），也可以是无形的（如一份报告）。对象是构成现实世界的一个独立单位，它具有自己的静态特征（可以用某种数据来描述）和动态特征（对象所表现出来的行为或具有的功能）。例如，张三是现实世界中一个具体的人，他有身高和体重（静态特征），能够思考及做运动（动态特征）。

面向对象方法中的对象，是描述系统中某一客观事物的一个实体，它是构成系统的一个基本单位。对象由一组属性和一组行为构成。属性是用来描述对象静态特征的数据项，而行为是用来描述对象动态特征的操作序列。类和对象的关系就像模具与产品之间的关系，一个属于某类的对象称为该类的一个实例，如张三就是人这个类的一个实例，或是这个类的具体表现。

1.2.3 封装与数据隐藏

封装是指将数据和代码捆绑在一起，从而避免外界的干扰和不确定性。在C++中，封装是通过类来实现的。类是描述具有相同属性和方法的对象的集合，定义了该集合中每个对象所共有的属性和方法。封装也是面向对象方法中的一个重要原则，它把对象的属性和行为结合成一个独立的系统单位，并且尽可能地隐藏对象的内部细节。这里有两层含义：第一是把对象的全部属性和全部行为结合在一起，形成一个不可分割的独立单元；第二是信息隐蔽，也就是尽可能隐蔽对象的内部细节，对外部世界形成一个边界或屏障，只保留有限的公用的对外接口，使之与外部世界发生联系。

1.2.4 继承

继承是面向对象程序设计能够提高软件开发效率的重要原因之一，也是软件规模化的一个重要手段。特殊类的对象拥有其一般类的全部属性和行为，称为特殊类对一般类的继承。

继承具有重要的现实意义，它简化了人们对于现实世界客观事物的认识和描述。例如，人们认识了汽车的特征之后，再考虑小轿车时，因为知道小轿车也是汽车，于是认为小轿车具有汽车的全部一般特征，从而可以把精力用于发现和描述小轿车不同于一般汽车的独有的那些特征。

软件的规模化生产是影响软件产业发展的重要因素，它强调软件的复用性，也就是程序不加修改或进行少许修改就可以用在不同的地方。继承对于软件的复用具有重要意义，特殊类继承一般类，本身就是软件复用。不仅如此，如果将开发好的类作为构件放到构件库中，那么在开发新系统时可以直接使用或继承使用。

1.2.5 多态性

面向对象的通信机制是消息，面向对象技术通过向未知对象发送消息来进行程序设计。当一个对象发出消息时，对于相同的消息，不同的对象具有不同的反应能力。这样，一个消息可以产生不同的响应效果，这种现象称为多态性。

在操作计算机时，"双击鼠标左键"这个操作可以很形象地说明多态性的概念。如果发送消息"双击鼠标左键"，不同的对象会有不同的反应。例如，"文件夹"对象收到双击消息后，其产生的操作是打开这个文件夹；而"可执行文件"对象收到双击消息后，其产生的操作是执行这个文件；如果是音乐文件，则会播放这个音乐；如果是图形文件，则会使用相关工具软件打开这个图形。很显然，打开文件夹、播放音乐、打开图形文件需要不同的函数体，但是在这里，它们可以被同一条消息"双击鼠标左键"来引发，这就是多态性。面向对象程序设计通过继承和重载两种机制来实现多态性。

多态性是面向对象程序设计的一个重要特征。它减轻了程序员的记忆负担，使程序的设计和修改更加灵活，程序员只需要记住有限的接口就可以完成各种所需要的操作，程序中可以用简单的操作完成同一类体系中不同对象的操作。

1.2.6 消息

面向对象技术的封装使对象相互独立，各个对象要相互协作实现系统的功能则需要对象之间的消息传递机制。消息是一个对象向另一个对象发出的服务请求，进行对象之间的通信，也可以说，是一个对象调用另一个对象的方法或称为函数。

通常，把发送消息的对象称为发送者，把接收消息的对象称为接收者。在对象传递消息中只包含发送者的要求，它指示接收者要完成哪些处理，但并不告诉接收者应该如何完成这些处理。接收者接收到消息后要独立决定采用什么方式完成所需的处理。同一对象可接收不同形式的多个消息，产生不同的响应；相同形式的消息可送给不同对象，不同对象对于形式相同的消息可以有不同解释，做出不同响应。

在面向对象设计中，对象是节点，消息是纽带。应注意不要过度侧重如何构建对象及对象间的各种关系，而忽略对消息（对象间的通信机制）的设计。

1.3 类和对象的定义

前面介绍了类与对象的概念：类是对象的抽象，而对象是类的具体实例。C++提供了对数据结构和方法的封装与抽象，称为类（class）。类是C++封装的基本单元，可以将类理解成一种新的数据类型，这种数据类型中封装了数据的内容和对数据内容的操作。在使用结构体类型时，先定义一个结构体类型，再定义这种结构体类型的变量。类和对象的使用情况与结构体类型相同，先定义一个类类型，然后用这个类去定义若干个该类类型的对象，也就是说，对象是一种类类型对应的变量。

1.3.1 类的定义

类是用户自己定义的新类型。如果在程序中用到类类型，那么必须先根据自己的需要进行声明。类定义包含两部分：数据成员和成员函数（又称为函数成员）。数据成员说明类的属性，成员函数是对类数据成员操作的类内函数，又称为方法。

类定义的一般格式为：

```
class    类名
{
    public：
        数据成员和成员函数实现
    protected：
        数据成员和成员函数实现
    private：
        数据成员和成员函数实现
};
```

说明：

（1）定义一个类时，使用关键字 class；类名必须是一个合法的变量名，C++中习惯用 C 或 T 开头，如 Cstudent。

（2）一个类包括类头（class head）和类体（class body）两部分。class<类名>称为类头。

（3）大括号中定义的是类的数据成员和成员函数，称为类体。类定义结束要用";"号结束。

（4）关键字 public（公有）、protected（保护）和 private（私有）称为访问限定符（mumber access specifier）。用访问限定符声明各个数据成员和成员函数的访问权限。

在类声明中，三种访问限定符可以按任意次序出现，也就是说，可以先声明私有成员，再声明公有成员；也可以先声明公有成员，再声明私有成员。三种访问限定符也可以多次出现，但是一个成员只能具有一种访问权限。在书写时通常习惯将公有类型放在最前面，这样便于阅读，因为它们是外部访问时所要了解的。

被声明为公有（public）的成员提供了与外界的接口功能。公有成员可以被本类中的成员使用和访问，也可以被类作用域外的其他函数使用。

被声明为私有（private）的成员是封装在类内部的，只能被该类的成员和该类友元函数或友元类访问，任何类以外的函数对私有成员的访问都是非法的。

被声明为保护（protected）的成员，访问权限介于私有和公有之间，类的成员可以访问保护成员，而类以外的其他函数不能访问保护成员，但该类的继承类可以访问。不同访问权限关系图如图 1.1 所示。

关于访问权限，可以举例说明如下：一个家庭住宅，客厅是公有的，家庭成员和外面的客人都可以进入；卧室是私有的，只有主人能进入自己的卧室，但如果主人有一个好朋友（友元），这个好朋友也被允许进入主人的卧室（友元可以访问私有成员）。这个家庭的存款可以定义为保护权限的成员，主人自己可以使用，外人不得使用，但主人的子女（主人的继承类）也可以使用这些存款（继承类可访问保护成员）。

一般情况下，一个类的数据成员应该声明为私有成员，这样封装性较好。一个类应该有一些公有的成员函数，作为对外接口，否则其他代码无法访问类。

根据上述类定义的规则，定义编制一个求方程 $ax^2+bx+c=0$ 根的程序。假设这个类的名字为 CFindRoot，至少需要将方程的系数作为 CFindRoot 类的数据成员，可以将它们设计成 float 型。

为了方便，除了将方程系数设为类的数据成员之外，还将方程的根 x1 和 x2，以及用来作为判定条件的 delta 设计成类的属性，并且将方程的两个根设为 double 型，将 delta 设为 float 型。

成员函数 SetData 用来设置方程系数的值，并且计算出 delta 的值。求 delta 需要使用库函数 sqrt，该函数在头文件 cmath.h 中定义，只要包含它即可。

成员函数 Find 用来求方程的根，Display 函数则用来输出结果。

按以上描述画出 CFindRoot 类图，如图 1.2 所示。

图 1.1　访问权限关系图

图 1.2　CFindRoot 类图

根据以上描述，CFindRoot 类的定义如下：

```
#include<iostream>
#include<cmath>
using namespace std;
class   CFindRoot                    //使用关键字 class 声明一个类，类名为 CFindRoot
{
public:                              //以下是公有成员函数
    void SetData(float x,float y,float z)   //设置一元二次方程的系数
    {
        a=x;b=y;c=z;
        delta=b*b-4*a*c;
    }
    void Find()                      //求方程的根
    {
        if(delta>0)
        {
            x1=(-b+sqrt(delta))/(2*a);
            x2=(-b-sqrt(delta))/(2*a);
```

```
            return;
        }
        else if(delta==0)
        {
            x1=x2=(-b)/(2*a);
            return;
        }
        else
        {
            x1=(-b)/(2*a);
            x2=sqrt(-delta)/(2*a);
        }
    }
    void Display()                          //输出方程的根
    {
        if(delta>0)
        {
            cout<<"x1="<<x1<<"\nx2="<<x2<<endl;   return;
        }
        else if(delta==0)
        {
            cout<<"x1=x2="<<x1<<endl;   return;
        }
        else
        {
            cout<<"x1="<<x1<<"+"<<x2<<"i"<<endl;
            cout<<"x1="<<x1<<"-"<<x2<<"i"<<endl;
        }
    }
private:                                    //以下是私有成员
    float   a,b,c,delta;        //a,b,c 表示一元二次方程的系数,delta 用来判断方程根的情况
    double x1,x2;               //x1,x2 表示方程的根
};
```

以上声明了一个新的类类型——CFindRoot 类，类头用 class 说明一个新类 CFindRoot。类体包括类的数据成员和成员函数声明与实现。void SetData(float x, float y, float z)函数用 3 个参数初始化 CFindRoot 类的 3 个数据成员 a, b, c。void Find()函数用来求一元二次方程的根，并保存到数据成员 x1 和 x2 中。void Display()函数将 CFindRoot 类的数据成员 x1 和 x2 显示出来。如果类外部的函数要访问这个类，不能直接访问这个类的私有成员，只能通过调用定义为公有访问权限的成员函数来访问该类。

说明：一般情况下，一个程序中可以包含几个不同的命名空间。命名空间就是在程序的不同模块中使用相同的名字表示不同的事物（实体）。目的是提供一种机制，使大程序的各个部分中因出现重名而导致冲突的可能性降到最低。本书的例子中用到 C++标准库命名空间 std，使用命名空间 std 的方法：using namespace std ;。

1.3.2 成员函数的定义

类的成员函数也是函数的一种，它与以前介绍的普通函数用法基本相同。成员函数由函数头和函数体组成，函数头包括函数名、函数的参数及函数的类型；函数体主要说明函数实现的功能。成员函数与一般函数的区别在于：它属于类的成员，出现在类体中，是类的一部分。使用类的成员函数时，要考虑类成员函数的访问权限。如果成员函数被说明为私有的，则只能被本类的其他函数或友元访问；如果定义为公有的，则可以被外部的其他函数访问。类的成员函数非常重要，其每一项操作都是通过成员函数实现的，使用某些操作则表明一个函数的调用。如果一个类中没有了成员函数，则这个类就没有什么实际意义。

类的成员函数可以在类体中定义，也可以在类体中声明，成员函数的实现在类外定义。

1. 在类内定义成员函数

将类成员函数的定义和实现一起写在类体中，如在 1.3.1 节中定义的 **CFindRoot** 类。

在类内定义的成员函数默认是内联函数（inline 函数）。这是因为在 C++中一般将类定义放在头文件中，因此这些在类内定义的函数也伴随着写入头文件。函数的声明一般在头文件中，而定义是不允许在头文件中的，因为它们要被编译多次。如果是内联函数，则允许包含在头文件中。因为内联函数在源文件中不是调用而是按原样展开的，所以在类内定义的函数，C++会自动将它们作为内联函数来处理。

内联函数一般规模比较小，在程序调用这些成员函数时，并不是真正执行函数的调用过程（如保留返回地址等处理），而是把函数代码嵌入程序的调用点，从而可以大大减少调用成员函数的时间。

2. 在类外定义成员函数

通常情况下，C++程序员习惯在类体中只定义数据成员及成员函数的声明，而将成员函数的实现写在类外，因此类的定义可以分为两部分：声明部分和实现部分。声明部分声明类的数据成员类型和成员函数的参数类型、个数及返回值类型。实现部分是对说明类成员函数的具体实现。这种类定义的格式如下：

```
//类声明部分
class  类名
{
  [public:][ private: ][ protected:]
        数据成员类型   数据成员名;
        数据成员类型   数据成员名;
        ……
        函数类型   成员函数名(参数表);
        函数类型   成员函数名(参数表);
        ……
};
//类实现部分
函数类型   类名：：成员函数名(参数表)
```

```
        {
    ……   //实现
        }
```

说明：
（1）类声明部分包括数据成员的定义和成员函数的声明。
（2）成员函数的声明主要说明函数的类型、函数的参数个数及类型，并用";"号结束。
（3）函数实现部分是对在类中定义的成员函数完成功能的实现，包括函数头和函数体。在类体中直接定义函数时，不需要在函数名前面加上类名，因为函数属于哪一个类是不言而喻的。但成员函数在类外定义时，必须在函数名前面加上类名，加以限定（qualified）。"::"是作用域限定符（field qualifier）或称为作用域运算符，用它声明函数是属于哪个类的。如果函数名前面无类名和作用域运算符"::"，则表示 Display 函数不属于任何类，该函数不是成员函数，而是全局函数，即非成员函数的一般普通函数。

CFindRoot 类的格式定义如下：

```
// CFindRoot 类声明部分
class   CFindRoot
{
public:
     void SetData(float x,float y,float z);      //成员函数声明
     void Find();
     void Display();
private:
     float   a,b,c,delta;
     double x1,x2;
};
// CFindRoot 类成员函数的实现
void CFindRoot::SetData(float x,float y,float z)
{
    a=x;b=y;c=z;
     delta=b*b-4*a*c;
}
void CFindRoot::Find()
{
        if(delta>0)
        {
            x1=(-b+sqrt(delta))/(2*a);
            x2=(-b-sqrt(delta))/(2*a);
            return;
        }
        else if(delta==0)
        {
            x1=x2=(-b)/(2*a);
            return;
        }
```

```
            else
            {
                x1=(-b)/(2*a);
                x2=sqrt(-delta)/(2*a);
            }
    }
    void CFindRoot::Display()
    {
        if(delta>0)
        {
            cout<<"x1="<<x1<<"\nx2="<<x2<<endl;
            return;
        }
        else if(delta==0)
        {
            cout<<"x1=x2="<<x1<<endl;
            return;
        }
        else
        {
            cout<<"x1="<<x1<<"+"<<x2<<"i"<<endl;
            cout<<"x1="<<x1<<"-"<<x2<<"i"<<endl;
        }
    }
```

　　CFindRoot 类分为两部分：类的声明和类成员函数实现。在类声明中，类的成员函数只做了声明，没有具体实现的代码，在类外定义了成员函数实现。成员函数在类外定义时，必须在函数名前加上作用域运算符（::）和类名，以说明该函数不是普通函数，而是类的成员函数。void CFindRoot::SetData(float x,float y,float z)表示 SetData(float x,float y,float z)属于类 CFindRoot 的成员函数。

　　成员函数的返回类型和参数的个数与类型一定要与函数声明的一致。在类内声明成员函数时，只需要给出参数的类型即可，可以不给出具体的参数名称。例如，void SetData(float x,float y,float z)可以写成 void SetData(float ,float ,float)，这是因为这些参数的生存期只是在该声明语句中，该语句结束，变量的生存期也就结束了。但在定义成员函数时，对函数所带的参数仅说明它的类型是不够的，还需要指出参数名。

　　在类外定义的成员函数与在类内定义的成员函数不同，在类内定义的成员函数默认的是内联函数，而在类外定义的成员函数默认的不是内联函数。如果需要将类外定义的成员函数说明为内联函数，则需要显式地在最前面加上关键字"inline"，如 inline void CFindRoot::SetData(float x,float y,float z)。

　　类是抽象的，因此以上类的声明只是定义了一种新的数据类型，不分配任何内存空间。就好像前面说的整型（int）类型一样，只有定义了一个整型变量时，这个整型类型的变量才被分配内存空间。现已经定义好了一个新的类（CFindRoot 类），接下来就可以定义这种类的对象了。对象是具体的，需要分配内存空间。下面介绍如何定义类对象。

1.3.3 类对象的定义

定义类对象的方法与定义结构类型变量一样，有多种。

1. 先声明类类型，然后定义类对象

```
class 类名
{
    数据成员和成员函数实现
};
[ class ] 类名  对象列表
```

说明：
（1）[class]是可选的，可以写，也可以省略。
（2）类名是定义好的类。
（3）对象列表的格式为[对象名,对象名,对象名,…]。定义多个对象时，各对象名中间用逗号隔开。

如果已经定义了 1.3.1 节中的 CFindRoot 类，则按这种方法定义对象为：

```
class CFindRoot obj1,obj2,obj3;        //CFindRoot 是已经声明的类类型
```

或

```
CFindRoot obj1,obj2,obj3;              //CFindRoot 是已经声明的类类型
```

第一种方法是从 C 语言继承过来的，第二种是 C++的特色，显然第二种更简捷，也是建议使用的方法。

2. 在声明类类型的同时定义对象

```
class 类名
{
    数据成员和成员函数实现
} 对象列表;
```

在类定义的"}"后紧跟着对象列表，如果是多个对象，则中间用","号隔开。例如：

```
#include<iostream>
#include<cmath>
using namespace std;
class  CFindRoot                       //使用关键字 class 声明一个类，类名为 CFindRoot
{
public:                                //以下是公有成员函数
    void SetData(float x,float y,float z)   //设置一元二次方程的系数
    {  …  }
    void Find()                        //求方程的根
    {  …  }
    void Display()                     //输出方程的根
    {  …  }
```

```
    private:                              //以下是私有成员函数
        float    a,b,c,delta;             //a,b,c 表示一元二次方程的系数，delta 用来判断方程根的情况
        double x1,x2;                     //x1,x2 表示方程的根
    } obj1,obj2,obj3;
```

3．不写类名，直接定义类对象

```
class
{
    数据成员和成员函数实现
} 对象列表;
```

定义类时，在关键字 class 后没有类名，对象列表紧跟在类定义后。例如：

```
class                                     //没有类名
{
public:
    …
private:
    …
} obj1,obj2,obj3;                         //声明类类型的同时定义了 3 个对象
```

这种定义方法在 C++中不提倡使用，因为只能定义这一次对象，以后要想再定义这种类类型的对象，就需要把整个类定义再写一遍。在 C++面向对象程序的实际开发过程中，类的声明和类的使用是分开的，通常把类的声明放在类库中，因此多使用的是第一种方法。对于小型程序或声明的类只用于本程序时，可以使用第二种方法。不提倡使用第三种方法。

1.3.4 对象成员的访问

在程序中经常需要访问对象中的成员，访问对象中的成员可以有以下 3 种方法：
- 通过对象名和成员运算符访问对象中的成员；
- 通过指向对象的指针和指针运算符访问对象中的成员；
- 通过对象的引用变量访问对象中的成员。

（1）通过对象名和成员运算符访问对象中成员的一般格式为：

```
对象名. 数据成员名
对象名. 成员函数名
```

其中"."是成员运算符，用来对成员进行限定，指明所访问的是哪一个对象中的成员。注意，不能只写成员名而忽略对象名，否则将是一个普通的变量。

例如：

```
CFindRoot obj;                            //定义一个 CFindRoot 类的对象 obj
obj. Display ();                          //通过对象名和成员运算符访问对象中的公有成员
```

（2）通过指向对象的指针和指针运算符访问对象中成员的一般格式为：

```
对象指针名 -> 数据成员名
对象指针名 -> 成员函数名
```

其中,"->"指向运算符用来对成员进行限定,指明所访问的是对象指针所指对象中的哪一个成员。

例如:

```
CFindRoot obj,*p;        //定义对象 obj 和对象指针变量 p
p=&obj;                  //初始化对象指针 p
p-> Display();           //通过指向对象的指针和指向运算符访问对象中的成员
```

(3) 通过对象的引用变量访问对象中的成员。如果为一个对象定义了一个引用变量,那么它们是共占同一段存储单元的,实际上它们是同一个对象,只是用不同的名字表示而已,因此完全可以通过引用变量来访问该对象中的成员。通过对象的引用变量访问该对象中成员的格式与通过对象名访问对象中成员的格式一样。

例如:

```
CFindRoot obj1;                //定义对象 obj1
CFindRoot &obj2=obj1;          //定义引用变量 obj2,并将其初始化为 obj1
obj2. Print();                 //引用变量访问对象中的成员,输出方程的根
```

【例 1.8】 一个完整的 CFindRoot 类应用程序。

程序如下:

```cpp
// FindRoot.h 在头文件中声明一元二次方程类
class   CFindRoot
{
public:
    void SetData(float x,float y,float z);
    void Find();
    void Display();
private:
    float a,b,c,delta;
    double x1,x2;
};

// FindRoot.cpp 在与类定义头文件同名的.cpp 文件中定义成员函数实现部分
#include<iostream>
#include<cmath>
#include   "FindRoot.h"
using namespace std;
void CFindRoot::SetData(float x,float y,float z)
{
    a=x;b=y;c=z;
    delta=b*b-4*a*c;
}
void CFindRoot::Find()
{
```

```cpp
        if(delta>0)
        {
            x1=(-b+sqrt(delta))/(2*a);
            x2=(-b-sqrt(delta))/(2*a);
            return;
        }
        else if(delta==0)
        {
            x1=x2=(-b)/(2*a);
            return;
        }
        else
        {
            x1=(-b)/(2*a);
            x2=sqrt(-delta)/(2*a);
        }
    }
    void CFindRoot::Display()
    {
        if(delta>0)
        {
            cout<<"x1="<<x1<<"\nx2="<<x2<<endl;
            return;
        }
        else if(delta==0)
        {
            cout<<"x1=x2="<<x1<<endl;
            return;
        }
        else
        {
            cout<<"x1="<<x1<<"+"<<x2<<"i"<<endl;
            cout<<"x2="<<x1<<"-"<<x2<<"i"<<endl;
        }
    }
    //main.cpp    主函数
    #include<iostream>
    #include    "FindRoot.h"
    using namespace std;
    int main()
    {
        CFindRoot    obj1,obj2,obj3,*p;
```

```
                CFindRoot    &obj4=obj3;
                p=&obj2;
                obj1.SetData(1,3,2);      obj1.Find();        obj1.Display();
                p->SetData(1,4,-5);       p->Find();          p->Display();
                obj4.SetData(1,2,5);      obj3.Find();        obj3.Display();
                return 0;
            }
```

程序运行结果：

```
        x1=-1
        x2=-2
        x1=1
        x2=-5
        x1=-1+2i
        x2=-1-2i
```

可以将类的声明和实现写在一个文件中，但 C++通常将类的声明放在一个.h 头文件中，将类的成员函数定义写在一个同名的.cpp 文件中。例如，【例 1.8】中可以将 CFindRoot 类的声明部分写在 FindRoot.h 文件中，将成员函数的实现代码写在 FindRoot.cpp 中。C++把类定义（头文件）看成类的外部接口，把类成员函数的实现看成类的内部实现。当编写程序使用到该类时，只需要用#include 命令包含类的头文件即可。

main()函数中分别定义了对象变量、对象指针和对象引用，调用了类的成员函数。main()函数属于一般函数，不是类的成员函数，因此在 main()函数中只能调用类的公有（public）成员，而不能调用类的私有（private）和保护（protected）成员。在 main() 函数中出现以下语句是错误的：

```
        obj1. a=2;                //a 是私有成员，不能被外界访问
```

下面分析程序的运行过程。首先，程序从 main()函数开始执行，main()函数前 3 行定义了类对象、对象指针和对象引用，并为这些变量分配空间。对象 obj1、obj2、obj3 的数据成员占不同的内存空间，指针 p 指向 obj2；obj4 是 obj3 的引用，所以 obj4 与 obj3 占同样的内存空间。接着，分别使用对象、对象指针、对象引用调用类的公有成员函数 SetData()，给对象的数据成员初始化。然后，调用类的公有函数 Find()求出方程的根。最后，调用公有函数 Dispaly()将方程的根输出。

下面举一个简单的例子来说明类和对象的应用。

【例 1.9】 封装一个学生类，学生的信息包括学生的姓名、学号、性别、年龄和 3 门课的成绩。可以设置学生的各类信息，统计该学生的平均成绩并输出学生信息。

分析：依题意定义一个学生类 CStudent，数据成员包括学生的姓名（name）、学号（id）、性别（sex）、年龄（age）和 3 门课的成绩（grade[3]）；成员函数 setinfo()设置学生基本信息；成员函数 setgrad()设置学生成绩；成员函数 avg()统计学生平均年龄；成员函数 dispaly()输出学生信息。数据成员应该定义为私有成员，成员函数应该是公有的，作为类与外部的接口。画出对应的类图如图 1.3 所示。

CStudent
-name : string
-id : int
-sex : char
-age : int
-grade[3] : float
+setinfo(string, int, char, int) : void
+setgrad(float , float , float) : void
+avg() : float
+display() : void

图 1.3 CStudent 类图

程序如下：

```cpp
//CStudent.h 是头文件，在此文件中进行类的声明
#include <string>
using namespace std;
class CStudent                                      //类声明
{
public:
    void setinfo(string, int, char, int);
    void setgrad(float, float, float);
    float avg();
    void display();
private:
    string name;
    int id ;
    char sex;
    int age;
    float grade[3];
};
//CStudent.cpp，在此文件中进行函数的定义
#include <iostream>
using namespace std;
#include"CStudent.h"
void CStudent::setinfo(string na, int i, char s, int a)
{
    name=na;
    id=i;
    sex=s;
    age=a;
}
void CStudent::setgrad(float a, float b, float c)
{
    grade[0]=a;
```

```cpp
            grade[1]=b;
            grade[2]=c;
}
float CStudent::avg()
{
            return (grade[0]+ grade[1] +grade[2])/3;
}
void CStudent::display( )
{
            cout<<"id:"<<id<<endl;
            cout<<"name:"<<name<<endl;
            cout<<"sex:"<<sex<<endl;
            cout<<"age:"<<age<<endl;
}
//main.cpp 为主函数模块
#include <iostream>
#include "CStudent.h"                              //将类声明头文件包含进来
int main( )
{
            CStudent stud1;                        //定义对象
            stud1. setinfo("张三",2016102,'m',18);
            stud1.setgrad(79,98,87);
            stud1.display();
            cout <<"平均成绩："<<stud1.avg();
            return 0;
}
```

程序运行结果：

```
id：2016102
name：张三
sex：m
age：18
平均成绩：88
```

1.3.5 类对象的内存分配

　　定义类对象时，需要给类对象分配内存空间来存储类对象的数据成员和成员函数。每个对象都要为自己的数据成员和成员函数分配空间，如图 1.4 所示。同一个类不同对象的数据成员是不同的，但它们的成员函数却是相同的，如果为每一个对象都分配存储数据成员和成员函数的空间，势必浪费资源。因此，C++中用同一内存空间来存放这个同种类对象的成员函数代码，当调用某个对象的成员函数时，都去调用这个公用的函数代码，如图 1.5 所示。C++中用 this 指针来区分是哪个对象调用成员函数。

图 1.4 类的不同实例在内存中的分配方案

图 1.5 类的不同实例的成员函数代码区公用的方案

1.3.6 this 指针

每个对象中的数据成员都分别占有存储空间,而成员函数都是同一代码段。如果对同一个类定义了 n 个对象,那么当不同对象的成员函数访问数据成员时,怎样保证访问的数据成员是属于哪个对象呢?原来在调用成员函数时,C++除了接收原有的参数外,还隐含地接收了一个特殊的指针参数,这个指针称为 this 指针。它是指向本类对象的指针,它的值是当前被调用成员函数所在对象的起始地址,即 this 指针指向当前对象。

【例 1.10】 设计矩形类 CRect,说明 this 指针的用法。

分析:矩形类数据成员包括左上角坐标(left 和 top)、矩形的长(length)和宽(width)。定义成员函数 set()设置矩形,成员函数 area()计算矩形的面积。

程序如下:

```
#include <iostream>
using namespace std;
class CRect
{
public:
    void set( double t, double lef, double len, double wid);
    double area();
private:
    double left;
    double top;
    double length;
    double width;
};
void CRect::set(double t, double lef, double len, double wid)
{
    top = t;                    //相当于 this->top=t
```

```
            left = lef;
            length = len;
            width = wid;
        }
        double CRect::area()
        {
            return length* width;
        }
        int main( )
        {
            CRect r1,r2;
            r1.set (10,10,10,10);
            r2.set (200,200,15,25);
            cout<<"第一矩形的面积是:"<<r1.area()<<endl;
            cout<<"第二矩形的面积是:"<<r2.area()<<endl;
            return 0;
        }
```

程序运行结果:

> 第一矩形的面积是:100
> 第二矩形的面积是:375

例 1.10 中定义的 CRect 类定义了两个同类对象 r1 和 r2，分别调用它们的成员函数 set()、area()设置和计算每个矩形的面积。r1.set()应该是访问对象 r1 中的 left、top、width 和 length，设置矩形 r1 的数据成员。r2.set()应该是访问对象 r2 中的 left、top、width 和 length，设置矩形 r2 的数据成员。而现在都用同一个函数段，系统怎样使它分别访问 r1 或 r2 中的数据成员呢？

原来，在对象调用 r1.area()时，成员函数除了接收 4 个参数以外，还接收到一个对象 r1 的地址。这个地址被一个隐含的形参 this 指针获取，等于执行了 this=&r1。所以，对数据成员的访问都隐含地加上了前缀 this->，即

```
        void CRect::set(double t, double lef, double len, double wid)
        {
            top = t;           //等价于 this->top=t;
            left = lef;        //等价于 this-> left = lef;
            length = len;      //等价于 this-> length = len;
            width = wid;       //等价于 this-> width = wid;
        }
```

因此，无论访问哪个对象，在该对象成员函数访问数据成员时，按照 this 的指向找到当前对象的数据成员，设置数据成员的值。

this 指针是隐式使用的，它是作为参数传递给成员函数的。成员函数 area()的定义如下：

```
        double CRect::area()
        {
            return length* width;
        }
```

C++把它处理为：

```
double CRect::area(CRect *this)
{
    return (this->length) * (this-> width);
}
```

需要说明：以上 this 指针都是编译系统自动实现的，编程人员不必人为地再增加 this 指针，但在程序需要时也可以显式地使用 this 指针。例如，将 void CRect::set(double, double, double, double)改为如下形式将会产生歧义，因为参数名与类数据成员名相同，不知道哪个是参数，哪个是类的数据成员，这时必须要加 this 指针来区别。

```
void CRect::set(double top, double left, double length, double width)
{
    top = top;           //有歧义，应该为 this->top = top;
    left = left;         //有歧义，应该为 this->left = left;
    length = length;     //有歧义，应该为 this->length = length;
    width = width;       //有歧义，应该为 this->width = width;
}
```

1.4　构造函数和析构函数

C++的构造（constructor）函数和析构（destructor）函数是类的两种特殊的成员函数。构造函数的作用是在创建对象时，系统自动调用它来初始化数据成员；析构函数的作用是在对象生存期结束时，系统自动调用它来释放该对象。在 C++中，使用构造函数和析构函数能够灵活地创建和撤销对象，以便充分地展示 C++的类机制。

1.4.1　构造函数的定义

当建立一个对象时，对象表达了现实世界的实体。例如，一旦定义了一个学生对象，那么这个学生就是实实在在存在的，就应该有名字、年龄等。如果定义了学生对象，但并没有给它的数据成员初始化，该学生的名字、年龄等数据成员的值将是随机数或 0（根据对象的存储属性决定），那么这个对象就没有任何意义！因此，当创建对象时，经常需要自动地做某些初始化工作，如初始化类的数据成员。C++自动初始化对象的工作专门由该类的构造函数来完成。

构造函数的定义格式为：

```
class 类名
{
public:
    构造函数函数名（参数表）；
    ...
};
```

构造函数属于类的成员函数，除了具有一般成员函数的特点外，还有自己独有的特征：

（1）构造函数是类的一个特殊的成员函数，函数名与类名相同。

（2）构造函数的访问属性应该是公有访问属性。

（3）构造函数的功能是对对象进行初始化，因此在构造函数中只能对数据成员做初始化。这些数据成员一般为私有成员，在构造函数中一般不做初始化以外的事情。

（4）构造函数可以在类内定义，也可以在类外定义。

（5）构造函数无函数返回类型。注意，什么也不写，也不可写 void。

（6）程序运行，当新的对象被创建时，该对象所属的类的构造函数自动被调用，在该对象生存期中也只调用这一次。

（7）构造函数可以重载。类中可以有多个构造函数，它们由不同的参数表区分，系统在自动调用时按一般函数重载的规则选一个执行。

【例 1.11】 定义 CDate，它是一个不带参数的构造函数。

分析： 希望创建一个日期对象，自动初始化该日期为 2010 年 1 月 1 日。因此，可定义一个不带参数的构造函数。

程序如下：

```cpp
#include <iostream>
using namespace std;
class CDate                    //定义一个日期类
{
public:                        //公有数据成员
    CDate()                    //定义构造函数
    {
        year=2010;             //初始化数据成员
        month=1;
        day=1;
    }
    void Print()               //一般成员函数
    {
        cout<<year<<"-"<< month <<"-"<<day<<endl;
    }
private:
    int year,month ,day;
};
int main()
{
    CDate d1;                  //自动调用构造函数，初始化数据成员
    d1.Print();
    return 0;
}
```

程序运行结果：

2010-1-1

在类中定义了构造函数 CDate()，它与类同名。程序在 main()函数第一行创建一个日期对

象 d1，这时会自动调用构造函数 CDate()，将该对象的数据成员 year、month 和 day 初始化为 2010 年 1 月 1 日。第二行执行 d1.Print()函数，将该日期输出为 2010-1-1。如果没有构造函数 CDate()，则数据成员未被赋值，程序运行结果是年、月、日，都为随机数，无意义，由此可以看出构造函数的作用。

【例 1.12】 定义 CDate 类为带参数的构造函数。

分析：例 1.11 定义的 CDate 类的构造函数没有参数，当创建每一个日期对象时，都千篇一律地将该日期初始化为 2010 年 1 月 1 日。但在实际应用中，希望将定义的日期对象初始化为用户自己需要的日期，那么就需要定义一个带参数的构造函数，用参数初始化日期的年、月、日。

程序如下：

```cpp
#include <iostream>
using namespace std;
class CDate
{
public:
    CDate(int y, int m,int d);
    void Print();
private:
    int year,month ,day;
};
CDate::CDate(int y, int m,int d)
{
    year=y;
    month=m;
    day=d;
}
void CDate::Print()
{
    cout<<year<<"-"<< month <<"-"<<day<<endl;
}
int main()
{
    CDate d1(2008,8,8),d2(2011,3,11);
    d1.Print();
    d2.Print();
    return 0;
}
```

程序运行结果：

```
2008-8-8
2011-3-11
```

main()函数的第一行定义了对象 d1(2008,8,8)和 d2(2011,3,11)，系统自动调用类的带 3 个参数的构造函数，初始化对象 d1 和 d2 的数据成员。由此可见，使用带参数的构造函数可将对象的数据成员初始化为不同的值，使初始化一步到位。

如果将类定义语句改为 CDate d1(2008,8)，那么系统将会报错。这是因为该语句要调用类的有两个参数的构造函数，而类中未定义有两个参数的构造函数，没有匹配的构造函数，系统就会报错，这点请读者注意。

前面介绍的构造函数是在函数体内通过赋值语句对数据成员实现初始化工作的。C++还提供了另一种初始化数据成员的方式——使用初始化表来实现对数据成员的初始化。这种方法不是在函数体内初始化数据成员，而是在函数首部实现：

> 类名::构造函数名(参数列表):初始化表
> {
> 构造函数其他实现代码
> }

初始化表的格式为：

> 对象成员 1(参数名或常量),对象成员 2(参数名或常量),…,对象成员 *n*(参数名或常量)

例如，【例 1.12】定义的构造函数可以改用以下形式：

> CDate::CDate(int y, int m,int d): year(y), month(m),day(d){ }

使用初始化表对数据成员初始化时在函数末尾加一个冒号，然后列出参数的初始化表。需要初始化多个参数时，中间用","号隔开，这种写法方便、简洁。许多 C++程序员喜欢用这种方式初始化所有的数据成员。除了构造函数可以使用初始化表外，类的其他成员函数也可以根据需要使用初始化表。

1.4.2 构造函数的重载

程序中需要以不同的方式初始化类对象时，可以在一个类中定义多个构造函数，即可以重载构造函数。C++定义对象时，根据声明中的参数个数和类型选择相应的构造函数初始化对象。

【例 1.13】 CDate 类中的重载构造函数。

程序如下：

```
#include <iostream>
using namespace std;
class CDate
{
public:
    CDate();                        //不带参数的构造函数，又称默认构造函数
    CDate(int y);                   //带 1 个参数的构造函数
    CDate(int y, int m);            //带 2 个参数的构造函数
    CDate(int y, int m,int d);      //带 3 个参数的构造函数
    void Print();
private:
    int year,month ,day;
```

```cpp
};
CDate:: CDate()                    //构造函数的定义
{
    year=2011;
    month=1;
    day=1;
}
CDate:: CDate(int y)
{
    year=y;
    month=1;
    day=1;
}
CDate:: CDate(int y, int m)
{
    year=y;
    month=m;
    day=1;
}
CDate:: CDate(int y, int m,int d)
{
    year=y;
    month=m;
    day=d;
}
void CDate::Print()
{
    cout<<year<<"-"<< month <<"-"<<day<<endl;
}
int main()
{
    CDate day1;
    CDate day2(2011);
    CDate day3(2011,2);
    CDate day4(2010,12,16);
    day1.Print();
    day2.Print();
    day3.Print();
    day4.Print();
    return 0;
}
```

程序运行结果：

2011-1-1
2011-1-1

因为main()函数中定义的对象day1以无参数的形式给出,所以调用无参构造函数CDate()来构造它,无参构造函数又称为默认的构造函数(default constructor)。后面定义的3个对象day2、day3和day4分别调用3个与之相匹配的构造函数初始化。

关于构造函数,C++规定:

(1)每个类必须有一个构造函数,如果没有,则不能创建任何对象。

(2)若没有定义任何一个构造函数,则C++提供一个默认的构造函数,该构造函数没有参数,不做任何工作,相当于一个空函数。例如:

```
CDate::CDate()
{
}
```

所以,在讲构造函数以前也可以定义一个对象,这是因为系统提供默认的构造函数。

(3)只要提供一个构造函数(不一定是没有参数的),C++则不再提供默认的构造函数。也就是说,为类定义了一个带参数的构造函数,还想创建无参的对象时,需要自己定义一个默认的构造函数。

1.4.3 带默认参数的构造函数

前面介绍的带参数的构造函数,在定义对象时必须给其传递相应的参数,这时,构造函数才被执行。在现实世界中,对象常有一些这样的初始值:大一学生的年龄一般默认为19,护士的性别一般默认为"女",一个点坐标默认为(0,0)等。C++允许使用带默认参数的构造函数,没有特殊说明时,对象的数据成员为默认值,当实际情况不是默认值时,由用户另行指定。带默认参数的构造函数与"面向过程分册"第4章讲的普通默认参数函数的使用特点一致。

【例1.14】 设计CPoint类,它是带默认参数的构造函数。

CPoint
-x : double
-y : double
+CPoint(x1 : double =0,y1 : double =0)
+print() : void

图1.6 CPoint类图

分析:一个点包括横坐标(x)和纵坐标(y)两个数据成员,默认初始值为(0,0)。也可以根据用户需要,初始化点为其他坐标,因此需要定义一个带默认参数的构造函数。定义成员函数print()输出该点。CPoint类图如图1.6所示。

程序如下:

```cpp
#include <iostream>
using  namespace  std;
class CPoint
{
public:
    CPoint (double x1=0,double y1=0)         //带默认参数的构造函数
    {
        x=x1;
```

```cpp
            y=y1;
        }
        void print ()
        {
            cout<<"("<<x<<","<<y<<")"<<endl;
        }
    private:
        double x,y;
};
int main()
{
    CPoint point1;              //自动调用带默认参数的构造函数,（0,0）
    CPoint point2(10);          //自动调用带默认参数的构造函数,（10,0）
    CPoint point3(20,30);       //自动调用带默认参数的构造函数,（20,30）
    point1.print();
    point2.print();
    point3.print();
    return 0;
}
```

程序运行结果：

```
(0,0)
(10,0)
(20,30)
```

虽然程序在类内部只定义了一个带默认参数的构造函数 CPoint(double x1=0,double y1= 0)，但主函数却用 3 种不同个数的参数来创建对象。语句 CPoint point1，使用了带默认参数构造函数的两个默认值 0 来构造对象 point1，point1 为点（0,0）。语句 CPoint point2(10)，依然使用该带默认参数的构造函数，但第一个参数是 10，第二个参数是默认的 0，因此 point2 初始化为（10,0）。语句 CPoint point3(20,30)的两个参数为 20、30，未采用默认的 0。由此可见，当定义一个带默认参数的构造函数时，可以使用多种方法来创建对象，简单灵活。请读者自己修改例 1.13 中的 CDate 类，使用一个带默认参数的构造函数创建不同的日期。

需要注意的是，构造函数是对象创建时自动调用的，不能显式调用。一个类可以包括多个构造函数，但对每一个对象来说，对象创建时只能执行其中一个与对象参数相匹配的构造函数。下面的代码存在二义性问题：

```cpp
#include <iostream>
using  namespace  std;
class CPoint
{
public:
    CPoint (double x1=0,double y1=0)            //带默认参数的构造函数
    {
        x=x1;
        y=y1;
    }
```

```
        CPoint (double x1)                              //带一个参数的构造函数
        {
           x=x1;
           y=100;
        }
    private:
        double x,y;
    };
    int   main()
    {
        CPoint point1(10);                              //错误,匹配哪个构造函数不确定
        point1.print();
        return 0;
    }
```

1.4.4 析构函数

析构函数是一个特殊类成员函数,它的作用与构造函数相反。析构函数的作用是在对象生存期结束之前自动执行,做清理工作。例如,一个类可能在构造函数中分配资源,这些资源要在对象的生存期结束以前释放,释放资源的工作就是通过自动调用类的析构函数来完成的。析构函数的特点:

(1)析构函数的名字较特别,在类名前加"~"字符,表明它与构造函数相反。
(2)析构函数没有参数,不能指定返回值类型。
(3)一个类中只能定义一个析构函数,所以析构函数不能重载。
(4)在对象生存期结束时,系统自动调用析构函数。

析构函数的定义格式为:

```
类名::~ 析构函数名()
{
//实现代码
}
```

例如:

    CDate：:~CDate(){ … }   //日期类的析构函数定义

一般情况下,在定义类时同时定义析构函数,以指定如何完成"清理"工作。如果用户没有定义析构函数,则编译系统会自动提供一个默认的析构函数,但它什么也不做。

【例 1.15】 设计一个包含析构函数的 CTeacher 类。CTeacher 类图如图 1.7 所示。

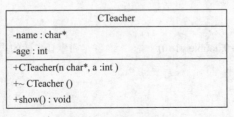

图 1.7 CTeacher 类图

程序如下：

```cpp
#include <iostream>
#include <cstring>
using namespace std;
class CTeacher
{
public:
    CTeacher(char *n,int a)
    {
      name=new char[strlen(n)+1];
      strcpy(name,n);
      age=a;
      cout<<"执行 CTeacher 类的构造函数"<<endl;
    }
    ~CTeacher()
    {
      delete name;
      cout<<"执行 CTeacher 类的析构函数"<<endl;
    }
    void Show()
    {
      cout<<"姓名:"<<name<<",年龄:"<<age<<endl;
    }
private:
     char*  name;
     int   age;
};
int main()
{
    CTeacher  T1("王勇",35);
    T1.Show();
    return 0;
}
```

程序运行结果：

> 执行 CTeacher 类的构造函数
> 姓名:王勇,年龄:35
> 执行 CTeacher 类的析构函数

CTeacher 类的数据成员 name 是字符指针，在初始化该成员时，用 new 动态分配了内存空间，因此在类对象生存期结束时应该撤销此空间。析构函数 CTeacher:: ~CTeacher()用 delete 清除为成员 name 分配的空间。

1.4.5 拷贝构造函数和默认拷贝构造函数

C++中允许同类型变量之间的赋值，如 int a=100;int b;b=a。对象是一种复杂的类类型，程序中有时需要用一个已知对象去创建另一个对象，或将一个对象赋值给另一个对象，就好像简单类型变量之间赋值一样。

例如：

```
CDate day1(1999,1,1),day2;
CDate day3(day1);            //用一个对象初始化另一个对象
fun(CDate day);              //函数声明，函数的参数是一个类对象
fun(day1);                   //函数调用，对象作为函数的参数
```

对象之间的初始化是由类的拷贝构造函数完成的。拷贝构造函数是一种特殊的构造函数，它的作用是用一个已知的对象来初始化另一个对象。拷贝构造函数与类同名，没有返回类型，只有一个参数，参数为该类对象的引用。拷贝构造函数的定义格式为：

类名::拷贝构造函数名（类名& 引用名）

例如：

```
CDate ::CDate(CDate & d);              //形参是一个对象的引用
CString( const CString & stringSrc );  //形参是一个 const 的对象引用
```

通常在下述三种情况中，需要使用拷贝构造函数：

（1）明确表示由一个对象初始化另一个对象时，如 CDate day3(d1);。

（2）当对象作为函数实参传递给函数形参时，如 fun(CDate day);。

（3）当对象作为函数的返回值，创建一个临时对象时。

【例 1.16】 设计一个复数类，两个数据成员分别表示复数的实部（real）和虚部（imag），两个构造函数分别在不同的情况下初始化对象，函数 Print()用于输出复数。

程序如下：

```
#include <iostream>
using namespace std;
class   CComplex
{
public:
    CComplex(double, double);
    CComplex(CComplex &c);           //复数类的拷贝构造函数声明
    CComplex add(CComplex & x);      //复数相加，函数返回值为两个复数的和
    void Print();
private:
    double real;
    double imag;
};
CComplex::CComplex (double r=0.0, double i=0.0)
{
    real = r;
    imag = i;
    cout<<"调用两个参数的构造函数"<<endl;
}
CComplex::CComplex (CComplex &c)              //复数类的拷贝构造函数定义
```

```cpp
    {
        real = c.real;
        imag = c.imag;
        cout<<"调用拷贝构造函数"<<endl;
    }
    void CComplex::Print()                    //显示复数值
    {
        cout << "(" << real << "," << imag << ")" << endl;
    }
    void f(CComplex n)                        //对象作为函数参数
    {
        cout<<"n=";
        n. Print();
    }
    CComplex CComplex::add(CComplex & x)      //函数的返回值为对象
    {
        CComplex y(real+x.real ,imag+x.imag );  //调用两个参数的构造函数
        return y;                               //调用复数类的拷贝构造函数
    }
    int main( )
    {
        CComplex    a(3.0,4.0), b(5.6,7.9);
        CComplex    c(a);                     //调用复数类的拷贝构造函数
        cout << "a = ";
        a.Print();
        cout << "c = ";
        c.Print();
        f(b);                                 //对象作为函数实参传递给函数形参，调用拷贝
                                              //构造函数
        c=a.add(b);                           //对象作为函数的返回值，调用拷贝构造函数
        c.Print ();
        return 0;
    }
```

程序运行结果：

```
调用两个参数的构造函数
调用拷贝构造函数
a = (3,4)
c = (3,4)
调用拷贝构造函数
n=(5.6,7.9)
调用两个参数的构造函数
调用拷贝构造函数
(8.6,11.9)
```

程序开始执行时，为对象 a 和 b 的数据成员分配不同的内存空间，并分别调用两个参数的构造函数初始化它们，输出第 1、2 行；执行语句 CComplex c(a)时，用一个已知的对象初始化另一个对象，系统自动调用拷贝构造函数，将复数 a 数据成员的值对应赋值给复数 c 的数据成员，输出第 3 行。执行语句 f(b)时，将实参 b 传递给形参 n，也调用拷贝构造函数。执行语句 c=a.add(b)时，成员函数 add 的返回值是一个对象，系统会建立一个临时对象，将局部对象 y 的值赋给临时对象，这时也要调用拷贝构造函数。各对象数据成员变化如图 1.8 所示。

图 1.8　拷贝构造函数的对象数据成员变化

例 1.16 中用户自定义了拷贝构造函数，所以用一个对象创建另一个对象时，系统自动调用用户自定义的拷贝构造函数。如果用户没有自己定义拷贝构造函数，那么编译系统会自动提供一个默认的拷贝构造函数。默认的拷贝构造函数所做的工作是将一个对象的全部数据成员赋值给另一个对象的数据成员。也就是说，如果例 1.16 中用户未定义拷贝构造函数，程序也能运行，完成同样的功能。C++把这种只进行对象数据成员简单赋值的复制，称为"浅拷贝"。那么什么时候一定需要用户自己定义拷贝构造函数呢？可以通过下例说明。

【例 1.17】设计一个班级类 CClass，两个数据成员 name 和 num 分别表示班级的名称和人数。函数 Print()输出班级名称和班级人数。

程序如下：

```
#include <iostream>
using namespace std;
class CClass
{
public:
    CClass (char *cName="",int snum=0);
    ~ CClass ()
    {
        cout<<"析构班级："<<pname<<endl;
        delete   pname;
    }
    void Print();
private:
```

```cpp
    char * pname;
    int num;
};
CClass ::CClass (char *cName,int snum)
{
    int length = strlen(cName);
    pname = new char[length+1];
    if (pname!=0)                                           //或 pname！=NULL
        strcpy(pname,cName);
    num=snum;
    cout<<"创建班级："<<pname<<endl;
}
void CClass :: Print()
{
    cout<<pname<<"班级的人数为："<<num<<endl;
}
int main()
{
    CClass c1("计算机 111 班",56);
    CClass c2 (c1);
    c1.Print();
    c2.Print();
    return 0;
}
```

运行程序时会出现错误。程序开始运行时，创建对象 c1，调用对象 c1 的构造函数分配堆空间给数据成员 pname。执行 CClass c2 (c1)时，因为未定义拷贝构造函数，于是执行默认的拷贝构造函数，只进行对象数据成员的简单赋值，即令 c2.pname=c1.pname，并未给 c2.pname 分配新的空间，c2.pname 和 c1.pname 指向同一资源（堆内存空间），资源的归属权不清楚，内存分配情况如图 1.9 所示。程序结束前依次调用 c2、c1 的析构函数，堆资源被 delete 两次，引起错误。这就是"浅拷贝"引起的运行错误。

图 1.9　c1、c2 内存的分配情况（浅拷贝）

因此，当类的数据成员中包括动态分配的资源时，如果只做数据成员之间的简单赋值（浅拷贝）则会出现问题，用户必须自己定义拷贝构造函数。在例 1.17 中添加如下拷贝构造函数，问题得到解决。

```
CClass (CClass &p)
{
    pname = new char[strlen(p.pname )+1];
    if (pname!=0)
        strcpy(pname,p.pname);
    num=p.num ;
    cout<<"创建班级的拷贝："<<pname<<endl;
}
```

程序运行结果：

> 创建班级：计算机 111 班
> 创建班级的拷贝：计算机 111 班
> 计算机 111 班的人数为：56
> 计算机 111 班的人数为：56
> 析构班级：计算机 111 班
> 析构班级：计算机 111 班

程序开始运行时，创建对象 c1，调用带有两个参数的构造函数，产生第一行输出。然后用 c1 构造 c2，调用的是自定义的拷贝构造函数，产生第二行输出。拷贝构造函数不是简单的赋值，而是给 c2.pname 也分配了堆空间。当主函数结束时，先后析构 c2 和 c1，因为它们有各自的资源，不会出错，如图 1.10 所示。

图 1.10　c1、c2 的内存分配情况（深拷贝）

1.5　综合应用举实例

【例 1.18】这是一个银行账户管理系统，用户可以操作自己的银行账户。银行账户管理系统顾名思义就是对银行账户的信息进行操作，实现账户信息管理、客户信息管理等功能模块。随着课程的深入，这个项目将趋于完整，我们会随着知识点的深入，完成每一个阶段的项目要求。

本章要求实现银行账户 Account 类，这个类需要完成以下功能：

（1）提供私有属性 balance：用于保存账户中的当前余额。
（2）一个默认构造方法和一个带参构造方法。
（3）公有方法 getBalance：用于取得当前账户余额。
（4）公有方法 deposit：用于把数量为 amount 的现金存储到当前账户中。

（5）公有方法 withdraw：用于从当前账户中提取数量为 amount 的现金，返回值是 int 类型的值，1 对应取款成功，0 对应取款失败。

类图如下。

Account
- balance : double
+ getBalance() : double + deposit(sv : double) : void + withdraw(sv : double) : int

参考代码：

```
#include<iostream>
using namespace std;
class Account
{
private:
    double balance;
public:
    Account()
    {
        balance=0;
    }
    Account(double bl):balance(bl)
    {}
    double getBalance()
    {
        return balance;
    }
    void deposit(double sv)
    {
        balance=balance+sv;
    }
    int  withdraw(double sv)
    {
        if (sv<balance)
        {
            balance=balance-sv;
            return 1;
        }
        else
            return 0;
    }
};
```

```
        int main()
        {
            double money;
            Account acct(1000);
            cout<<"输入存款金额:"<<endl;
            cin>>money;
            acct.deposit(money);
            cout<<"存款成功！账户余额:"<<acct. getBalance()<< endl;
            cout<<"输入取款金额:"<<endl;
            cin>>money;
            if(acct.withdraw(money))
                cout<<" 取款成功，取款后余额为:"<<acct.getBalance()<<endl;
            else
                cout<<" 账户余额不足!余额为:"<<acct.getBalance()<<endl;
            return 0;
        }
```

习题 1

一、选择题

1．在 C++中有关类和对象的说法下列不正确的有_____。
（A）对象是类的一个实例　　　　（B）任何一个对象只能属于一个具体的类
（C）一个类只能有一个对象　　　　（D）类与对象的关系和数据类型与变量的关系相似

2．在类的定义体外定义成员函数时，需要在函数名前加上_____。
（A）类名　　　　　　　　　　　（B）类名及作用域运算符
（C）类对象　　　　　　　　　　（D）作用域运算符

3．_____功能是对对象进行初始化。
（A）析构函数　　　　　　　　　（B）数据成员
（C）构造函数　　　　　　　　　（D）静态成员函数

4．面向对象程序设计将数据与_____放在一起，作为一个相互依存、不可分割的整体来处理。
（A）对数据的操作　　　　　　　（B）信息
（C）数据隐藏　　　　　　　　　（D）数据抽象

5．下列关于构造函数的描述中，错误的是_____。
（A）构造函数可以设置默认参数　（B）构造函数在定义类对象时自动执行
（C）构造函数可以是内联函数　　（D）构造函数不可以重载

6．有关析构函数的说法不正确的是_____。
（A）析构函数的名字是类名　　　（B）类中只有一个析构函数
（C）析构函数绝对不能有参数　　（D）析构函数无函数类型

7. 假定一个类是 Student，那么该类的拷贝构造函数是_____。
（A）Student(Student s);　　　　　（B）Student(Student *s);
（C）Student(Student &s);　　　　　（D）Student*(Student s);

8. 在类作用域中能够通过直接使用该类的（　）成员名进行访问。
（A）私有　　（B）公用　　（C）保护　　（D）任何

9. 假定 AA 为一个类，a 为该类公有的数据成员，x 为该类的一个对象，则访问 x 对象中数据成员 a 的格式为（　）。
（A）x(a)　　（B）x[a]　　（C）x->a　　（D）x.a

10. 有关拷贝构造函数的说法不正确的是_____。
（A）拷贝构造函数的名字和类名是一样的　　（B）类中只有一个拷贝构造函数
（C）拷贝构造函数可以有多个参数　　　　　（D）拷贝构造函数无任何函数类型

11. 假定 AA 为一个类，a()为该类公有的函数成员，x 为该类的一个对象，则访问 x 对象中函数成员 a()的格式为（　）。
（A）x.a　　（B）x.a()　　（C）x->a　　（D）x->a()

12. 假定 AA 为一个类，a 为该类私有的数据成员，GetValue()为该类公有函数成员，它返回 a 的值，x 为该类的一个对象，则访问 x 对象中数据成员 a 的格式为（　）。
（A）x.a　　（B）x.a()　　（C）x->GetValue()　　（D）x.GetValue()

13. 假定 AA 为一个类，int a()为该类的一个成员函数，若该成员函数在类定义体外定义，则函数头为（　）。
（A）int AA::a()　　　　　（B）int AA:a()
（C）AA::a()　　　　　　　（D）AA::int a()

14. 类中定义的成员默认为（　）访问属性。
（A）public　　（B）private　　（C）protected　　（D）不确定

15. 在 C++程序中，对象之间的相互通信通过（　）。
（A）继承实现　　　　　　（B）调用成员函数实现
（C）封装实现　　　　　　（D）函数重载实现

二、阅读程序题

1. 分析以下程序的执行结果。

```
#include <iostream>
using namespace std;
class Sample
{
    int x,y;
public:
    Sample(){x=y=0;}
    Sample(int a,int b){x=a;y=b;}
    void disp() { cout<<"x="<<x<<",y="<<y<<endl; }
};
int main()
{
```

```
        Sample s(2,3), *p=&s;
        p->disp();
        return 0;
}
```

2． 分析以下程序的执行结果。

```
#include <iostream>
using namespace std;
class Sample
{
    int x,y;
public:
    Sample(){x=y=0;}
    Sample(int a,int b){x=a;y=b;}
    ~Sample()
    {
        if(x==y)    cout<<"x=y"<<endl;
        else        cout<<"x!=y"<<endl;
    }
    void disp() {    cout<<"x="<<x<<",y="<<y<<endl;   }
};
int main()
{
    Sample s1(2,3);
    s1.disp();
    return 0;
}
```

三、简答题

1．什么是面向对象技术？面向对象与面向过程程序设计有什么不同?
2．如何理解面向对象技术中的封装性、继承和多态性？
3．简述构造函数、析构函数和拷贝构造函数的特点与用途。
4．简述 C++中 this 指针的特点。

四、改错题

1．分析以下程序是否有错误并改正。

```
#include <iostream>
using namespace std;
class person
{
public:
    void person(int n,char* nam,char s)
    {
```

```cpp
            num=n;
            name=nam;
            sex=s;
            cout<<"Constructor called."<<endl;
        }
        ~person1( )
        {
            cout<<"Destructor called."<<endl;
        }
        void display( )
        {
            cout<<"num: "<<num<<endl;
            cout<<"name: "<<name<<endl;
            cout<<"sex: "<<sex<<endl<<endl;
        }
    private:
        int num;
        char name[10];
        char sex;
    };
    int main( )
    {
        person   s1(10010,'Wang_li','f');
        s1.display( );
        person   s2(10011,"Zhang_fun");
        s2.display( );
        return 0;
    }
```

2. 分析以下程序是否有错误并改正。

```cpp
    #include <iostream>
    using namespace std;
    class A
    { public:
        A(int a){x=a;}
        int getx(){return x;}
      protected:
        int x;    };
    int   main()
    {   A   temp(8);
        int x = temp.x;
        cout<< x<<endl;
        return 0;
    }
```

五、编程题

1．设计一个立方体类 Box，它能计算并输出立方体的体积和表面积。

2．设计一个时间类，时间类中有 3 个数据成员、若干个成员函数，编程实现时间的显示和设置。

3．设计一个复数类，编写一个函数求两个复数的和。

4．定义一个字符串类及在类上的各种操作，包括求串的长度，判断串是否为空，将串置空，字符串的比较、赋值及查找等。

5．设计点类 Point，并求两个点之间的距离。

6．设计一个矩形类 Crectangle，要求有下述成员函数：① Move()，从一个位置移动到另一个位置；② Size()，改变矩形的大小；③ Where()，返回矩形左上角的坐标值；④ Area()，计算矩形面积。

第2章

类和对象的进一步应用

C++是一种面向对象程序设计语言,为面向对象技术提供了全面的支持。本章进一步学习类和对象的相关概念、友元函数、类的特殊成员。

通过对本章的学习,应该重点掌握以下内容:

➢ 堆对象、对象数组。
➢ 友元函数和友元类。
➢ 类的静态成员。
➢ string 类对象。

2.1 对象的进一步应用

2.1.1 堆对象

C++中，动态分配堆空间的概念得到了扩展。C++允许使用 malloc()函数和 free()函数分配堆对象，也允许使用 C++的关键字 new 和 delete 分配堆对象。但使用 malloc()函数分配空间时不调用对象的构造函数，而通过 new 建立对象时要自动调用构造函数，通过 delete 删除对象时要调用析构函数。在面向对象程序设计中，如果用户定义堆对象，则为该对象分配内存的同时，也希望初始化这些内存空间，因此大多数 C++程序员使用 new 和 delete 来定义堆对象。

用 new 和 delete 运算符定义堆对象的格式为：

```
类名 *p
p=new 类名;
 …
delete p;
```

例如：(CDate 类定义见例 1.13）

```
    int  main()
    {
        CDate *dp1,*dp2;           //定义两个对象指针
        dp1=new CDate;             //分配堆内存，调用默认的构造函数，初始化堆对象的数据成员
        dp2=new CDate(2016,12,1);  //调用带 3 个参数的构造函数，初始化堆对象的数据成员
        dp1-> Print();             //通过指针访问对象成员，输出日期 2011-1-1
         (*dp2).Print();           //通过指针指向的对象访问对象成员，输出日期 2016-12-1
        …
        delete dp1;                //调用 dp1 的析构函数
        delete dp2;                //调用 dp2 的析构函数
        return 0;
    }
```

当用户希望需要用到对象时才创建一个对象，不需要时就撤销它所占的内存空间，则可以使用 new 和 delete 创建和撤销堆对象。这样做的好处是提高内存的利用率。用 new 分配堆对象时，参数的个数要与该类定义的构造函数参数相匹配。将分配的堆对象赋值给一个对象指针，可以通过对象指针访问该堆对象。注意，以前用到的非动态定义的对象，生存期结束是程序自动控制的，调用析构函数的顺序与创建对象的顺序相反；而堆对象是动态创建和撤销的，调用析构函数的顺序与用户使用 delete 撤销堆对象的顺序相关。

2.1.2 对象数组

数组不仅可以由简单变量组成（如整型数组、字符数组），也可以由对象组成（对象数组的每一个元素都是同类的对象）。

在现实世界中，有许多实体的属性是相同的，只是属性的具体内容不同。例如，一个班有 50 个学生，每个学生的属性包括姓名、性别、年龄、成绩等。如果为每一个学生建立一个对象，需要分别取 50 个对象名，程序处理起来很不方便。这时，可以定义一个学生类"对象数组"，每一个数组元素是一个"学生类"对象。例如：

CStudent stud[50];   //假设 CStudent 类已定义，定义 stud 数组有 50 个元素

对象数组中的每一个元素都是类的对象。声明一个一维对象数组的语法格式为：

类名　数组名[常量表达式];

访问对象数组元素的公有成员：

数组名[下标] . 成员名;

在建立数组时，同样要调用构造函数初始化每个数组元素。如果有 50 个元素，则需要调用 50 次构造函数。语句 CStudent stud[50]调用了 50 次学生默认的构造函数。如果类定义时提供了带参数的构造函数，则定义数组对象时可以在需要时提供实参以实现初始化。每一个元素的实参分别用括号括起来，对应构造函数的一组形参，不会混淆。例如：

```
CStudent s[3] = {CStudent("张三",2006001,19),      //初始化第 1 个数组元素
                 CStudent("李四",2006002,18),      //初始化第 2 个数组元素
                 CStudent("王五",2006003,20)},     //初始化第 3 个数组元素
                };
```

【例 2.1】 设计一个学生类，假设一个班有 5 个学生，计算该班学生的平均年龄。

分析：可以定义一个学生对象数组表示 5 个学生对象，为了计算学生的平均年龄，学生类中需要有一个得到学生年龄的成员函数 GetAge()。

程序如下：

```
#include <iostream>
#include<string>
using namespace std;
class CStudent
{
public:
    CStudent(string na,int i ,int a);
    int GetAge();
private:
    string name;
    int id;
    int age;
};
CStudent::CStudent(string na,int i ,int a)
{
    name=na;   id=i;    age = a;
}
int CStudent::GetAge()
```

```cpp
        {
            return age;
        }
        int main()
        {
            int sum=0;
        CStudent s[5] = {CStudent("张三",10001, 20),
                         CStudent("李四",10002, 22),
                         CStudent("王五",10003, 24),
                         CStudent("赵六",10004, 26),
                         CStudent("孙六",10005, 28)};    //对象数组初始化
            for(int i=0; i<5; i++)
            {
                sum += s[i].GetAge();                    //累加每个学生的年龄
            }
            cout << sum/5 << endl;
            return 0 ;
        }
```

程序运行结果：

2.1.3 类对象作为成员

在类定义中，所定义的数据成员一般是基本数据类型，但有时还需要用抽象的数据类型作为数据成员，称为组合类。这一节所要讨论的内容是类对象作为成员。例如，一个学生类的数据成员（包括学生的姓名、年龄等信息）可以用简单的数据类型表示，学生信息还有出生日期，这个数据成员可以用一个日期类表示。使用类对象作为成员要注意的问题是该类内嵌对象的初始化问题。内嵌对象是该类对象的组成部分，当创建该对象时，其内嵌对象也被自动创建。

在 C++中通过构造函数的初始化表为内嵌对象初始化。组合类带有初始化表的构造函数的定义格式为：

```
类名::构造函数(参数表):内嵌对象 1(参数表 1),内嵌对象 2(参数表 2),…
{
    构造函数体
}
```

组合类构造函数的执行顺序为：
（1）按内嵌对象的声明顺序依次调用内嵌对象的构造函数。
（2）执行组合类本身的构造函数。

【例 2.2】 设计一个学生类。数据成员包括学生的姓名、学号、性别、出生日期。

分析：学生的姓名、性别可以用简单的数据类型表示，学生的学号和出生日期可以用类对象表示。定义 3 个类：学生类、日期类和学号类。学生类是一个组合类，类的数据成员包

括其他类对象，因此学生类的构造函数中使用初始化表初始化类对象数据成员。类结构图如图 2.1 所示。

图 2.1　例 2.2 类图

程序如下：

```
#include <iostream>
#include <string>
using namespace std;
class CDate        //日期类声明
{
public:
    CDate(int y=1985, int m=1,int d=1)       //日期类的构造函数
    {
        year=y;    month=m;    day=d;
        cout<<"调用日期类的构造函数"<<endl;
    }
    CDate(CDate &s)                           //日期类的拷贝构造函数
    {
        year=s.year;   month=s.month;    day=s.day;
        cout<<"调用日期类的拷贝构造函数"<<endl;
    }
    ~ CDate()                                 //析构函数
    {
        cout<<"调用日期类的析构函数"<<endl;
    }
private:
    int year,month ,day;                      //定义 3 个整型变量，分别表示日期的年、月、日
};
//学号类声明
class CStudentID
{
public :
    CStudentID(int i)
    {
        value=i;
        cout<<"构造学号"<<value<<endl;
    }
    ~CStudentID()
```

```cpp
        {
             cout<<"析构学号"<<value<<endl;
        }
    private:
         int value;
};
//学生类声明
class CStudent
{
public:
    CStudent (string,char,int, CDate &);
    ~ CStudent ();
private:
    string name;
    char sex;
    CStudentID id ;
    CDate birthday;
};
CStudent:: CStudent (string na,char s, int i, CDate &d):id(i),birthday(d)
{
    name=na;    sex=s;
    cout<<"调用学生" <<name<< "的构造函数"<<endl;
}
CStudent::~ CStudent ()
{
    cout<<"调用学生" <<name<<"的析构函数"<<endl;
}
int main( )
{
    CDate day1(1989,3,1);
    CStudent stud1("张三",'m',2011102,day1);       //定义学生对象
    return 0;
}
```

程序运行结果：

```
调用日期类的构造函数
构造学号 2011102
调用日期类的拷贝构造函数
调用学生张三的构造函数
调用学生张三的析构函数
调用日期类的析构函数
析构学号 2011102
调用日期类的析构函数
```

主程序运行时，执行 CDate day1(1989,3,1)，调用 CDate 类的带 3 个参数的构造函数，第一行输出。执行 CStudent stud1("张三",'m',2011102,day1)，由于 CStudent 类是一个组合类，它

有两个类对象数据成员：CDate 类对象和 CStudentID 类对象，先调用成员对象的构造函数，再调用 CStudent 类自己的构造函数。那么，两个类对象先调用谁的构造函数呢？成员对象的调用顺序与类对象的定义顺序一致。因此根据初始化表:id(i),birthday(d)，先调用 CStudentID 的构造函数，第二行输出。然后，再调用 CDate 类的拷贝构造函数，第三行输出。最后，调用学生类自己的构造函数，第四行输出。调用过程如图 2.2 所示。析构函数的调用顺序与构造函数的调用顺序相反。

图 2.2　例 2.2 类调用过程

2.1.4　面向对象程序中的常量

C++虽然采取了数据封装（如设成员为 private 或 protected）以增加数据的安全性，但是有些数据往往是共享的，用户可以在不同场合通过不同的途径访问类的同一个数据对象。有时，无意之中的误操作会改变有关数据的状况，而这是人们所不希望出现的。如果数据能在一定范围内共享，又希望它不被任意修改，这时可以使用 const，即把有关数据定义为常量。

1. 常对象

如果希望某个对象的所有成员在程序中不能被修改，则可以将此对象定义为"常对象"。定义常对象的一般格式为：

　　类名　const　对象名[(实参列表)];

也可以把 const 写在最左面：

　　const　类名　对象名[(实参列表)];

修饰符 const 可以放在类名后面，也可以放在类名前面，二者等价。
例如，一个日期对象始终表示 2008 年 8 月 8 号，可以定义为：

　　CDate const d1(2008,8,8);　　　　　　　　//d1 是常对象

d1 是常对象，在所有场合，对象 d1 中所有成员的值都不能被修改。定义常对象必须要有初值。以下语句是错误的：

　　CDate d1(2008,8,8);　　　　　　　　//一般对象

```
CDate const d2 ;                    //d2 是常对象
d2=d1;                              //错误,常对象必须在定义的时候赋初值
```

如果一个对象被声明为常对象,则不能调用该对象非 const 型的成员函数(除了由系统自动调用的隐式的构造函数和析构函数以外)。这是为了防止这些函数修改常对象中数据成员的值。例如,对于例 1.13 中已定义的 CDate 类,如果有

```
const CDate d1(2001,5,1);           //定义常对象 d1
d1. Print();                        //企图调用常对象 d1 中的非 const 型成员函数,非法
```

因为调用时编译系统检查函数的声明,所以只要发现调用了常对象的成员函数,且该函数未被声明为 const,从而报错。

常对象只能访问常成员函数,而不能访问非常成员函数。如果希望成员函数可访问常对象中的数据成员,只需将该成员函数声明为 const 即可。例如:

```
void Print() const;                 //将函数声明为 const,即常成员函数
```

常成员函数可以访问常对象中的数据成员,但仍然不允许修改常对象中数据成员的值。例如,在 void Print() const 函数中不允许改变 year 等数据成员的值。实际编程时,如果一定要修改常对象中某个数据成员的值,则可以将该数据成员声明为 mutable,例如:

```
mutable int count;
```

把 count 声明为可变的数据成员,这样就可以用声明为 const 的成员函数来修改它的值。

2. 常数据成员

使用 const 关键字进行说明的数据成员,称为常数据成员。其作用和用法与一般常变量(const 变量)相似,但常数据成员的值是不能改变的。有一点要注意:只能通过构造函数的参数初始化表对常数据成员进行初始化,而不能采用在构造函数中对常数据成员赋初值的方法。例如,在类体中定义了常数据成员 age:

```
const int age;                      //声明 age 为常数据成员
```

在类外定义构造函数,应写成以下形式:

```
CStudent∷CStudent(int a):age (a){…}     //通过参数初始化表对常数据成员 age 进行初始化
CStudent∷CStudent(int a){age=a;}        //错误,不能在函数体中初始化常数据成员
```

3. 常成员函数

使用 const 关键字进行说明的成员函数,称为常成员函数。常成员函数只能访问本类中的数据成员(非 const 数据成员和 const 数据成员),而不能修改它们的值。只有常成员函数才有资格操作常量或常对象,没有使用 const 关键字说明的成员函数不能用来操作常对象。常成员函数说明格式如下:

> 类型标识符　函数名　(参数表) const;

其中,const 是加在函数说明后面的类型修饰符,它是函数类型的一个组成部分,因此在函数实现部分也要加 const 关键字,在调用时不必加 const。下面举例说明常成员函数的特征。

【例 2.3】 常成员函数的使用。

程序如下:

```cpp
#include <iostream>
using namespace std;
class R
{
public:
    R(int r1, int r2,int r3):R3(r3)          //用初始化表初始化常数据成员R3
    {
        R1=r1;        R2=r2;                 //初始化一般数据成员
    }
    void change();                           //一般成员函数声明
    void print();                            //一般成员函数声明
    void print() const;                      //const 成员函数声明
private:
    int R1, R2;
    const  int  R3;                          //const 数据成员
};
void R::change()
{
    R1=100;
    R2=R1+R3;                                //非const 成员函数可以访问const 数据成员（R3）
    //R3=400;                                //错误！非const 成员函数不可以改变const 数据成员
}
void R::print()                              //非const 成员函数
{
    cout<<"调用非 const 成员函数 print()"<<endl;
    cout<<R1<<","<<R2<<","<<R3<<endl;
}
void R::print() const                        //const 成员函数
{
    cout<<"调用 const 成员函数 print()"<<endl;
    //const 成员函数可以访问非const 和 const 数据成员，但不能改变它们的值
    //出现 R1=100 或 R3=100 都是错误的
    cout<<R1<<","<<R2<<","<<R3<<endl;
}
int main()
{
    R a(5, 4,3);
    a.print();                               //调用非 const 成员函数 print()
    const R b(20, 52,70);
    b.print();                               //调用 const 成员函数 print()
    a. change();
    //b. change();                           //错误，不能调用常对象的非 const 成员函数 change();
    a.print ();
    return 0;
}
```

程序运行结果：

> 调用非 const 成员函数 print()
> 5,4,3
> 调用 const 成员函数 print()
> 20,52,70
> 调用非 const 成员函数 print()
> 100,103,3

该程序的类声明了两个 print()成员函数，其类型是不同的（其实就是重载成员函数）。常对象只能调用带 const 修饰符的成员函数。

怎样利用常成员函数呢？

（1）如果在一个类中，有些数据成员的值允许改变，而另一些数据成员的值不允许改变，则可以将一部分数据成员声明为 const，以保证其值不被改变，可以用非 const 的成员函数访问这些数据成员的值，并修改非 const 数据成员的值。

（2）如果要求所有数据成员的值都不允许改变，则可以将所有数据成员声明为 const，或将对象声明为 const（常对象），然后用 const 成员函数访问数据成员，从而起到"双保险"的作用，切实保证了数据成员不被修改。

（3）如果已定义了一个常对象，则只能调用其中的 const 成员函数，而不能调用非 const 成员函数（不论这些函数是否会修改对象中的数据）。这是为了保证数据的安全。如果需要访问对象中的数据成员，则可将常对象中所有的成员函数都声明为 const 成员函数，但应确保在函数中不修改对象中的数据成员。

2.2 静态成员

类是类型而不是具体的数据对象，类的对象都是该类的实例，每个类对象都具有自己的数据成员，且是相互独立，各占内存空间的。然而，程序中往往需要让类的所有对象在类的范围内共享某个数据。声明为 static 的类成员能够在类的范围中共享，称为静态成员。

2.2.1 静态数据成员

如果希望实现数据共享，很多人会想到可以使用全局变量，那么为什么不使用全局变量实现数据的共享呢？面向对象程序设计的一个特点就是封装，而全局变量不符合这一思想，破坏了封装性；且可以在多个函数中改变全局变量的值，数据的安全性也得不到保证。所以，希望在同类的多个对象之间实现数据共享，可以用静态数据成员实现。使用静态数据成员不会破坏隐藏的原则，保证了安全性。

静态数据成员的特点：在每个类中只有一个复制，由该类的所有对象共同维护和使用，从而实现了同一类不同对象之间的数据共享。静态数据成员的值对每个对象都是一样的，但它的值是可以更新的。只要对静态数据成员的值更新一次，就可保证所有对象存取更新后有相同的值，从而可以提高时间效率。

静态数据成员的定义格式为：

> static 类型标识符 静态数据成员名；

在类中声明静态数据成员，仅仅说明了静态数据成员是类中的成员，即使声明了该类的对象，也不会为静态数据成员分配内存空间。静态数据成员的内存空间被该类的所有对象共享，只能分配一次，不能通过创建类对象的方式来分配，必须在类的外部进行实际定义并初始化，这样才能被所有对象共享。其初始化格式如下：

　　　　类型标识符　　类名::　静态数据成员名 =　 初始值;

说明：
（1）静态数据成员为类所有的对象共有，占一份内存空间。
（2）静态数据成员是静态存储的，是静态生存期。它在程序开始运行时就分配空间，而不是在某个对象创建时分配。不随对象的撤销而释放，在程序结束后才释放空间。
（3）初始化在类体外进行，且前面不加 static，以免与一般静态变量相混淆。
（4）初始化时不加该成员的访问权限修饰符 private、public 等。
（5）初始化时使用作用域运算符来标明它所属的类，因此静态数据成员是类的成员，而不是对象的成员。

静态数据成员不属于任何一个对象，可以通过类名直接对它进行访问，一般用法是：

　　　　类名 :: 静态数据成员名

下面举例说明静态数据成员的应用。

【例 2.4】 在 CStudent 类中添加静态数据成员，保存学生的总数。
程序如下：

```cpp
#include <iostream>
#include <string>
using namespace std;
class CStudent
{
public:
    CStudent(int, string);
    ~CStudent();
    void Print();
    static int noofStds;            //静态数据成员
private:
    int id;
    string name;
};
CStudent::CStudent(int i, string na)
{
    id = i;      name=na;
    noofStds ++;                    //创建一个学生，学生数加 1
}
CStudent::~CStudent()
{
    noofStds —;                     //学生对象撤销时，学生数减 1
}
void CStudent::Print()
```

```cpp
    {
        cout<<"姓名："<<name<<" ,"<<"学号："<<id <<endl;
    }
    int CStudent::noofStds = 0;              //静态数据成员初始化
    void func();                              //普通函数声明
    int main()
    {
        cout <<"学生数为："<< CStudent::noofStds << endl;
        CStudent   s1(11101, "张三" );
        s1.Print();
        cout <<"学生数为："<< CStudent:: noofStds << endl;     //通过类名引用静态数据
        CStudent   s2(11102, "李四" );
        s2.Print();
        cout << "学生数为："<< CStudent::noofStds << endl;
        func();
        cout << "学生数为："<< CStudent::noofStds << endl;
        return 0;
    }
    void func()
    {
        CStudent   s3(11103, "王五" );
        s3.Print();
        cout << "学生数为："<<   CStudent::GetTotal() << endl;
    }
```

程序运行结果：

```
学生数为：0
姓名：张三 ,学号：11101
学生数为：1
姓名：李四 ,学号：11102
学生数为：2
姓名：王五 ,学号：11103
学生数为：3
学生数为：2
```

学生类中定义了一个静态变量 noofStds，表示学生的总数。程序开始运行，创建学生对象 s1，静态变量 noofStds 加 1。创建学生对象 s2，静态变量 noofStds 又加 1，值为 2。调用函数 func()，创建学生对象 s3，noofStds 的值变为 3。函数 func()调用结束，对象 s3 撤销，调用析构函数，noofStds 的值减 1，值为 2。通过类名引用静态数据成员和通过对象名引用静态成员的值是一样的，由此可见静态成员 noofStds 是所有对象共享的。

2.2.2 静态成员函数

静态成员函数和静态数据成员一样，都属于类的静态成员，都不是对象成员。
静态成员函数的定义格式为：

```
static    函数类型    静态成员函数名 (参数表);
```

静态成员函数是在成员函数声明的前面加上关键字 static。

调用静态成员函数使用如下格式：

> 类名 :: 静态成员函数名 (参数表);

静态成员函数的特点：

（1）对于公有的静态成员函数，可以通过类名或对象名来调用，而一般的非静态成员函数只能通过对象名调用。静态成员函数可以由类名通过符号"::"直接调用。

（2）静态成员函数可以直接访问该类的静态数据成员和静态成员函数，不能直接访问非静态数据成员和非静态成员函数。如果静态成员函数中要引用非静态成员，则可通过对象来引用。下面通过举例来说明这一点。

【例 2.5】 静态成员函数访问非静态数据成员的解决方法。

程序如下：

```cpp
#include <iostream>
using namespace std;
class CMystring                         //定义一个字符串类
{
public:
    CMystring(char * s)                 //定义构造函数，初始化字符串
    {
        len=strlen(s);
        contents=new char[len+1];
        strcpy(contents,s);
    }
    CMystring(CMystring & str)          //拷贝构造函数
    {
        len=str.len;
        contents=new char[len+1];
        strcpy(contents,str.contents);
    }
    static int set_total_len()          //求字符串的总长度
    {
        total_len+= len;
        return total_len;
    }
    ~CMystring()                        //析构函数
    {
        delete []contents;
    }
private:
    static int total_len;               //定义一个静态变量，用来存放所有字符串的总长度
    int len;                            //字符串长度
    char * contents;                    //字符串的内容
};
```

```cpp
int CMystring:: total_len=0;            //静态数据成员初始化
int   main()
{
    CMystring str1("this is the first string");    //创建对象 str1，并初始化
    cout<<str1. set_total_len()<<"\n";             //计算总长度，并输出
    CMystring str2("this is the second string");   //创建对象 str2，并初始化
    cout<<str1. set_total_len()<<"\n";             //计算总长度，并输出
    return   0;
}
```

一般成员函数中都有一个 this 指针，用来指向对象自身，而静态成员函数是所有对象所共享的，不需要判定执行它的究竟是哪一个对象，所以静态成员函数没有 this 指针。在上面的程序中，set_total_len ()是一个静态成员函数，函数体中的下列语句存在问题：

```
total_len+= len;
```

其中，total_len 是静态成员，是所有对象所共享的，只有一个副本，在这里没有任何问题，但 len 是一个一般的数据成员，每个对象都具有自己的 len，而静态成员函数 set_total_len () 没有 this 指针，它无法判断当前的是哪个对象，也就无法判断 len 是哪个对象的，因而无法取值，出现错误。要想解决上述问题，可以采用传递对象参数的方式实现，将上述静态成员函数修改如下：

```cpp
static int set_total_len(CMystring str)
{
        total_len+= str.len;
        return total_len;
}
```

要想实现将哪个对象的长度叠加到总长度上，只需通过 str 传递对象给静态函数执行即可，所以主函数修改如下：

```cpp
int   main()
{
    CMystring str1("this is the first string");
    cout<<str1.set_total_len(str1)<<"\n";    //或 cout<<CMystring::set_total_len(str1)<< "\n";
    CMystring str2("this is the second string");
    cout<<str2.set_total_len(str2)<<"\n";    //或 cout<<CMystring::set_total_len(str2)<< "\n";
    return   0;
}
```

从上例中可以看出，可以让静态成员函数访问类中的非静态成员。一般来讲，在静态成员函数中访问的基本上是静态数据成员或全局变量。下面的例子给出静态成员函数访问静态数据成员的方法。

【例 2.6】 静态成员函数的使用。

程序如下：

```cpp
#include <iostream>
#include <string>
```

```cpp
using namespace   std;
class CStudent
{
public:
    CStudent(int, string);
    ~CStudent();
    static int GetTotal();          //静态成员函数声明
    void Print();
private:
    int id;
    string name;
    static int noofStds;            //静态数据成员
};
CStudent::CStudent(int i, string na)
{
    id = i;      name=na;
    noofStds ++;                    //创建一个学生，学生数加 1
}
CStudent::~CStudent()
{
    noofStds --;                    //学生对象撤销时，学生数减 1
}
static int CStudent::GetTotal()     //静态成员函数定义
{
    return  noofStds;               //静态成员函数引用类的静态数据成员
}
void CStudent::Print()
{
    cout<<"姓名："<<name<<" ,"<<"学号："<<id <<endl;
}
int CStudent::noofStds = 0;         //静态数据成员初始化
void func();                        //普通函数声明
int main()
{
    //可通过类名直接访问静态成员函数，这样即使未定义 CStudent 类的对象
    //也可以访问静态数据成员
    cout <<"学生数为："<< CStudent::GetTotal() << endl;
    CStudent   s1(11101, "张三" );   s1.Print();
    cout <<"学生数为："<< CStudent::GetTotal() << endl;     //通过类名引用静态函数
    CStudent   s2(11102, "李四" );   s2.Print();
    cout << "学生数为："<<   CStudent::GetTotal()<< endl;
    func();
    cout << "学生数为："<< CStudent::GetTotal() << endl;
    return 0;
}
```

```
    void func()
    {
        CStudent   s3(11103,"王五");        s3.Print();
        cout << "学生数为："<<   CStudent::GetTotal() << endl;
    }
```
程序运行结果：

> 学生数为：0
> 姓名：张三 ,学号：11101
> 学生数为：1
> 姓名：李四 ,学号：11102
> 学生数为：2
> 姓名：王五 ,学号：11103
> 学生数为：3
> 学生数为：2

读者可以自行分析其结果。

2.3 友元函数和友元类

类具有封装和数据隐藏的特性，因此只有类的成员函数才能访问类的保护和私有成员，程序中的其他函数是无权访问的。如果将数据成员都定义为公有的，则非成员函数可以访问类中的公有成员，但这又破坏了隐藏的特性。另外，应该看到在某些情况下，特别是在对某些成员函数多次调用时，由于参数传递、类型检查和安全性检查等都需要时间开销，从而影响程序的运行效率。

为了解决上述问题，提出友元（friend）概念。友元可以理解为是类的"朋友"，它可以访问类的保护和私有成员。友元的作用在于提高程序的运行效率，但是它破坏了类的封装性和隐藏性，使非成员函数可以访问类的私有成员。友元可以是一个函数，该函数被称为友元函数；友元也可以是一个类，该类被称为友元类。

2.3.1 友元函数

友元函数是在类外定义的一个函数，不是类的成员函数。这个函数可以是普通的C++函数，或者是其他类的成员函数，即普通友元函数和友元成员函数。

友元函数定义在类外部，但需要在类体内进行声明，为了与该类的成员函数加以区别，在声明时前面加关键字 friend。友元函数可以访问类中的保护和私有成员。

声明友元函数时，只要在函数原型前加入关键字 friend，并将函数原型放在类中即可。

普通友元函数的声明：

> friend   类型标识符   友元函数名(参数列表);

友元成员函数（即将其他类的成员函数声明为该类的友元函数）的声明：

> friend   类型标识符   其他类名 ::   友元函数名(参数列表);

友元函数与类之间的关系如图 2.3 所示。

图 2.3 友元函数与类之间的关系

下面举例说明友元函数的使用和性质。

【例 2.7】 设计点类 CPoint，编写一个函数计算两点之间的距离。

分析：点类 CPoint 私有数据成员 X 和 Y 表示点的坐标，定义成员函数 GetX()和 GetY()分别得到点的横坐标和纵坐标，定义一个普通函数计算两点间的距离时，得到两点的坐标值，计算距离。

程序如下：

```
#include <iostream>
#include <cmath>
using namespace std;
class CPoint
{
public:
    CPoint(int x=0, int y=0);
    double GetX();
    double GetY();
private:
    double X,Y;
};
CPoint::CPoint(int x, int y)
{
    X=x; Y=y;
}
double CPoint::GetX()
{   return X;    }
double CPoint::GetY()
{   return Y;    }
double GetDistance(CPoint start, CPoint end)          //普通函数，求两点之间的距离
{
    double x1,y1,x2,y2;
```

```cpp
        double d;
        x1 = start.GetX();                                  //通过成员函数得到私有成员 X
        y1 = start.GetY();                                  //通过成员函数得到私有成员 Y
        x2 = end.GetX();                y2 = end.GetY();
        d = sqrt( (x2−x1)*(x2−x1) + (y2−y1)*(y2−y1) );      //计算两点之间的距离
        return d;
    }
    int main()
    {
        CPoint p1(1,1), p2(4,5);
        double d;
        d = GetDistance(p1,p2);
        cout << "两点之间的距离是：" << d << endl;
        return 0;
    }
```

程序运行结果：

    两点之间的距离是：5

由上述程序可以看出，在普通函数 GetDistance()中不能直接访问类的私有数据成员 X、Y，而是通过公有成员函数得到 X、Y 的值。在计算两点之间的距离时，要多次调用公有成员函数，效率低。如果将普通函数 GetDistance()声明为点类的友元函数，则可以直接访问类的私有数据成员，程序简单，效率得到提高。将程序修改如下：

```cpp
    #include <iostream>
    #include <cmath>
    using namespace std;
    class CPoint
    {
    public:
        CPoint(int x=0, int y=0);
        double GetX();
        double GetY();
        //声明普通函数为类的友元函数
        friend double GetDistance(CPoint start, CPoint end);
    private:
        double X,Y;
    };
    CPoint::CPoint(int x, int y)
    {
        X=x; Y=y;
    }
    double CPoint::GetX()
    {
        return X;
```

```cpp
}
double CPoint::GetY()
{
    return Y;
}
double GetDistance(CPoint start, CPoint end)     //友元函数，求两点之间的距离
{
    double d;
    //友元函数可以访问类的私有成员
    d = sqrt( (end.X-start.X) *(end.X-start.X) + (end.Y-start.Y)*(end.Y-start.Y) );
    return d;
}
int main()
{
    CPoint p1(1,1), p2(4,5);
    double d;
    d = GetDistance(p1,p2);
    cout << "两点之间的距离是：" << d << endl;
    return 0;
}
```

一个类的成员函数可以是另一个类的友元。

例如，教师可以修改学生的成绩（访问类学生的私有成员），将教师类的成员函数ChangeGrades()声明为学生类的友元：

```cpp
class CStudent;                          //类的提前使用声明
class CTeacher
{
public:
    void ChangeGrades(CStudent &s);      //教师的成员函数，修改某学生的成绩
private:
    …
}
void CTeacher ::ChangeGrades(CStudent &s)
{
    s. Grade[0]=78;                      //友元成员函数访问私有成员
}
class CStudent
{
public:
    …
    //将教师类的成员函数说明为学生类的友元函数
    friend void CTeacher::ChangeGrades(CStudent &s);
private:
    int Grade[3];
    …
};
```

在教师类的声明中，成员函数 ChangeGrades（CStudent &s）要修改某个学生的成绩，即需要访问学生类的私有成员。因此，将教师的成员函数声明为学生类的友元函数，就可以访问学生类的私有成员。请读者注意，程序第 5 行中用到了 CStudent 类，而此前 CStudent 类并未声明。为避免错误，添加程序第 1 行语句：class CStudent，称为提前引用声明。它只包括类名，不包括类体。让编译系统知道 CStudent 类的名字已经登记在册，后面可以引用这个名字。

2.3.2 友元类

除了前面讲过的函数以外，友元还可以是类，即一个类可以作为另一个类的友元。当一个类作为另一个类的友元时，意味着这个类的所有成员函数都是另一个类的友元函数。例如，如果一个类（如 A 类）的很多成员函数都需要经常访问另一个类（如 B 类）的私有成员，则可以将 A 类声明为 B 类的友元类。若 A 类为 B 类的友元类，则 A 的所有成员函数都是 B 类的友元函数，都可以访问 B 类的私有成员。

声明友元类的语法格式为：

```
friend    class  类名；
```

例如，将 A 类声明为 B 类的友元类：

```
class   B
{
    …
    friend class A;              //声明 A 为 B 的友元类
    …
};
```

【例 2.8】 定义一个日期类，包括年、月、日和小时、分、秒。

分析：首先定义一个时间类 CTime，而日期类 CDate 的数据成员包括年（year）、月（month）、日（day）和一个 CTime 的类对象。日期类 CDate 的成员函数 disaplayDateandtime() 显示日期和时间，要访问 CTime 类的私有成员，需要将日期类 CDate 声明为时间类 CTime 的友元类。

```
#include <iostream>
using namespace std;
class CTime
{
public:
    CTime(int h=0,int m=0,int s=0);
    //声明 CDate 类为 CTime 类的友元类，则 Cdate 类中的所有成员函数都是 Ctime 类的
    //友元函数，可以访问 CTime 类的私有成员或保护成员
    friend class CDate ;              //声明友元类
private:
    int hour;
    int minute;
```

```cpp
        int sec;
};
CTime::CTime(int h,int m,int s)
{
     hour=h;         minute=m;        sec=s;
}
class CDate
{
public:
     CDate(int y=1990,int m=1,int d=1,int h=0,int mi=0,int s=0);
     void disaplayDateandtime();
private:
     int month;
     int day;
     int year;
     CTime t;
};
CDate::CDate(int y,int m,int d,int h,int mi,int s) :t(h,mi,s)
//初始化表初始化 CTime 类成员
{
     month=m;       day=d;         year=y;
}
void CDate::disaplayDateandtime()    //CDate 类的成员函数都是 CTime 类的友元函数
{
     cout<<year<<"-"<<month<<"-"<<day<<endl;
     cout<<t.hour<<":"<<t.minute<<":"<<t.sec<<endl;   //访问 CTime 类的私有成员
}
int main( )
{
     CDate d1(2010,12,30,10,13,56);
     d1.disaplayDateandtime ();
     return 0;
}
```

程序运行结果：

```
2010-12-30
10:13:56
```

注意：

友元关系不具有交换性，即是单向的。例如，A 类是 B 类的友元，A 类的成员函数都是 B 类的友元函数，可以访问 B 类的私有成员，但 B 类不是 A 类的友元，所以 B 类的成员函数不能访问 A 类的私有成员。

友元关系不具有传递性，如果 A 类是 B 类的友元，B 类是 C 类的友元，并不能推断 A 类是 C 类的友元。

2.4 string 类

很多应用程序都需要处理字符串。字符串（string）是由 0 个或多个字符组成的有限序列。在 C 语言中，对字符串的处理是以 "\0" 字符结尾的 char 型字符串，头文件是<string.h>，它是用字符型数组来保存的。在面向对象的 C++中，对 char 型字符串的操作通过兼容 C 语言的函数库定义的函数（如 strcpy、strcat）来处理。由于这些函数只是单纯地对字符串进行处理，同时因为 C 语言风格的字符串太复杂，难以掌握，不适合大型程序的开发，也不能满足 C++面向对象的需求，所以在 C++中出现了一种 C++风格的字符串，它就是 string 类，定义在头文件<string>中。

在给出 string 类对象的定义之前，先简单回顾一下 C 语言中的 char 型字符串。

2.4.1 char 型字符串

C 语言的字符串用 char*实现，头文件是<string.h>。由于 char 占用 1 字节的内存空间，为了让 char 能够存储更多的字符，在 C 语言中使用数组方式来存储字符。例如：

  char fruit[6]={'o','r','a','n','g','e'};

需要注意的是，上面的字符型数组 fruit 其实并不是一个字符串。C 语言中规定：在每一个字符串的结尾加一个"字符串结束标志"，以便系统据此判断字符串是否结束。C 语言以字符 "\0" 作为字符串结束标志。因此，对于字符型数组 fruit 来说，只有人们在其最后添加 "\0" 这个结束标志后，这个 char 型数组才能转化为字符串，例如：

  char fruit[7]={'o','r','a','n','g','e','\0'};

也就是说，如果有一个字符串是 "orange"，则实际在内存中的是：

| O | r | a | n | g | e | \0 |

它的长度不是 6 个字符，而是 7 个字符，最后一个字符为 '\0'，但在输出时不输出 '\0'。'\0' 是一个空字符标志，它的 ASCII 码值为 0。

2.4.2 string 型字符串定义

char 型字符串是 C 语言风格的字符串，它是用数组来保存字符串的。在 C++中，由于类的引入，出现了 C++风格的字符串，也就是 string 型字符串。为什么要在 C++中新引入 string 型字符串呢？

在 C 语言中，最简单的字符型数组可以这样定义：

  char name [20];

该语句声明了一个包含 20 个元素的字符数组。在此可以看到，在内存缓冲区可存储一个长度有限的字符串，如果试图存储的字符数组超出限制将会发生溢出，因此不能调整静态数组的长度。为了绕过这种限制，在 C++中新增了支持动态分配内存的功能，可以这样定义动态的字符数组：

  char * name = new char [n] ;

  这里定义了一个动态分配的字符数组，其长度由变量 n 的值指定，而这个值是在运行阶段确定的，因此该数组的长度是可以变化的。问题是，如果要在运行阶段改变数组的长度，则必须释放以前分配给它的内存，然后再重新分配内存来存储数据。

  进一步设想，如果以字符数组方式表示的字符串是类的数据成员（在面向对象的程序设计语言中这种情况应该是再普遍不过的了），则情况将会更复杂。将对象赋值给另一个对象时，如果编写的拷贝构造函数和赋值操作符不够完善，可能导致复制对象时，复制成员字符串的地址，也就是前面讲到过的"浅拷贝"。当两个对象的字符串指针指向相同的内存地址时，如果源对象被销毁，则目标对象中的指针将非法。为了解决这个问题，在 C++ 中提供了字符串（string）类，目的是不使用或尽可能少地使用字符数组或字符指针。在 C++ 中使用 string 类时，必须在程序开始处添加头文件<string>，它提供了一个用模板实现的 string 类。

2.4.3 string 类构造函数

  引入 string 类后，就可以定义 string 类对象了。string 类在定义时隐藏了字符串的数组性质，因此在使用 string 类定义 string 类对象时不必考虑如何将字符串存放在数组中。原因很简单，既然 string 类作为一种类，与人们学过的其他类型的类一样，那么 string 类也必然包括构造函数和析构函数，string 类的构造函数已经替人们自动做好了字符串在数组中的存放工作，编程人员要做的就是像定义一个简单变量那样使用它。例如：

  string str ;

  这里定义了一个 C++ 风格的 string 类对象 str。str 没有任何参数，实际上定义的是一个空的字符串。如果在定义一个 string 类对象的同时对其赋初值，就必须使用带参数的构造函数。string 类的构造函数如表 2.1 所示。

表 2.1 string 类的构造函数

构 造 函 数	功 能 描 述
string ( )	默认构造函数，创建空字符串
string (const char * s)	用字符串常量或字符数组来构造新字符串
string (const char * s , unsigned n)	用字符串常量或字符数组的前 n 个字符来构造新字符串
string (const string & str)	用 str 复制构造新字符串
string (const string & str , unsigned pos , unsigned n)	用 str 以 pos 位置开始的 n 个字符构造新字符串，注意起始位置从 0 开始
string (unsigned n , char c)	将字符 c 重复 n 次来构造新字符串
template < class Iter > string (Iter begin , Iter end)	用序列［begin，end）中的内容构造新字符串，其中 begin 和 end 的行为就像指针，用于指定位置，范围将 begin 包括在内，但不包括 end

【例 2.9】 string 类对象的多种定义方式。
  程序如下：

  #include <iostream>

```
#include<string>
using namespace std;
int main()
{
    char city[]="BEIJING";
    string s1,s2("123456");        //字符串常量构造新字符串 s2
    cout<<"s2="<<s2<<endl;
    string s3(s2);                 //用 s2 复制构造新字符串 s3
    cout<<"s3="<<s3<<endl;
    string s4(city,5);             //用字符数组 city 的前 5 个字符来构造新字符串 s4
    cout<<"s4="<<s4<<endl;
    string s5(s2,2,3);             //用从 s2 字符串第 2 个位置字符"3"开始的 3 个字符构造新字符串 s5
    cout<<"s5="<<s5<<endl;
    string s6(5,'t');              //将字符"t"重复 5 次来构造新字符串 s6
    cout<<"s6="<<s6<<endl;
    return 0;
}
```

程序运行结果：

```
s2=123456
s3=123456
s4=BEIJI
s5=345
s6=ttttt
```

该例给出了 5 种 string 类对象的定义和初始化方式。

2.4.4 string 类成员函数

作为面向对象程序设计语言中的类，string 类除了构造函数外，还有许多成员函数，用于对其数据成员进行操作。这其中包括反映其大小的 size()成员函数、反映字符串长度的 length()成员函数、反映其字符串序列访问位置的 at()成员函数，以及访问子串的 substr()成员函数等。常用的 string 类成员函数如表 2.2 所示。

表 2.2 常用 string 类成员函数

构 造 函 数	功 能 描 述
append	增加一个字符串到 string 类变量的末尾
assign	给 string 类变量赋予一个新的字符串，覆盖掉原来的值
at	返回字符串中某个位置处的字符，类似于数组的操作
begin	返回 string 类变量中第一个元素的迭代器地址
c_str	将 string 类变量转换为 C 语言风格的字符串
capacity	返回当前容量（即 string 类中不必增加内存即可存放的元素个数）
clear	删除全部字符
compare	对两个字符串进行比较

（续表）

构造函数	功能描述
copy	从索引位置开始复制若干个字符给一个 C 语言风格的字符串
data	将 string 转换为字符数组返回
empty	测试字符串是否为空返回
end	指向字符串结尾的迭代器
erase	删除字符串中从索引位置开始的后继字符
find	从指定位置开始查找特定的字符串
find_first_not_of	从当前字符串中查找第一个不匹配子串中字符的位置
find_first_of	查找当前字符串中指定第一次出现的位置
find_last_not_of	与 find_first_not_of 类似，但是从反方向开始搜索
find_last_of	与 find_first_of 类似，但是从反方向开始搜索
insert	从指定位置开始插入字符
length	返回当前字符串的长度
max_size	返回 string 对象中可存放的最大字符串长度
size	返回当前字符串的大小，与 length 等效
substr	取子字符串
replace	替换原字符串中的一个子串
reserve	设置字符串大小的最小值
swap	和指定字符串交换内容
resize	重新分配空间
rflnd	从指定位置开始由后向前查找某字符串在当前字符串中的位置

说明：C++字符串并不像 C 语言风格的字符串那样以 "\0" 结尾。上述 string 类的成员函数中，data()、c_str()和 copy()都可以将 string 转换为 C 语言风格的字符串。其中 data()以字符数组的形式返回字符串内容，但并不添加 "\0" 结尾符。c_str()返回一个以 "\0" 结尾的字符数组，而 copy()则把字符串的内容复制或写入已有的 c_string 或字符数组内。下面是部分 string 类成员函数的操作示例。

【例 2.10】 部分 string 类成员函数的操作示例。

程序如下：

```
#include <iostream>
#include<string>
using namespace std;
void MemberFun(string &str)
{
    cout<<"capacity:"<<str.capacity()<<",max_size:"<<str.max_size();
    cout<<",size:"<<str.size()<<",length:"<<str.length()<<endl;
}
int main()
{
    string   s1("12345");
    cout<<"s1,";
    MemberFun(s1);
```

```
            s1.resize(10,'A');
            cout<<"s1="<<s1<<endl;
            s1.at(6)='B';
            s1[7]='C';
            cout<<"s1="<<s1<<endl;
            char str2[]={'A','B','C','D','E','F'};
            string s2(str2);
            cout<<"s2,";
            MemberFun(s2);
            const char* p=s2.data();
            string s3(p);
            s3.resize(5);
            cout<<"s3,";
            MemberFun(s3);
            cout<<"s3="<<s3<<endl;
            return 0;
        }
```

程序运行结果：

```
s1,capacity:31,max_size:4294967293,size:5,length:5
s1=12345AAAAA
s1=12345ABCAA
s2,capacity:31,max_size:4294967293,size:15,length:15
s3,capacity:31,max_size:4294967293,size:5,length:5
s3=ABCDE
```

说明：一个 C++字符串存在 3 种大小：①现有的字符数，函数是 size()和 length()，它们等效。②max_size()是指当前 C++字符串最多能包含的字符数，很可能和机器本身的限制或字符串所在位置连续内存的大小有关。一般情况下不用关心它，大小应该足够用，如果不够用，会给出 length_error 异常。③capacity()指 string 中不必增加内存之前所能包含的最大字符数。这里另一个需要指出的是 resize()函数，这个函数为 string 重新分配内存，重新分配的大小由其参数决定，默认参数为 0，这时会对 string 进行非强制性缩减。

【例 2.11】 string 类 insert 成员函数的使用。

程序如下：

```
        #include <iostream>
        #include<string>
        using namespace std;
        int main()
        {
            string str="comscience";
            string str1="puter";
            str.insert(3,str1,0,5);
            cout<<str<<endl;
            return 0;
        }
```

程序运行结果:

```
computerscience
```

说明:insert 函数的原型之一为:

string & insert (int p0, const string & s, int pos, int n) ; //在 p0 位置插入字符串 s 中 pos 开始的前 n 个
//字符

str.insert (3, strl, 0, 5)表示将 strl 字符串中编号从 0 开始的字符往后依次读取 5 个字符插入 str 中,位置是从 str 字符串开头往后数 3 个字符,也就是在字母 m 和 s 之间。

【例 2.12】 string 类的 erase 成员函数使用。

程序如下:

```cpp
#include <iostream>
#include<string>
using namespace std;
int main()
{
    string str("zhong yuan");
    cout<<"原始字符串为: "<<str<<endl;
    str.erase(2,3);
    cout<<"现在字符串为: "<<str<<endl;
    str.erase(2);
    cout<<"现在字符串为: "<<str<<endl;
    str.erase();
    cout<<"现在字符串为: "<<str<<endl;
    return 0;
}
```

程序运行结果:

```
原始字符串为: zhong yuan
现在字符串为: zh yuan
现在字符串为: zh
现在字符串为:
```

说明:程序中的第一个 erase 函数 str.erase(2,3)带有两个参数,第一个参数表示从哪个位置开始删除,第二个参数表示要删除几个字符,删除执行后,原始字符 zhong yuan 变为 zh yuan。第二个 erase 函数 str.erase(2)带有一个参数,它表示从指定位置开始删除直至结尾,由于这里是 2,因此将字符串 str 中从 0 开始的第二个字符,也就是 str[1]后面的字符全部删除。第三次调用的默认 erase 函数不带参数,由于参数默认值为 0,从 0 开始往后的字符全部删除,相当于将字符串 str 清空了。

2.5 综合应用实例

【例 2.13】在第 1 章综合应用实例的基础上,以 Account 类对象为成员,实现 Customer 类;以 Customer 类对象为成员,实现 Bank 类。Bank 类对象只是简单地记住它和它的客户之

间的联系。通过一个 Customer 数组来实现这个一对多的聚合关系。还需要设置一个整型的属性来存放当前银行中客户的数目。

（1）Customer 类的成员。

① 私有属性：name 和 account 对象。

② 适当的构造方法。

③ 公有的成员方法 getName：返回 name 的属性。

④ 公有的成员方法 setAccount：对对象成员 account 进行设置。

⑤ 公有的成员方法 getAccount：取得对象成员 account 的值。

（2）Bank 类的成员。

① 私有属性。

customers：一个 Customer 类的对象数组。

numberOfCustomers：银行当前客户的数量，每增加一个客户，其值加 1。

② 适当的构造方法。

③ 公有的成员方法 addCustomer：通过参数(name)创建一个新的 Customer 对象，并把它存放在 customers 对象数组中。同时它必须增加 numberOfCustomers 的值。

④ 公有的成员方法 getNumOfCustomers：返回 numberOfCustomers 属性的值。

⑤ 公有的成员方法 getCustomer：返回对象数组中指定下标为 index 的 customer 对象。

参考代码：

```
#include<iostream>
#include<string >
using namespace std;
class Account
{
private:
    double balance;
public:
    Account(double bl):balance(bl)
    {}
    Account()
    {
        balance=0;
    }
    double getBalance()
    {
        return balance;
    }
    void deposit(double sv)
    {
        balance=balance+sv;
    }
    bool withdraw(double sv)
    {
        if (sv<balance)
```

```cpp
            {
                balance=balance-sv;
                return true;
            }
            else
                return false;
        }
};
class Customer
{
private:
    string name;
    Account account;
public:
    Customer() {}
    Customer(string name)
    {
        this->name=name;
    }
    string getName()
    {
        return name;
    }
    void setAccount(Account account)
    {
        this->account=account;
    }
    double getAccount()
    {
        return account.getBalance();
    }
};
class Bank
{
private:
    Customer customers[200];
    int numberOfCustomers;
public:
    Bank()
    {
        numberOfCustomers=0;
    }
    void addCustomer(string name)
    {
        Customer c1(name);
```

```cpp
            customers[numberOfCustomers]=c1;
            numberOfCustomers++;
        }
        int getNumOfCustomers()
        {
            return numberOfCustomers;
        }
        Customer &  getCustomer(int index)
        {
            return customers[index];
        }
};
int main()
{
    double money;
    Bank bank;
    bank.addCustomer("Simms");
    bank.addCustomer("Bryant");
    bank.addCustomer("Soley");
    bank.addCustomer("Soley");
    bank.getCustomer(0).setAccount(Account(500));
    bank.getCustomer(1).setAccount(Account(500));
    bank.getCustomer(2).setAccount(Account(500));
    bank.getCustomer(3).setAccount(Account(500));
    for(int i=0;i<bank.getNumOfCustomers();i++)
    {
        Customer c=bank.getCustomer(i);
        cout<<"Customer ["<<i+1<<"] is "<<c.getName()<<endl;
    }
    cout<<"Testing Customer's Account ...\n";
    Customer c=bank.getCustomer(0);
    Account acct=c.getAccount();
    cout<<c.getName()<<" input withdraw money:"<<endl;
    cin>>money;
    acct.withdraw(money);
    cout<<"input deposit money:"<<endl;
    cin>>money;
    acct.deposit(money);
    cout<<"input withdraw money:"<<endl;
    cin>>money;
    acct.withdraw(money);
    cout<<"Customer ["<<c.getName()<<"] has a balance of "<<acct.getBalance()<<endl;
    system("pause");
    return 0;
}
```

程序运行结果：

> Customer [1] is Simms
> Customer [2] is Bryant
> Customer [3] is Soley
> Customer [4] is Soley
> Testing Customer's Account ...
> Simms input withdraw money:
> 100
> input deposit money:
> 50
> input withdraw money:
> 200
> Customer [Simms] has a balance of 250
> 请按任意键继续...

习题 2

一、选择题

1. 下列各类函数中，_____不是类的成员函数。
（A）构造函数　　　　　　　　　（B）析构函数
（C）友元函数　　　　　　　　　（D）拷贝初始化构造函数

2. 友元的作用是_____。
（A）提高程序的运行效率　　　　（B）加强类的封装性
（C）实现数据的隐藏性　　　　　（D）增加成员函数的种类

3. 下面对于友元函数描述正确的是（　　）。
（A）友元函数的实现必须在类的内部定义
（B）友元函数是类的成员函数
（C）友元函数破坏了类的封装性和隐藏性
（D）友元函数不能访问类的私有成员

4. 设 A 类将其他类对象作为成员，则建立 A 类对象时，下列描述正确的是（　　）。
（A）A 类构造函数先执行　　　　（B）成员构造函数先执行
（C）两者并行执行　　　　　　　（D）不能确定

5. 下列静态数据成员的特性中，错误的是（　　）。
（A）静态数据成员的声明以关键字 static 开头
（B）静态数据成员必须在文件作用域内初始化
（C）引导数据成员时，要在静态数据成员前加（类名）和作用域运算符
（D）静态数据成员不是类所有对象共享的

6. 下面有关静态成员函数的描述中，正确的是（　　）。
（A）在静态成员函数中可以使用 this 指针
（B）在建立对象前，就可以为静态数据成员赋值
（C）静态成员函数在类外定义时，要用 static 前缀

（D）静态成员函数只能在类外定义

7．下面有关友元函数的描述中，正确的说法是（　）。
（A）友元函数是独立于当前类的外部函数
（B）一个友元函数不可以同时定义为两个类的友元函数
（C）友元函数必须在类的外部进行定义
（D）在类的外部定义友元函数时必须加上 friend 关键字

8．下面对友元的错误描述是（　）。
（A）关键字 friend 用于声明友元
（B）一个类的成员函数可以是另一个类的友元
（C）友元函数访问对象的成员不受访问特性影响
（D）友元函数通过 this 指针访问对象成员

二、阅读程序题

1．分析以下程序的执行结果。

```
#include<iostream.h>
class Sample
{
int n;
public:
Sample(int i){n=i;}
friend int add(Sample &s1,Sample &s2);
};
int add(Sample &s1,Sample &s2)
{
return s1.n+s2.n;
}
void main()
{
Sample s1(10),s2(20);
cout<<add(s1,s2)<<endl;
}
```

2．分析以下程序的执行结果。

```
#include <iostream>
using namespace std;
class CStatic
{
public:
    CStatic(){val++;}
    static int val;
};
int CStatic::val=0;
int main()
```

```
    {
        cout<<"CStatic::val="<<CStatic::val<<endl;
        CStatic cs1;
        cout<<"cs1.val="<<cs1.val<<endl;
        CStatic cs2;
        cout<<"cs2.val="<<cs2.val<<endl;
        CStatic cs3,cs4;
        cout<<"cs1.val="<<cs1.val<<endl;
        cout<<"cs2.vaI="<<cs2.val<<endl;
        return 0;
    }
```

三、简答题

1. 面向对象中 const 有什么用途（请至少说明两点）。
2. 简述静态数据成员和静态函数成员的特点及用途。
3. 什么是友元函数？什么是友元类？简述友元的特点和用途。

四、改错题

分析下面程序是否有错误并改正。

```
#include <iostream>
using namespace std;
class MyClass
{
public:
    friend void SetMember(MyClass &my,char);
private:
    char my_char1;
    char my_char2;
};
void SetMember(MyClass &my,char mem1)
{
    my.my_char1=mem1;
}
void SetMember(MyClass &my,char mem1,char mem2)
{
    my.my_char1=mem1;
    my.my_char2=mem2;
}
int main()
{
    MyClass obj;
    SetMember(obj,5);
    SetMemberobj,7,9);
```

```
        return 0;
    }
```

五、编程题

1．建立一个对象数组。内放 5 个学生的数据（学号、成绩），用指针指向数组首元素，输出第 1，3，5 个学生的数据。

2．有一个学生类 student，包括学生姓名、成绩，设计一个友元函数，比较两个学生成绩的高低，并给出最高分和最低分的学生信息。

3．采用友元函数的方法设计复数的类 Complex 点，并求两个复数加法运算。

第3章

继承与派生

本章主要讨论面向对象程序设计的一个极其重要的特性——继承,它是指建立一个新类,新类从一个或多个已定义的基类中继承属性(数据成员)和行为(函数成员),并可以重新定义或添加新属性和行为,从而建立类的层次结构。继承是实现软件重用的一种方法。

本章主要掌握如下知识点:

- 继承的概念。
- 派生类的建立及继承的方式。
- 各种继承方式下基类成员的访问机制。
- 派生类的构造函数和析构函数。
- 多重继承。
- 虚继承和虚基类。

3.1 继承与派生的基础知识

3.1.1 继承与派生的基本概念

在传统的程序设计中,因为每个应用程序的需求不同,人们往往为每一种应用程序单独编写代码,这些程序结构和代码是不同的,也没有必要的联系,因此这种方式的软件资源难以重用。现实世界中,许多事物之间并不是孤立存在的,它们存在共同的特性,有细微差别,可以使用层次结构描述它们之间的关系。例如,交通工具的层次结构如图 3.1 所示。

由图 3.1 可以看出,最上层是最一般的,越往下反映的事物越具体,并且下层包含了上层的特征,也就是说下层继承了上层事物的特性,又添加了自己特有的特性。可以说下层的事物是从上层事物派生出来的一个分支,它们之间是派生与继承关系。

类的继承是 C++的一个非常重要的机制,继承可以使一个新类获得其父类的操作和数据结构。

交通工具类是一个基类(也称为父类),包括速度、额定载人数量和驾驶等交通工具所共同具备的基本特性。给交通工具细分类的时候,有汽车类、火车类和飞机类等,汽车类、火车类和飞机类同样具备速度和额定

图 3.1 交通工具的层次结构

载人数量这样的特性,而这些特性是所有交通工具所共有的,那么当建立汽车类、火车类和飞机类的时候无须再定义基类已经有的数据成员,而只需要描述汽车类、火车类和飞机类所特有的特性即可。例如,汽车有自己的特性,如刹车、离合、油门、发动机等。飞机类、火车类和汽车类是在交通工具类原有基础上增加了自己的特性,是交通工具类的派生类(也称为子类)。以此类推,层层递增,这种子类获得父类特性的概念就是继承。

C++通过类派生(Class Derivation)的机制支持继承(Inheritance)。一个新类从已有类获得其已有的特性称为继承。继承是面向对象程序设计中代码复用的最重要的手段之一。被继承的类称为基类(Base Class)、父类或超类(Super Class),而新产生的类称为派生类(Derived Class)或子类(Sub Class),继承关系是传递的。若类 C 继承类 B,类 B 继承类 A,则类 C 既有从类 B 那里继承下来的属性与方法,也有从类 A 那里继承下来的属性与方法,还可以有自己新定义的属性和方法。基类和派生类的集合称为类继承层次结构(Hierarchy),继承呈现了面向对象程序设计的层次结构。

一个基类可以派生出很多派生类,一个派生类也可以作为另一个新类的基类,因此基类和派生类是相对而言的。

继承的方式有两种:单一继承和多重继承。单一继承(Single Inheritance)是最简单的方式,一个派生类只从一个基类派生。多重继承(Multiple Inheritance)是指一个派生类有两个或多个基类。这两种继承方式的结构图如图 3.2 所示。

图 3.2 继承方式结构图

请注意图 3.2 中箭头的方向,本书约定,箭头表示继承的方向,由派生类指向基类。通过上面的介绍可以看出基类与派生类的关系:
- 派生类是基类的具体化(基类抽象了派生类的公共特性)。
- 派生类是基类定义的延续。
- 派生类是基类的组合(即一个类可以从多个类继承,具有多个类的属性)。

继承机制除了支持软件复用外,还具备以下 3 个作用:
- 对事物进行分类。
- 支持软件的增量开发。
- 对概念进行组合。

3.1.2 派生类的声明方式

声明派生类的一般格式为:

```
class 派生类名:[继承方式] 基类名
{
private:
        成员表1;                    //派生类增加或重写的私有成员
protected:
        成员表2;                    //派生类增加或重写的保护成员
public:
        成员表3;                    //派生类增加或重写的公有成员
};
```

其中:
- 基类名是已声明的类,派生类名是新生成的类名。
- 继承方式规定了如何访问从基类继承的成员。继承的方式包括私有继承(private)、保护继承(protected)、公有继承(public)。不同继承方式下,派生类继承的父类成员的访问权限是不同的。继承方式可以省略不写,默认的继承方式为私有继承。
- 派生类的定义中包括子类新增加的成员和继承父类需要重写的成员。新添加的成员是派生类对基类的发展,说明派生类新的属性和方法;派生类继承了父类的数据成员和成员函数,有时继承来的成员函数需要改进,以满足新类的实际需要。C++允许在派生类中重新声明和定义这些成员函数，使这些函数具有新的功能，称为重写或覆盖。重写函数起屏蔽、更新作用，取代继承的基类成员，完成新功能。
- 基类的构造函数和析构函数不能被派生类继承。

下面通过一个例子来说明为什么要使用继承，以及怎样通过继承建立派生类。

【例3.1】 已知盒子类CBox，用继承与非继承两种不同的方法定义彩色盒子类CColorbox。

分析：盒子类具有长、宽和高，成员函数SetLength()、SetWidth()和SetHeight()分别设置盒子的长、宽和高，成员函数Volume()计算盒子的体积。彩色盒子除具有以上特性外，还有一个数据成员color表示盒子的颜色，相应的成员函数SetColor()用于设置彩色盒子的颜色。

用非继承的方式，分别定义CBox类和CColorbox类。

盒子类的定义：

```cpp
class    CBox                      //CBox 类的定义
{
public:
    void SetLength (double len)    //设置盒子的长
    {
        length=len;
    }
    void SetWidth(double w)        //设置盒子的宽
    {
        width=w;
    }
    void SetHeight(double h)       //设置盒子的高
    {
        height=h;
    }
    double Volume()                //计算盒子的体积
    {
        return   length*width*height;
    }
private:
    double length,width,height;
};
```

彩色盒子类的定义：

```cpp
class    CColorbox                 //CColorbox 类的定义
{
public:
    void SetLength (double len)    //设置盒子的长
    {
        length=len;
    }
    void SetWidth(double w)        //设置盒子的宽
    {
```

```
            width=w;
        }
        void SetHeight(double h)        //设置盒子的高
        {
            height=h;
        }
        double Volume()                 //计算盒子的体积
        {
            return   length*width*height;
        }
        void SetColor(int c)            //新添加的成员函数，用于设置颜色
        {
            color=c;
        }
    private:
        double length,width,height;
        int color;                      //增加新的数据成员，color 表示盒子的颜色
    };
```

由上面两个类的定义可以看出，两个类的数据成员和函数成员有许多相同的地方。像上面定义的方式，CColorbox 类中这些相同部分都需要重复写一遍，代码的重复量大，因此可以采用继承的方式来定义这两个类。

图 3.3 给出了 CBox 类和 CColorbox 类对应的类图及继承关系。

图 3.3 Cbox 类与 CColorbox 类对应的类图及继承关系

使用派生类定义：

```
    class  CColorbox : public CBox          //公有继承
    {
    public:
        void SetColor(int c)                //新增的成员函数
        {
            color=c;
        }
    private:
        int color;                          //新增的私有数据成员
    };
```

利用继承机制产生类比第一种要简单,派生类 CColorbox 公有继承 CBox 类,它包括基类 CBox 类的全部数据成员(length、width、height)和成员函数(SetWidth()、SetHeight()、SetWidth()),并且添加自己的新成员——数据成员 color 和成员函数 SetColor()。当然,基类成员在派生类中的访问权限会随继承方式的不同而发生变化。

3.1.3 派生类的构成

派生类中的成员包括从基类继承过来的成员和自己新增加的成员两大部分,前者体现派生类与基类的共性,后者体现派生类不同于基类的个性及不同派生类之间的区别。因此,派生类的构成包含以下几部分。

(1)继承基类的成员。不论是数据成员,还是成员函数,除构造函数与析构函数外全部接收,全部成为派生类的成员。

(2)重写基类成员。当基类成员在派生类的应用中不合适时,可以对继承的成员加以重写。如果派生类声明了一个与基类成员函数相同的成员函数,则派生类中的新成员屏蔽了基类同名成员,类似函数中的局部变量屏蔽全局变量,称为同名覆盖(Override)。

(3)增加新成员。新成员必须与基类成员不同名,是派生类自己的新特性。派生类新成员的加入使派生类在功能上有所发展。这一步是继承与派生的核心特征。

(4)定义构造函数与析构函数。因为派生类不继承基类的构造函数与析构函数,它需要对新添加的数据成员进行必要的初始化,所以构造函数与析构函数需要重新定义。

【例 3.2】 在例 3.1 的基础上,设计盒子类 CBox,增加成员函数 ShowBox(),显示盒子的长、宽和高,通过公有继承方式创建彩色盒子类 CColorbox。

```
class CBox                        //CBox 类的定义
{
public:
    void SetLength (double len)       //设置盒子的长
    {
        length=len;
    }
    void SetWidth(double w)           //设置盒子的宽
    {
        width=w;
    }
    void SetHeight(double h)          //设置盒子的高
    {
        height=h;
    }
protected:           //定义保护成员函数
    double Volume()                   //计算盒子的体积
    {
        return   length*width*height;
    }
    void ShowBox()                    //显示盒子的长、宽和高
```

```
            {
                cout<<"Length:  "<<length<<"Width:  "<<width<<"Heigth:  "<<height<<engdl;
            }
        private:
            double length,width,height;
    };
    class CColorbox : public CBox              //公有继承，定义派生类 CColorbox
    {
    public:
            CColorbox();              //定义自己的构造函数，可省略，由系统提供默认的构造函数
            ~CColorbox();             //定义自己的析构函数，可省略，由系统提供默认的析构函数
            void SetColor(int c)      //新增的成员函数
            {
                color=c;
            }
            void ShowColBox ()        //新增成员函数 ShowColBox ()，显示彩色盒子的长、宽、高和颜色
            {
                ShowBox ();           //调用基类成员函数 ShowBox ()，显示彩色盒子的长、宽和高
                cout<<"Color:  "<<color<<engdl;
            }
        private:
            int color;                //新增的私有数据成员
    };
```

3.2 类的继承方式

派生类中包含基类的成员和派生类自己增加的成员，这两部分的成员关系和访问权限该如何确定呢？在继承机制中，并不是简单地把基类的私有成员直接作为派生类的私有成员，把基类的公有成员直接作为派生类的公有成员。派生类继承的基类成员访问权限由继承方式控制。

继承方式有 3 种：public（公有）继承、protected（保护）继承和 private（私有）继承。不同的继承方式决定了从基类继承来的成员的访问权限不同。下面分别介绍不同继承方式下，派生类成员的访问权限。

3.2.1 公有继承

当定义一个派生类时，将继承方式指定为 public，则称为公有派生（或公有继承）。采用公有继承方式时，基类的公有成员和保护成员的访问权限在派生类中不变，而基类的私有成员在派生类中是不可访问的，它仍然是基类的私有成员。如果需要在派生类中访问所继承的基类的私有成员，则需要通过基类的公有或保护的成员函数访问。在学习继承前，在一个类的类外只能访问该类的公有成员，而不能直接访问保护成员。在继承机制下，该类的派生类可以直接访问从基类继承的保护成员，因此公有派生的意义是建立派生类与基类之间的联系，

使派生类可以访问基类的公有成员和保护成员，但不能访问基类的私有成员。

公有继承下基类成员在派生类中和外部的访问权限如表 3.1 所示。

表 3.1 公有继承下基类成员在派生类中和外部的访问权限

基类的访问权限	派生类中的访问权限	外部对基类成员的访问
public	public 不变	可访问
protected	protected 不变	不可访问
private	不可访问	不可访问

注意：不可访问的权限只有在继承中才出现，且不能定义一个成员为不可访问的。不可访问比私有访问的权限要小，即不但外部不能访问使用，在该类内部也不允许访问使用。

【例 3.3】 以例 3.2 中 CBox 为基类，通过 public 方式声明派生类 CColorbox，并重写基类成员函数 ShowBox()，观察基类不同成员在派生类中和外部的访问权限。

程序如下：

```cpp
//声明基类 CBox 见【例 3.2】
class CColorbox : public CBox          //以 public 方式声明派生类 CColorbox
{
public:
    void SetColor(int c)
    {
        color=c;
    }
    void ShowBox()                     //重写基类成员函数 ShowBox()
    {
        //cout<< "Length="<<length<<endl;    //错误，企图直接访问基类 private 成员
        //cout <<"Width="<<width<<endl;      //错误，企图直接访问基类 private 成员
        //cout<<"Height="<<height<<endl;     //错误，企图直接访问基类 private 成员
        CBox::ShowBox( );  //正确，通过继承的基类的 protected 成员函数间接访问基类 private 成员
        cout<<"color="<<color<<endl;       //可直接访问派生类自己的私有数据成员
    }
    double CVolume()                   //新增成员函数
    {
        return Volume(); //  调用基类保护成员函数，计算彩色盒子的体积
    }
private:
    int color;
};
int main()
{
    CColorbox ob1;          //定义派生类的对象，分配内存，初始化数据成员
    ob1.SetLength (1);      //调用继承基类的公有成员函数
    ob1.SetWidth(2);        //调用从基类继承的公有成员函数
    ob1.SetHeight(3);       //调用从基类继承的公有成员函数
    //ob1.height=4;         //错误，外界企图直接引用基类 private 成员（不可访问）
```

```
        ob1.SetColor(12);        //调用派生类自己增加的公有成员函数
        ob1.ShowBox();           //调用重写的公有成员函数,屏蔽基类的 ShowBox()
    //cout<<ob1.Volume () <<endl;   //错误,外界企图调用从基类继承的 protected 成员函数
        cout<<ob1.CVolume()<<endl;    //调用派生类的公有成员函数,间接计算彩色盒子的体积
        return 0;
    }
```

程序运行结果:

```
Length=1
Width=2
Height=3
Color=12
72
```

由上例可以看出公有继承下基类成员的访问机制。公有派生类的成员函数可以访问被继承的 protected、public 基类成员;而公有派生类的对象只能访问基类和派生类的 public 成员。当派生类需要访问基类的私有成员(继承后为不可访问的)时,需要调用基类的保护或公有函数间接访问。例如,派生类 CColorbox 的成员函数 ShowBox()调用了基类的成员 ShowBox(),而基类的成员 ShowBox()可以显示 length、width 和 height。

3.2.2 私有继承

当定义一个派生类时,将继承方式指定为 private,则称为私有继承。用私有继承方式建立的派生类称为私有派生类,其基类称为私有基类。采用私有继承方式时,私有基类的公有成员和保护成员在私有派生类中成为私有成员,派生类成员可访问它们,而派生类外不可访问。基类的私有成员在派生类中成为不可访问的成员。私有继承下基类成员的访问权限如表 3.2 所示。私有继承的意义是将基类中原来能被外部访问的成员隐藏起来,不让外界访问。

表 3.2 私有继承下基类成员在派生类中和外部的访问权限

基类的访问权限	派生类中的访问权限	外部对基类成员的访问
public	private	不可访问
protected	private	不可访问
private	不可访问	不可访问

【例 3.4】 声明基类 CBox,其成员函数 void SetBox (double, double , double)用来设置盒子的长、宽和高,void ShowBox()用来显示盒子长、宽和高。声明其私有继承派生类 CColorBox,分别定义成员函数设置和显示彩色盒子的长、宽、高和颜色。

程序如下:

```
#include<iostream>
using namespace std;
class CBox                          //声明 CBox 类
{
public:
    void SetBox (double len, double w , double h)
```

```cpp
        {
            length=len;
            width=w;
            height=h;
        }
    protected:
    void ShowBox()                          //显示盒子长、宽、高的成员函数
    {
        cout<< "Length="<<length<<endl;
        cout<<"Width="<<width<<endl;
        cout<<"Height="<<height<<endl;
    }
    private:
       double length,width;
    protected:
       double height;
};
class CColorbox : private CBox            //私有派生 CColorbox 类
{
public:
    void SetColBox(double len, double w , double h,int c)
    {
            //length=len;        //错误,length 为不可访问的
            // width=w;          //错误,width 为不可访问的
            //height=h;          //正确,height 为私有的
            SetBox(len,w,h);     //可以通过调用从基类私有继承的成员函数完成上述功能
            color =c;            //直接访问新增加的私有成员
    }
    void ShowColBox ()
    {
            // cout<< "Length="<<length<<endl;    //错误,length 为不可访问的
            // cout<<"Width="<<width<<endl;       //错误,width 为不可访问的
            // cout <<"Height="<<height<<endl;    //正确,height 为私有的
            ShowBox();           //可以通过调用从基类私有继承的 ShowBox()实现上述功能
            cout<<"color="<< color <<endl;   //派生增加的私有成员
    }
    private:
        int color;                //新增的私有数据成员
};
int main()
{
    CColorbox box1;
    //box1.SetBox (3,5,6);  //错误,继承后访问权限为私有的,不可在类外访问
    box1. SetColBox (1,2,3,4); //通过调用派生类 SetColBox()实现设置功能
    //box1.ShowBox();       //错误,继承后访问权限为私有的,不可在类外访问
```

		Box1.ShowColBox (); //通过调用派生类 ShowColBox()实现显示功能
		return 0;
	}

由上例可以看到私有继承方式的几个特点：

（1）不能通过派生类对象（box1）访问从私有继承过来的任何成员，如 box1.SetBox(3,5,6); 或 box1. length =100。

（2）在派生类内部（如派生类的成员函数）不可以访问基类的私有成员（如 length=len，length 为基类的私有成员），但可以访问基类的公有成员和保护成员（如 height=h，height 为基类的保护成员）。

（3）如果派生类需要访问基类的私有成员，可以通过派生类的成员函数调用基类的公有或保护成员函数实现。例如：

	void SetColBox(double len, double w , double h,int c)
	{ SetBox(len,w,h);//调用基类的公有成员函数
		color =c; //直接访问自己新增加的私有成员
	}
	void ShowColBox ()
	{
		ShowBox(); //调用基类的保护成员函数
		cout<<"Color="<< color <<endl; //直接访问自己新增加的私有成员
	}

（4）如果从派生类 CColorbox 再派生新的类，则在新类中原基类 CBox 的公有成员和保护成员都变成不可访问。

综上所述，私有派生的限制太多，使用不方便，一般不经常使用。

3.2.3 保护继承

当定义一个派生类时，将继承方式指定为 protected，则称为保护继承。在保护继承中，基类的公有成员和保护成员成为派生类的保护成员，在派生类中可以直接访问，但在派生类外不能直接访问任何基类成员。基类中的私有成员成为派生类的不可访问成员，在派生类中不可直接访问。保护继承下基类成员的访问权限如表 3.3 所示。保护继承的意义是将基类的公有成员也保护起来，不让类外部任意访问。

表 3.3 保护继承下基类成员的访问权限

基类的访问权限	派生类中的访问权限	外部对基类成员的访问
public	protected	不可访问
protected	protected	不可访问
private	不可访问	不可访问

3.2.4 继承方式的总结和比较

继承方式有 3 种，不同的继承方式，基类的成员在派生类中的访问权限也不同。不同继承方式下基类成员在派生类的访问权限总结如表 3.4 所示。

表 3.4 基类成员在派生类中的访问权限

继承方式 \ 成员权限	public	protected	private
public 公有继承	public	protected	不可访问
private 私有继承	private	private	不可访问
protected 保护继承	protected	protected	不可访问

由表 3.4 可以看出，在继承机制下，从基类继承的保护成员允许在派生类内部访问，类外不可访问，从基类继承的私有成员在派生类中都变为不可访问成员，也就是说在派生类中也不可访问基类的私有成员。如果善于利用保护成员与继承机制，可以在类的层次结构中找到数据共享与数据隐藏的结合点，既实现某些数据的隐藏，又方便访问，实现代码的重用和扩展。

在派生类中成员有 4 种访问权限：公有、保护、私有和不可访问。表 3.5 说明派生类中成员的访问权限在不同地方是否允许访问。

表 3.5 派生类中成员的访问权限

派生类成员的访问权限	在派生类中	在派生类外部
public	可以	可以
protected	可以	不可以
private	可以	不可以
不可访问	不可以	不可以

下面比较一下私有继承与保护继承。在直接派生类中，两者继承方式的作用实际是相同的，派生类外部不能访问从基类继承的任何成员，而在派生类内可以访问基类的公有成员和保护成员。但如果进行多层派生，即把保护派生类作为基类或把私有派生类作为基类再做一层派生，两者就有区别了。在保护派生继承方式下，基类中的公有成员和保护成员均作为保护成员被直接子类接收，因此还可以被子类的派生类继续访问。而在私有派生继承方式下，基类中的公有成员和保护成员在派生类中的访问权限已经变为私有，因而不可以继续被下一层子类访问。

静态成员的访问控制变化和派生类中普通成员函数访问基类中的普通成员没有区别。

3.3 派生类的构造函数与析构函数

第 1 章曾介绍过，构造函数的作用是对类中的数据成员进行初始化。派生类的数据成员是由基类中的数据成员和派生类中新增的数据成员共同构成的。而在继承机制下，构造函数不能够被继承。因此，对继承过来的基类成员的初始化工作也得由派生类的构造函数完成。在定义派生类的构造函数时，由派生类构造函数初始化派生类新增数据，而基类成员的初始化由派生类构造函数调用基类构造函数来完成。

与一般非派生类相同，系统会为派生类定义一个默认构造函数（无参数、无显式初始化表、无数据成员初始化代码）用于完成派生类对象创建时的内存分配操作。但如果在派生类对象创建时需要实现以下两种操作之一，则无法使用默认构造函数来完成。

（1）派生类对象的直接基类部分创建需要传递参数。

（2）派生类对象的新数据成员需要通过参数传递初值。

为此，需要显式定义派生类构造函数。在定义派生类的构造函数时，有以下两步需要做：
（1）编写代码，完成数据成员的初始化。
（2）调用基类构造函数，使基类数据成员得以初始化。

3.3.1 简单派生类的构造函数

下面先介绍单一继承的构造函数，单一继承构造函数的定义格式为：

> 派生类名:派生类构造函数名(参数总表):基类构造函数名(参数名表)
> {
>   派生类新增成员的初始化语句
> };

定义派生类的构造函数时，在构造函数的参数总表中包括基类构造函数所需的参数和派生类新增的数据成员初始化所需的参数。冒号后面是基类构造函数名（参数表），表示要调用基类的构造函数。

下面看一下例子中构造函数的声明及调用情况。

【例3.5】定义简单的基类和派生类构造函数，观察它们的执行顺序。

程序如下：

```cpp
#include <iostream>
using namespace std;
class parent
{
public:
    parent(int a)                    //基类构造函数
    {
        x=a;
        cout<<"执行基类构造函数 parent()"<<endl;
    }
    void print()
    {
        cout<<"x="<<x<<endl;
    }
private:
    int x;
};
class child:public parent
{
public:
    child(int a,int b): parent(a)    //派生类构造函数
    {
        y=b;                         //初始化派生类新增数据成员
        cout<<"执行派生类构造函数 child()"<<endl;
```

```
            }
            void print_1()
            {
                print();
                cout<<"y="<<y<<endl;
            }
        private:
            int y;
        };
        int main()
        {
            child ob(1,2);
            ob.print_1();
            return 0;
        }
```

程序运行结果：

> 执行基类构造函数 parent()
> 执行派生类构造函数 child()
> x=1
> y=2

由例 3.5 派生类构造函数的首行可以看出，派生类构造函数名（child）后面括号内的参数表中包括参数类型和参数名（如 int a），而冒号后基类构造函数括号内的参数只有名而不包括类型（如 a），这说明在这里不是定义基类的构造函数而是调用基类的构造函数，请读者注意。在主函数中定义派生类对象 child ob(1,2)将调用派生类的构造函数，那么应该先调用基类构造函数还是先调用派生类构造函数呢？由程序运行结果可以看出，在 C++中，简单派生类构造函数的执行次序是先调用基类构造函数，再调用派生类自己的构造函数。

注意，当在类中仅对派生类构造函数做声明时，不能包括基类构造函数名及参数表，只能在定义此派生类构造函数时才能列出。例如：

```
class child:public parent
{
    ...
    child(int a,int b);                    //派生类构造函数的声明，不写基类
};
child :: child(int a,int b): parent(a) {…}  //派生类构造函数的定义
{
    ...
}
```

3.3.2 析构函数

析构函数的功能是做善后工作，其无返回类型也没有参数，情况比较简单。在派生过程中，基类的析构函数不能继承，如果需要析构函数，则要在派生类中重新定义。派生类析构

函数的定义格式与非派生类无任何差异，只要在函数体内把派生类新增的一般成员处理好就可以。而对基类成员的善后工作，系统会自己调用基类的析构函数来完成。如果没有显示的定义析构函数，系统会自动生成一个默认的析构函数，清理工作就是靠它们来完成的。

析构函数各部分执行次序与构造函数相反，首先对派生类新增成员析构，然后对基类成员析构。

3.3.3 复杂派生类构造函数和析构函数

一个派生类中新增加的成员可以是简单的数据成员，也可以是类的对象。派生类可以是单一继承，也可以是多重继承。假如派生类是多重继承，并且新增数据成员有一个或多个对象，那么派生类需要初始化的数据有3部分：继承的成员、新增的对象成员和新增的普通成员。这种复杂派生类构造函数的定义格式如下：

> 派生类名::派生类构造函数名(总参数表):基类构造函数名1(参数表1),基类构造函数名2(参数表2),…子对象名1(参数表n),子对象名2(数表n+1)…
> {
>   派生类新增普通数据成员的初始化;
> }

派生类构造函数的调用顺序如下：
- 基类构造函数。按它们在派生类定义中的先后顺序依次调用。
- 子对象的构造函数。按它们在派生类定义中的先后顺序依次调用。
- 派生类构造函数。

复杂派生类的析构函数只需要编写对新增普通成员的善后处理，而关于新增对象成员和基类的善后工作则是由对象成员和基类的析构函数来完成的。析构函数的调用顺序与构造函数相反。

【例3.6】 复杂继承举例。

程序如下：

```cpp
#include <iostream>
using namespace std;
class A
{
public:
    A() {a=0; cout<<"类 A 的默认构造函数.\n";}        //基类默认的构造函数
    A(int i) { a=i; cout<<"类 A 的构造函数.\n"; }     //基类带参数的构造函数
    ~A() { cout<<"类 A 的析构函数.\n"; }              //基类析构函数
    void Print(){ cout<<a<<endl; }
    int Geta() { return a; }
private:
    int a;
};
class B
{
```

```cpp
public:
    B() {b=0; cout<<"类 B 的默认构造函数.\n"; }          //默认的构造函数
    B(int i) { b=i; cout<<"类 B 的构造函数.\n"; }        //带参数的构造函数
    ~B() { cout<<"类 B 的析构函数.\n"; }                 //析构函数
    void Print() const { cout<<b<<endl; }
    int Getb() { return b; }
private:
    int b;
};
class C : public A                                        //派生类，公有继承类 A
{
public:
    C() { c=0; cout<<"类 C 的默认构造函数.\n"; }         //派生类的默认构造函数
    C(int i, int j, int k);                               //派生类带参数构造函数的声明
    ~C() { cout<<"类 C 的析构函数.\n"; }                 //派生类析构函数
    void Print();
private:
    int c;                                                //新增的普通数据成员
    B bb;                                                 //新增 B 类的对象成员
};
//派生类构造函数的实现，基类的成员初始化 A(i)，成员对象的初始化 bb(j)
C::C(int i, int j, int k):A(i), bb(j)
{
    c=k;                                                  //初始化派生类的普通成员
    c=Geta()+bb.Getb();
    cout<<"类 C 的构造函数.\n";
}
void C::Print()
{
    A::Print();
    bb.Print ();
    cout<<c<<endl;
}
int  main()
{
    C cc(1, 2, 5);
    cc.Print();
    return 0;
}
```

程序运行结果：

类 A 的构造函数.
类 B 的构造函数.
类 C 的构造函数.
1

```
2
3
类 C 的析构函数.
类 B 的析构函数.
类 A 的析构函数.
```

下面首先分析类 A、B、C 的关系。类 A、B、C 的关系结构图如图 3.4 所示。由图可以看出派生类 C 的数据成员包括基类的数据成员 a、派生对象 bb 的数据成员 b 和自己新增的数据成员 c。a、b、c 都需要初始化，所以在派生的构造函数定义 C::C(int i, int j, int k):A(i), bb(j) 中，分别调用基类和对象成员的构造函数初始化 a 和 b，在派生类的代码中给出了新增普通成员 c 的初始化，这样派生类中所有成员的初始化工作都完成了。由程序运行结果可以看出，构造函数的调用顺序是先基类再对象成员，然后才是派生类自己的构造函数。当对象被删除时，派生类的析构函数执行顺序与构造函数相反。

在派生类构造函数使用中应注意以下问题：

（1）在派生类构造函数的定义中可以省略对基类构造函数的调用，其条件是在基类中必须有默认的构造函数。

（2）当基类的构造函数使用一个或多个参数时，派生类必须定义构造函数，提供将参数传递给基类构造函数的途径。在有些情况下，派生类构造函数的函数体可能为空，仅起到参数传递的作用。

（3）在多层次派生类构造函数初始化表中的基类部分，表达式一般只涉及直接基类和新增派生类数据成员的初始化操作，而间接基类的创建和初始化操作则由直接基类的构造函数定义完成。

例如，在例 3.6 的基础上再增加一个派生类 D，其定义如下：

图 3.4 类 A、B、C 的关系结构图

```
class D : public C                                   //派生类，公有继承类 C
```

```cpp
{
public:
    D() { d=0; cout<<"类 D 的默认构造函数.\n"; }        //派生类的默认构造函数
    D(int i, int j, int k,int m);                      //派生类的带参数构造函数的声明
    ~D() { cout<<"类 D 的析构函数.\n"; }                //派生类的析构函数
    void Print();
private:
    int d;                                              //新增普通数据成员
};
//类的部分成员函数实现如下：
D::D(int i, int j, int k,int m):C(i,j,k), d(j)
//间接基类 A 和直接基类成员对象的构造由基类 C 负责
{
    cout<<"类 D 的构造函数.\n";
}
void D::Print()
{
    C::Print();
     cout<<d<<endl;
}
```

这种分层次的构造定义有利于简化程序编码和提高源代码的可读性。

3.3.4 派生友元类

如果希望基类的私有成员能在派生类中被直接访问，但是又不希望这种直接被访问的属性从派生类向下一层次的派生类中延续，则在基类定义中将要派生的类声明为基类的友元，即从基类派生友元类。

【例 3.7】 派生友元类举例。

程序如下：

```cpp
#include <iostream>
using namespace std;
class Y;            //类的提前使用声明
class X
{
public:
    X () {x=0; cout<<"类 X 的默认构造函数.\n";}
    X (int i) { x=i; cout<<"类 X 的构造函数.\n";}
    ~ X () { cout<<"类 X 的析构函数.\n";}
    void Print(){ cout<<x<<endl;}
    friend class Y ;                                    //友元类的声明
private:
    int x;
};
```

```cpp
    class Y:public X                              //派生友元类,公有继承类 X
    {
    public:
        Y (int i,int j)
        {
            x=i;                                  //可以直接访问基类的私有成员
            y=j;
        }
        ~ Y () { cout<<"类 Y 的析构函数.\n"; }
        void Print()
        {
            cout<<"x="<<x<<"y="<<y<<endl;         //可以直接访问基类的私有成员
        }
    private:
        int y;
    };
    int main()
    {
        Y yy(1,5);
        yy.Print();
        return 0;
    }
```

上述例子也可以通过将基类的私有成员定义为保护成员,然后使用私有继承方式定义派生类的方法得到相同的效果。

3.4 基类对象与派生类对象的相互转换

从前面的介绍可以了解到,在 3 种继承方式中,只有公有继承能较好地保留基类的特征,也就是说只有公有派生类才是基类真正的子类型,它完整地继承了基类的功能。本节介绍基类对象与派生类对象之间的互相转换时,默认的继承方式是公有继承。

基类与派生类对象之间有赋值兼容关系,由于派生类中包含从基类继承的成员,因此可以将派生类的对象赋给基类对象,在用到基类对象时可以用其子类对象代替。具体表现在以下几个方面。

(1)派生类对象可以向基类对象赋值。可以用派生类对象对其基类对象赋值。如例 3.3 中定义的 CBox 与 CColorbox:

```cpp
    CBox box;                      //定义基类 CBox 对象 box
    CColorbox colorbox;            //定义基类 CBox 的公有派生类 CColorbox 的对象 colorbox
    box = colorbox;                //用派生类对象对基类对象赋值
```

在赋值时舍弃派生类自己的成员,如图 3.5 所示。实际上,所谓赋值只是对数据成员赋值,对成员函数不存在赋值问题。

图 3.5 派生类赋值给基类

注意：赋值后不能企图通过对象 box 去访问派生类对象 colorbox 的成员，因为 box 的成员与 colorbox 的成员是不同的。分析下面的用法：

```
box. color =15;              //错误，box 中不包含派生类中增加的成员
colorbox.color =20;          //正确，colorbox 可以访问自己新增加的成员
```

应当注意，只能用派生类对象对其基类对象赋值，而不能用基类对象对其派生类对象赋值，理由是显然的，因为基类对象不包含派生类的成员，无法对派生类的成员赋值。同理，同一基类的不同派生类对象之间也不能赋值。

（2）派生类对象可以向基类对象的引用进行赋值或初始化。例如：

```
CBox box;                    //定义基类 CBox 对象 box
CColorbox colorbox;          //定义基类 CBox 的公有派生类 CColorbox 的对象 colorbox
CBox & r1= box;              //定义基类 CBox 对象的引用变量 r1，并用 box 对其初始化
```

这时，引用变量 r1 是 box 的别名，r1 和 box 共享同一段存储单元。

也可以用子类对象初始化基类的引用变量。例如：

```
CBox & r2= colorbox;         //定义基类 CBox 对象的引用变量 r2,并用派生类 CColorbox 对象 colorbox
                             //对其初始化
```

或者保留上面第 3 行"CBox & r1= box;"，而对 r1 重新赋值：

```
r1= colorbox;                //用派生类 CColorbox 对象 colorbox 对基类 CBox 的引用变量 r1 赋值
```

基类引用作为函数参数时，也可以将派生类的对象传递给基类引用。例如：

```
void f(CBox & box)
{
    box.SetHeight(10);
}
...
int main()
{
    CColorbox colorbox;
    ...
    f(colorbox);             //正确，将派生类对象作为实参传递给基类引用（形参）
    ...
    return 0;
}
```

注意：如果将派生类对象赋值给基类引用，此时基类引用并不是派生类对象的别名，也不与派生类对象共享同一段存储单元。它只是派生类中基类部分的别名，基类引用与派生类中的基类部分共享同一段存储单元。例如，CBox & r2= colorbox; r2 与 colorbox 具有相同的起始地址，如图 3.6 所示。

（3）派生类对象的地址可以赋给基类对象的指针，也就是说，指向基类对象的指针也可以指向派生类对象。例如：

图 3.6　派生类赋值给基类引用

```
CBox box;              //定义基类 CBox 对象 box
CColorbox colorbox;    //定义基类 CBox 的公有派生类 CColorbox
                       //的对象 colorbox
CBox * pt= &box;       //定义基类 CBox 对象指针变量 pt 并指向 box
pt-> SetHeight(10);    //调用 box.SetHeight()函数
pt=&colorbox;          //将派生类基类地址赋值给基类指针，即 pt 指向 colorbox
pt-> SetHeight(10);    //调用 box.SetHeight()函数
```

3.5　多重继承

前面主要介绍了单一继承，仅提到多重继承的概念。在现实世界中，很多时候一个类会有两个或两个以上的基类。例如，沙发床既继承了床的特性，又继承了沙发的特性。沙发床的多重继承结构图如图 3.7 所示。在 C++中，定义派生类时，派生类有两个或多个基类，称为多重继承（Multiple-Inheritance）。

3.5.1　多重继承的定义

图 3.7　沙发床的多重继承结构图

多重继承可以看做单一继承的扩展，多重继承的定义格式如下：

```
class 派生类名:继承方式 1   基类名 1,继承方式 2   基类名 2, …
{
public:
        新增加的公有成员;
protected:
        新增加的保护成员;
private:
        新增加的私有成员;
};
```

多重继承派生类构造函数的格式如下：

```
派生类名::派生类构造函数名(总参数表):基类名 1(参数表 1),基类名 2(参数表 2)
{
    派生类构造函数体
}
```

其中，总参数表中各个参数包含了其后基类的各个分参数表。

多重继承下派生类构造函数与单一继承下派生类构造函数相似，它必须同时负责该派生类所有基类构造函数的调用。同时，派生类的参数必须包含完成所有基类初始化所需的参数。

派生类构造函数的执行顺序是先执行所有基类构造函数，再执行派生类本身的构造函数。

处于同一层次的各基类构造函数的执行顺序取决于声明派生类时所指定的基类顺序，与派生类构造函数中所定义的成员初始化列表的各项顺序无关。另外，析构函数的调用顺序与构造函数完全相反。

【例 3.8】 设计沙发床类。

分析：床类可以用来睡觉 Sleep()，沙发类可以用来看电视 WatchTV()。沙发床具有床和沙发两者的特性，沙发床还有自己的特性——折叠 FoldOut()。因此，先定义床类和沙发类，沙发床类由这两个类派生，然后添加沙发床自己的特性。

程序如下：

```cpp
#include<iostream>
using namespace std;
class CBed                              //基类 CBed
{
public:
    CBed() {cout<<"床的构造函数"<<endl;};
    void Sleep() {cout<<"可以用来睡觉"<<endl;}
    void SetWeight(int i) { weight=i;}
    int GetSleepWeight(){return weight;}
    void print(){cout<<" weight= "<< weight <<endl;}
protected:
    int weight;
};
class CSofa                             //基类 CSofa
{
public:
    CSofa() { cout<<"沙发的构造函数"<<endl;};
    void WatchTV()   { cout<<"可以用来看电视"<<endl;}
    void SetWeight(int i) { weight=i;}
    int GetSofaWeight(){return weight;}
    void print(){cout<<" weight= "<< weight <<endl;}
protected:
    int weight;
};
class CSleeperSofa:public CBed,public CSofa
//基类名的说明顺序决定了基类构造函数的顺序、派生类对象的内存组织顺序
{
public:
    CSleeperSofa() {cout<<"沙发床的构造函数"<<endl;};
    void FoldOut() { cout<<"可以折叠与打开"<<endl;}        //折叠与打开
    void print(){}
```

```cpp
    };
    int main()
    {
        CSleeperSofa ss;          //继承了两个基类的特性
        ss.Sleep();               //继承基类 CBed 的成员函数
        ss.WatchTV();             //继承基类 CSofa 的成员函数
        ss.FoldOut();             //派生类新增成员函数
        return 0;
    }
```

沙发床类继承了床类和沙发类，具有沙发和床的特性，因此可以使用派生类对象 ss 调用床的 Sleep()成员函数，完成睡觉功能；通过调用沙发 WatchTV()成员函数完成看电视功能；调用新增的 FoldOut()函数可以完成折叠与打开功能。派生类对象调用构造函数的顺序是先基类构造函数再派生类构造函数。有两个基类（CBed 和 CSofa）时，基类构造函数的调用顺序是按照声明派生类时基类的排列顺序来进行的。

程序运行结果：

```
床的构造函数
沙发的构造函数
沙发床的构造函数
可以用来看电视
可以用来睡觉
可以折叠与打开
```

如果将沙发床类的定义修改为：

```cpp
class CSleeperSofa: public CSofa, public CBed
{
    ...
}
```

那么，程序运行结果将会怎样？请读者自行分析。

3.5.2　多重继承中的二义性问题

多重继承反映了现实生活中的情况，使一些复杂的问题简单化，提高了程序开发效率。但多重继承中存在两类二义性问题。

1．调用不同基类中相同成员时产生的二义性

派生类的多个基类之间出现相同的成员，则在派生类中访问此成员时会出现二义性。

下面分析例 3.8 出现的二义性问题，沙发、床与沙发床的关系结构图如图 3.8 所示。

由图 3.8 可以看到，两个基类中有同名的数据成员(weight)和成员函数(SetWeight())。派生类 CSleeperSofa 多重继承于两个基类，因此在 CSleeperSofa 类中有两个重量 weight，有两个成员函数 SetWeight()。如果在主函数中定义派生类对象 ob1，调用成员函数 SetWeight()，则

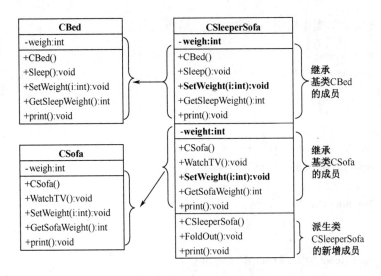

图 3.8 沙发、床与沙发床的关系结构图

```
int main()
{
    CSleeperSofa ob1;           //继承了两个基类的特性
    ob1. SetWeight (100);       //错误，出现二义性
    return 0;
}
```

两个基类中都有成员函数 SetWeight ()，编译系统无法识别要访问的是哪一个基类的成员函数，因此编译出现错误。

解决多重继承中调用不同基类中相同成员时产生的二义性问题可以使用以下方法：

（1）使用域作用符。解决二义性问题可以使用::域作用符对此成员函数加以区分：

  ob1. CBed::SetWeight (100); //调用基类 CBed 的成员函数 SetWeight()
  ob1. CSofa::SetWeight (200); //调用基类 CSofa 的成员函数 SetWeight()

使用域作用符可以消除编译时产生的二义性，但是程序员需要知道类的继承层次信息，加大程序开发的复杂度。

（2）覆盖函数同名隐藏（覆盖）。由图 3.8 可以看出，派生类继承了两个基类的 print()函数，派生类在自己的类定义中又重写了 print()函数。如果主函数如下：

```
int main()
{
    CSleeperSofa ob1;       //继承了两个基类的特性
    ob1. print();           //正确，print()是覆盖函数，不存在二义性
    return 0;
}
```

则 ob1. print();语句能通过编译，这是因为派生类新增的成员函数 print()覆盖了基类中的同名成员，这与局部变量屏蔽全局变量类似。可以使用域作用符调用基类的成员函数，如 ob1.CBed::print()，调用基类 CBed 的 print()。

注意：在不是虚函数的情况下，如果派生类中新增的成员函数与基类的某一成员函数同

名,则该函数会隐藏基类中所有该函数的重载函数。例如:

```cpp
#include<iostream>
using namespace std;
class CA
{
public:
    void f(int x){cout<<"the f(int) of CA!"<<endl;}
    void f(){cout<<"the f() of CA!"<<endl;}
};
class CB:public CA
{
public:
    void f(){cout<<"the f() of CB!"<<endl;}
};
int main()
{
    CB b;
    b.f();
    b.f(0);
    return 0;
}
```

则会出现编译错误——'f' : function does not take 1 parameters。因为派生类中 f()函数会隐藏基类 CA 中所有 f 函数的重载函数。如果将 b.f(0)改为 b.CA::f(0),则可正常运行,并且基类 CA 中所有 f 的重载形式在主函数中都不能通过 b 直接访问。

在派生类 CSleeperSofa 中使用覆盖函数 print(),避免编译时派生类对象调用 print()的二义性,但覆盖函数会产生如下问题:

```cpp
CBed *p;
CSleeperSofa ob1;
p=new CBed;
p->print();           //调用 CBed 类的 print()
p=&ob1;               //p 指向派生类对象 ob1
p->print();           //调用 CBed 类的 print()
```

基类指针虽然指向派生类对象 ob1,但调用的成员函数仍然为基类 CBed 的 print(),不能调用派生类 CSleeperSofa 的 print(),这就是覆盖函数会产生的问题,不提倡使用。因此 C++ 引入虚函数,关于虚函数详见第 4 章。

2. 派生类中访问公共基类成员时产生的二义性

派生类有多个基类,而这些基类又是从同一个基类派生的,因此在派生类中访问公共基类成员时会出现二义性。

下面通过例子来分析这种可能产生的二义性问题。

【例 3.9】 一个公共基类在派生类中产生的二义性问题。

分析：类 B 与类 C 由类 A 公有派生，而类 D 由类 B 与类 C 公有派生（如图 3.9 所示），则类 D 中将包含类 A 的两个复制。这种同一个基类在派生类中产生多个复制不仅多占用了存储空间，而且可能会造成二义性问题。

程序如下：

图 3.9 公共基类派生

```
# include <iostream >
using namespace std;
class A                          //公共基类
{
public:
    int x;
    A( int a)
    {
        x=a;
        cout<<"公共基类 A 的构造函数被执行"<<endl;
    }
};
class B:public A                 //由公共基类 A 派生出类 B
{
public:
    int y;
    B(int a,int b):A(b)
    {
        y=a;
        cout<<"类 B 的构造函数被执行"<<endl;
    }
};
class C:public A                 //由公共基类 A 派生出类 C
{
 public:
    int z;
    C(int a,int b):A(b)
    {
        z=a;
        cout<<"类 C 的构造函数被执行"<<endl;
    }
};
class D:public B,public C        //多重继承，由基类 B、C 派生出类 D
{
public:
    int m;
    D(int a,int b,int d,int e,int f):B(a,b),C(d,e)
    {
        m=f;
```

```
            cout<<"类 D 的构造函数被执行"<<endl;
        }
        void Print()
        {   cout<<"x="<<B::x<<'\t'<<"y="<<y<<endl;            //需域作用符
            cout<<"x="<<C::x<<'\t'<<"z="<<z<<endl;
            cout<<"m="<<m<<endl;
        }
};
int main ( )
{
    D d1(100,200,300,400,500);
    d1.Print();
    return 0;
}
```

程序运行结果：

```
公共基类 A 的构造函数被执行
类 B 的构造函数被执行
公共基类 A 的构造函数被执行
类 C 的构造函数被执行
类 D 的构造函数被执行
x=200    y=100
x=400    z=300
m=500
```

思考：如果 class D 中的 Print() 做如下修改可以吗？

```
void Print()
    {   cout<<"x="<<x<<'\t'<<"y="<<y<<endl;
        cout<<"z="<<z<<'\t'<<"m="<<m<<endl;
    }
```

根据输出的结果可以清楚地看出，在类 D 中包含了公共基类 A 的两个不同复制。这种派生关系产生的类体系如图 3.10 所示。

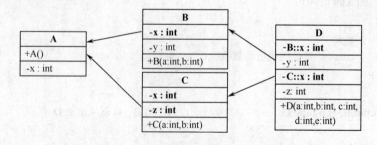

图 3.10 公共基类 A 在派生类 D 中产生两个复制示意图

如果在多条继承路径上有一个公共基类（如基类 A），则该基类会在这些路径中的某几条路径的汇合处（如类 D）产生几个公共基类的副本。为使这样的公共基类只产生一个副本，必须将该基类说明为虚基类。详细使用方法见 3.6 节。

*3.6 虚继承和虚基类

如果一个派生类有多个直接基类,而这些直接基类又有一个共同的基类,则在最终的派生类中会保留该间接共同基类数据成员的多份同名成员。在访问这些同名的成员时,必须在派生类对象名后增加直接基类名,以避免产生二义性。另外,在一个类中保留间接共同基类的多份同名成员,虽然有时是有必要的,可以在不同的数据成员中分别存放不同数据,也可以通过构造函数分别对它们进行初始化,但在大多数情况下,这种现象是人们不希望出现的。因为保留多份数据成员的副本,不仅占用较多的存储空间,还增加了访问这些成员时的困难,容易出错。C++提供虚基类的方法,使在继承间接共同基类时只保留一份成员(数据、成员函数)。

3.6.1 虚继承和虚基类的定义

虚继承:在继承定义中包含了 virtual 关键字的继承关系。
虚基类:在虚继承体系中通过 virtual 继承而来的基类。
语法格式如下:

```
class 派生类名:virtual 继承方式 基类类名
{
    ...
};
```

需要注意的是:
(1)在这个继承关系里的基类称为该派生类的虚基类,而不是说这个基类就是虚基类。脱离这个继承关系,该基类还可以不是虚继承体系中的基类。
(2)virtual 关键字只对紧随其后的基类名起作用。
(3)virtual 关键字可以写在继承方式之后。
(4)如果省略继承方式关键字,则默认为私有继承方式。
上述定义使基类成为派生类的虚基类,定义了虚基类之后,虚基类的成员在派生过程中和派生类一起维护同一个内存副本。
【例3.10】 用虚继承的方法解决公共基类成员产生的二义性。
程序如下:

```
#include<iostream>
using namespace std;
class A                        //公共基类
{
public:
    int x;
    A( int a)
    {
        x=a;
```

```cpp
            cout<<"公共基类 A 的构造函数被执行"<<endl;
        }
};
class B:virtual public A           //由公共基类 A 虚继承派生出类 B
{
public:
    int y;
    B(int a,int b):A(b)
    {
        y=a;
        cout<<"类 B 的构造函数被执行"<<endl;
    }
};
class C:virtual public A           //由公共基类 A 虚继承派生出类 C
{
public:
    int z;
    C(int a,int b):A(b)
    {
        z=a;
        cout<<"类 C 的构造函数被执行"<<endl;
    }
};
class D:public B,public C          //多重继承，由基类 B、C 派生出类 D
{
  public:
    int m;
    D(int a,int b,int d,int e,int f):B(a,b),C(d,e) ,A(a)
    {m=f;}
    void Print()
    {
        cout<<"x="<<x<<'\t'<<"y="<<y<<endl;
        cout<<"z="<<z<<endl;
        cout<<"m="<<m<<endl;
    }
};
int main ( )
{
    D d1(100,200,300,400,500);
    d1.Print();
    return 0;
}
```

程序运行结果：

公共基类 A 的构造函数被执行

```
类 B 的构造函数被执行
类 C 的构造函数被执行
x=100    y=100
z=300
m=500
```

仔细分析运行结果,可以发现:

(1) 采用虚继承后,在类 D 中只有唯一的数据成员 x,所以在建立类 D 的对象后,调用 Print()输出 x 时,不产生二义性。

(2) 类 A 为虚基类以后,公共基类 A 的构造函数仅被执行一次。因为具有虚基类的派生类构造函数与一般派生类构造函数有所不同。

在例 3.10 中,类 D 的构造函数中增加一个给虚基类的初始化列表项 A(a),而给两个直接基类 B 和 C 初始化列表项 B(a,b)与 C(d,e)仍然保留。

C++为了保证虚基类构造函数仅被执行一次,规定在创建对象的派生类构造函数中优先调用虚基类的构造函数,并在执行后忽略直接基类初始化列表对虚基类构造函数的调用,保证虚基类的构造函数仅被执行一次。

同样,可以使用虚继承解决例 3.8 的问题。床和沙发有很多相同的特性,因此可以将沙发和床共有的特性提取出来,建立一个家具类。这种将相似类中共有特性提取出来的过程称为分解(factoring)。分解使类的层次合理化、减少冗余。床、沙发和沙发床类分解的结构图如图 3.11 所示。家具类 CFurniture 作为虚基类被继承,这样使 CSleeperSofa 类中只保留一份 weight、SetWeight()和 GetWeight()。

图 3.11 类分解的结构图

【例 3.11】 用虚基类的方法解决同名二义性问题。
程序如下:

```
#include<iostream >
using namespace std;
```

```cpp
class CFurniture
{
public:
    void SetWeight(int i) { weight=i;}
    int GetWeight(){return weight;}
protected:
    int weight;
};
class CBed : virtual public CFurniture                //虚继承派生类 CBed
{
public:
    void Sleep() {cout<<"可以用来睡觉"<<endl;}
    void print()
    { cout<<"床样式"<<endl;}
};
class CSofa : virtual public CFurniture               //虚继承派生类 CSofa
{
public:
    void WatchTV()   { cout<<"可以用来看电视"<<endl;}
    void print()
    {cout<<"沙发样式"<<endl; }
};
class CSleeperSofa:public CBed,public CSofa
{
public:
    void FoldOut()
    { cout<<"可以折叠与打开"<<endl;}
    void print()                                      //重写派生类 print()，同名覆盖基类函数
    { cout<<"沙发床样式"<<endl; }
};
int main()
{
    CSleeperSofa a;
    a.SetWeight(2);                                   //weight 只继承一份复制，不产生二义性
    a. print();                                       //同名覆盖，调用派生类 print()函数
    return 0;
}
```

所以，在解决继承产生的二义性问题时，可以将产生二义性的部分分解出来作为虚基类，这样在间接继承时，在内存中只有一个复制，故而不产生二义性。

3.6.2 虚基类及其派生类构造函数执行顺序

在同时具有虚基类和非虚基类的派生类对象的创建中，首先是虚基类的构造函数被调用，并按它们声明的顺序调用，接着是非虚基类的构造函数按它们声明的顺序调用，其次是

对象成员的构造函数,最后是派生类自己的构造函数被调用。

【例 3.12】 在有虚基类的多重继承中,分析构造函数与析构函数的执行顺序。

程序如下:

```
#include<iostream>
using namespace std;
class CObject
{
public:
    CObject(){cout<<"constructor CObject\n";}
    ~CObject(){cout<<"deconstructor CObject\n";}
};
class CBclass1
{
public:
    CBclass1(){cout<<"constructor CBclass1\n";}
    ~CBclass1(){cout<<"deconstructor CBclass1\n";}
};
class CBclass2
{
public:
    CBclass2(){cout<<"constructor CBclass2\n";}
    ~CBclass2(){cout<<"deconstructor CBclass2\n";}
};
class CBclass3
{
public:
    CBclass3(){cout<<"constructor CBclass3\n";}
    ~CBclass3(){cout<<"deconstructor CBclass3\n";}
};
class Dclass:public CBclass1,virtual CBclass3,virtual CBclass2
{
private:
    CObject object;
public:
    Dclass():object(),CBclass2(),CBclass3(),CBclass1()
        {cout<<"派生类建立!\n";}
    ~Dclass(){cout<<"派生类析构!\n";}
};
int main()
{
    Dclass dd;
    cout<<"主程序运行!\n";
    return 0;
}
```

程序运行结果:

```
constructor CBclass3        //第一个虚基类,与声明的顺序有关
constructor CBclass2        //第二个虚基类
constructor CBclass1        //非虚基类
constructor CObject         //对象成员
派生类建立!
主程序运行!
派生类析构!
deconstructor CObject       //析构顺序相反
deconstructor CBclass1
deconstructor CBclass2
deconstructor CBclass3
```

从上面的程序运行结果可以得知,当派生类有多个基类时,先执行虚基类构造函数,再执行非虚基类构造函数,而析构函数的顺序与构造函数的顺序相反。

3.7 C++ 11 新特性之继承构造函数和委派构造函数

3.7.1 继承构造函数

C++的类具有可派生性,派生类可以自动获得基类的成员变量和接口,不过基类的构造函数则无法再被派生类使用。在类继承体系中,如果派生类要使用基类的构造函数,通常需要在构造函数中显式声明。这时候问题就来了,如果基类的构造函数很多,那么派生类的构造函数想要实现同样多的构造接口,则必须定义多个对应的构造函数,以便一一调用基类的构造函数,很显然这相当不方便,如代码清单 3-7-1 所示。

```
//代码清单 3-7-1
class A
{
    public:
        A( int _InInt ) {;}
        A( double _InDouble, int _InInt ) {;}
        A( float _InFloat, int _InInt, const char* _Char ) {;}
        //... Other definitions
};
class B : public A
{
    public:
        B(int i):A( i ) {;}
        B(double d,int i): A( d,i) {;}
        B(float f,const char * ch,int i):A( f,i,ch) {;}
        //... Other definitions
```

```
      virtual void    ExtraInterface() {;}
};
```

为此，C++11 标准中引入继承构造函数，即如果派生类要使用基类的构造函数，则可以通过 using 声明来完成，从而简化这个问题，如代码清单 3-7-2 所示。

```
//代码清单 3-7-2
class A
{
  public:
    A( int _InInt ) {;}
    A( double _InDouble, int _InInt ) {;}
    A( float _InFloat, int _InInt, const char* _Char ) {;}
    //... Other definitions
};

class B : public A
{
  public:
    using A::A;              // 使用 A 中的构造函数
    //... Other definitions
    virtual void    ExtraInterface() {;}
};
```

我们通过 using A::A 的声明，把基类中的构造函数都继承到派生类 B 中，并且 C++11 标准中继承构造函数被设计为与派生类中的各种类默认函数（默认构造、析构、复制构造等）一样，是隐式声明的其优点是，如果一个继承构造函数不被相关代码使用，其编译器不会为其产生真正的函数代码，从而更加节省目标代码空间。需要指出的是，继承构造函数只会初始化基类中的成员变量，对于派生类中的成员变量，需要自己通过初始化默认值的方式或定义构造函数来解决。

3.7.2 委派构造函数

在 C++11 标准提出之前，如果一个类有多个构造函数且要实现类成员构造，那么每个构造函数都要包含基本相同的类成员构造的代码，尤其是构造函数有完全相同的函数体时，重复的代码会给程序员带来了额外工作量，且影响了代码的可读性和可维护性。C++11 标准为了解决这个问题，提出了委派构造函数新特性。在这个特性引入之后，构造函数可分为目标构造函数和委派构造函数。利用这个特性，程序员可以将公有的类成员构造代码集中在某一个构造函数里，这个函数被称为目标构造函数。其他构造函数通过调用目标构造函数来实现类成员构造，这些构造函数被称为委派构造函数。委派构造函数可以使程序员规避构造函数里重复的代码。委派构造函数还有一个很实际的应用：它使得构造函数的泛型编程变得更加容易。

有关继承构造函数和委派构造函数的其他问题请参考 C++ 11 新特性等文献，在此不再赘述。

3.8 综合应用实例

【例 3.13】 编写一个学生信息和教师信息输入和显示的管理程序。学生信息有编号、姓名、性别、生日、班级名和各门课程的成绩，教师信息有编号、姓名、性别、生日、职称和部门。要求将学生信息和教师信息的共同特性设计成一个类（CPerson 类），作为学生类 CStudent 和教师类 CTeacher 的基类。

分析： 根据题目要求，可以将编号、姓名、性别、生日作为基类 CPerson 的数据成员，为实现输入和显示这些信息，在基类 CPerson 设计 Input()和 PrintPersonInfo()这两个成员函数。在派生类 CStudent 和 CTeacher 类中主要考虑自有信息输入和显示即可。这三个类的类图如图 3.12 所示。

图 3.12 基类 CPerson 和派生类 Cstudent、CTeacher 类的类图及关系

//参考程序

```
#include<string >
#include<iostream >
using namespace std;
enum Tsex{man,woman};
struct course{
    char coursename[20];
    int grade;
};
class CPerson                              //基类
{
public:
    CPerson(long, char*,Tsex,int birthday);
    CPerson(){};                           //无参构造函数
    ~CPerson(){}                           //析构函数
```

```cpp
        void Input();
        void PrintCPersonInfo();
    private:
        long No;                              //编号
        char Name[10];                        //姓名
        Tsex Sex;                             //性别
        int Birthday;                         //生日 1986 年 8 月 18 日，输入格式为 19860818
};
CPerson::CPerson(long id, char *name,Tsex sex,int birthday)
{
        No=id;
        strcpy(Name,name);                    //Name=name;错误
        Sex=sex;
        Birthday=birthday;
}
void CPerson::Input()
{
        cout<<"编号:";     cin>>No;
        cout<<"姓名:";     cin>>Name;
        cout<<"性别:";
        cin >> (int&)Sex;                     //输入 0 表示 man，1 表示 woman
        cout<<"出生年月日:"; cin>>Birthday;
}
void CPerson::PrintCPersonInfo()
{
        int i;
        cout<<"编号:"<<No<<endl<<"姓名:"<<Name<<'\n'<<"性别:";
        if(Sex= =man) cout<<"男"<<'\n';
        else cout<<"女"<<'\n';
        cout<<"出生年月日:";
        i=Birthday;
        cout<<i/10000<<"年";
        i=i%10000;
        cout<<i/100<<"月"<<i%100<<"日"<<'\n';
}
class CStudent:public CPerson                 //定义派生的学生类
{
    public:
        void Input()
        {
                cout<<"输入学生信息:"<<endl;
                CPerson::Input();
                cout<<"班级名"; cin>>depart;
                InputCourse();
        }
```

```cpp
        CStudent();                             //无参数构造函数
        CStudent(long id, char *name,Tsex sex,int bir,char *dep);
        ~CStudent(){}                           //析构函数
        void InputCourse();
        void PrintCStudentInfo();
private:
        char depart[20];                        //班级名
        course cj[10];                          //10门课程名与成绩
};
CStudent::CStudent()                            //无参数构造函数
{
        for(int i=0;i<10;i++)                   //课程名置为#与成绩清零,将由键盘输入
        {
                strcpy(cj[i].coursename,"#");
                cj[i].grade=0;
        }
}
CStudent::CStudent(long id, char *name,Tsex sex,int bir,char *dep):CPerson(id,name,sex,bir)
{
        strcpy(depart,dep);
        for(int i=0;i<10;i++)                   //课程名置为#与成绩清零,将由键盘输入
        {
                strcpy(cj[i].coursename,"#");
                cj[i].grade=0;
        }
}
void CStudent::InputCourse()
{
        cout<<"请输入各科成绩:(end 结束)"<<'\n';
        char coursename[20];
        int score;
        while(1)                                //输入各科成绩,输入"end"停止
        {
                cin>>coursename;                //输入格式:物理  80
                if(!strcmp(coursename,"end")) break;
                cin>>score;
                for(int i=0;i<10;i++)
                {
                        if(strcmp(cj[i].coursename,"#")==0)  //是否未使用
                        {
                                strcpy(cj[i].coursename,coursename);
                                cj[i].grade=score;
                                break;
                        }
                }
```

```cpp
        }
    }
    void CStudent::PrintCStudentInfo()
    {
        PrintCPersonInfo();
        cout<<"班级名:"<<depart<<endl;
        cout<<"该生成绩："<<endl;
        for(int i=0;i<10;i++)           //打印各科成绩
            if(strcmp(cj[i].coursename,"#")!=0)
                cout<<cj[i].coursename<<'\t'<<cj[i].grade<<'\n';
            else break;
        cout<<"---------------- "<<endl;
    }
    class CTeacher:public CPerson                //定义派生的教师类
    {
    public:
        void Input(){
        {
            cout<<"输入教师信息:"<<endl;
            CPerson::Input();
            cout<<"部门"; cin>>depart;
            cout<<"职称"; cin>>prof;
        }
        void PrintCTeacherInfo()
        {
            cout<<"输出教师信息:"<<endl;
            PrintCPersonInfo();
            cout<<"部门"<<depart<<'\t';
            cout<<"职称"<<prof<<endl;
        }
        CTeacher(){};                            //无参数构造函数
    private:
        char depart[20];                         //部门名称
        char prof[10];                           //职称
    };
    int main()
    {
        CStudent stu1(994002,"王海",man,19890423,"计算机 061");
        stu1.PrintCPersonInfo();
        CStudent stu2;
        stu2.Input();                            //输入学生信息
        stu2.PrintCStudentInfo();
        CTeacher t1;
        t1.Input();                              //输入教师信息
        t1.PrintCTeacherInfo();
```

                return 0;
        }

说明：在本例中，从基类 CPerson 派生的学生类 CStudent 中有两个构造函数，一个是无参数构造函数 CStudent()，另一个是具有 5 个参数的 CStudent(long id, char *name,Tsex sex,int bir,char *dep)构造函数，实现对学生类的新增数据成员及继承 CPerson 类数据成员的初始化。此处用 5 个参数的构造函数实现对学生对象数据成员初始化的目的主要是演示初始化表向基类 CPerson 的构造函数传递参数。

在软件实际开发中，往往需要用户从键盘输入具体数据。在 CStudent 类 Input()成员函数中为实现从基类继承的编号、姓名、性别、生日这些数据成员的输入，直接调用基类的 Input 成员函数实现。同理，为显示这些信息，调用基类的 PrintCPersonInfo()，这样可降低程序的开发复杂度。

同时，注意枚举类型数据的输入，直接 cin>>Sex 是错误的，因为根本没有合适的输入类型，所以会发生错误。枚举类型相当于定义了一个常量的集合，枚举类型在底层就是整数，所以 cin >> (int&)Sex;利用类型转换实现枚举类型变量的输入。

【例 3.14】在第 2 章综合应用案例的基础上，模拟多种银行账户类型的实现。以 Account 类作为各种账户的基类。然后用继承来创建两个专用的账户类：SavingAccount（储蓄账户）类和 CheckingAccount（信用卡账户）类，其继承关系如图 3-13 所示。

图 3.13 类的继承关系

要求：

（1）首先修改 Account 类：将 balance 属性的访问方式改为 protected，删除取款方法 withdraw()。

（2）创建 SavingAccount 类，从 Account 派生，其新特征如下。

① 储蓄账户能获得利息，增加一个属性 interestRate 表示利率。

② 随着时间的推移，储蓄账户可以获得利息，所以为 SavingAccount 类增加一个 addInterest()方法，用于把利息增加到原 balance 上。利息的计算规则为 interestRate*balance;

③ 添加取款方法，用于从当前账户中提取数量为 amount 的现金，返回值是 int 类型的值，1 对应取款成功，0 对应取款失败。

（3）创建 CheckingAccount 类，从 Account 派生，其新特征如下。

① 账户允许有透支额度，增加属性 overdraftProtection 表示最大透支额度。

② 添加取款方法，用于从当前账户中提取数量为 amount 的现金，返回值是 int 类型的值，2 对应正常取款成功，1 对应透支取款成功，0 对应取款失败。

③ 取款规则发生了改变：
- 如果当前余额足够支付要提取的金额 amount，则按照常规进行处理。
- 如果当前余额不够，但账户有透支额度，那么所差的部分作为透支处理。

透支处理规则：比较 amount（当前提款金额）和 balance（当前账户余额），若当前透支额 amount-balance>overdraftProtection，那么整个交易应该放弃，提款失败。否则提款后的 balance 应为 0，提款后的最大透支额度 overdraftProtection 应该为原有最大透支额度减去 (amount-balance)。

//参考程序

```cpp
#include<iostream>
#include<string>
using namespace std;
class Account
{
protected:
    double balance;
public:
    Account(double bl):balance(bl)
    {}
    Account()
    {
        balance=0;
    }
    double getBalance()
    {
        return balance;
    }
    void setBalance(double m)
    {
        balance=balance+m;
    }
    void deposit(double sv)
    {
        balance=balance+sv;
```

```cpp
    }
};

class SavingAccount:public Account
{
private:
    double interestRate;
public:
    SavingAccount()
    {
        interestRate=0;
        balance=0;
    }
    SavingAccount(double bl,double ir)
    {
        balance=bl;
        interestRate=ir;
    }
    void addInterest()
    {
        setBalance(balance*interestRate+balance);
    }
    double getInterestRate()
    {
        return interestRate;
    }
    void setInterestRate(double i)
    {
        interestRate=i;
    }
    int  withdraw(double sv)
    {
        if(sv<=balance){
            balance=balance-sv;
            return 1;
        }else
            return 0;
    }
};

class CheckingAccount:public Account
{
private:
    double overdraftProtection;
public:
```

```cpp
    CheckingAccount()
    {
        overdraftProtection=0;
        balance=0;
    }
    CheckingAccount(double bl,double op)
    {
        balance=bl;
        overdraftProtection=op;
    }
    double getOverdraftProtection()
    {
        return overdraftProtection;
    }
    void setOverdraftProtection(double o)
    {
        overdraftProtection=o;
    }
    int  withdraw(double sv)
    {
        if (sv<balance)
        {
            balance=balance-sv;
            return 2;
        }
        else if((sv-balance)<overdraftProtection)
        {
            overdraftProtection=overdraftProtection-sv+balance;
            balance=0;
            return 1;
        }
        return 0;
    }
};
class Customer
{
private:
    string name;
    SavingAccount sa;
    CheckingAccount ca;
public:
    Customer() {}
    Customer(string name){this->name=name;}
    string getName(){return name;}
    void   setSavingAccount(SavingAccount sa)
```

```cpp
        {
            this->sa=sa;
        }
        SavingAccount&   getSavingAccount()     //返回对象的引用
        {
            return sa;
        }
        void   setCheckingAccount(CheckingAccount ca)
        {
            this->ca=ca;
        }
        CheckingAccount&   getCheckingAccount()    //返回对象的引用
        {
            return ca;
        }
};
class Bank
{
private:
        Customer   customers[200];
        int   numberOfCustomers;
        const   string name;              //常成员
public:
        Bank():name ("CCB")
        {
            numberOfCustomers=0;
        }
        void addCustomer(string name)
        {
            Customer c1(name);
            customers[numberOfCustomers]=c1;
            numberOfCustomers++;
        }
        int getNumOfCustomers()
        {
            return numberOfCustomers;
        }
        Customer& getCustomer(int index)   //必须返回对象的引用
        {                         //否则与银行的客户数组失去联系,更改不了账户信息
            return customers[index];
        }
        string getName() const    //常成员函数
        {
            return name;
        }
```

```cpp
};
int main()
{
    double money;
    Bank bank;
    CheckingAccount    ca1(500,200);
    SavingAccount    sa1(1000,0.02);
    CheckingAccount    ca2(400,150);
    SavingAccount    sa2(2000,0.02);
    cout<<"银行为："<<bank.getName()<<endl;
    bank.addCustomer("Simms");
    bank.addCustomer("Bryant");
    bank.addCustomer("Soley");
    bank.addCustomer("Soley");
    bank.getCustomer(0).setSavingAccount(sa1);
    bank.getCustomer(0).setCheckingAccount(ca1);
    bank.getCustomer(1).setSavingAccount(sa2);
    bank.getCustomer(1).setCheckingAccount(ca2);
    bank.getCustomer(2).setSavingAccount(sa1);
    bank.getCustomer(2).setCheckingAccount(ca1);
    bank.getCustomer(3).setSavingAccount(sa2);
    bank.getCustomer(3).setCheckingAccount(ca2);
    cout<<"银行有下列客户："<<endl;
    for(int i=0;i<bank.getNumOfCustomers();i++)
    {
        Customer c=bank.getCustomer(i);
        cout<<"Customer ["<<i+1<<"] is "<<c.getName()<<endl;
    }
    cout<<"Testing Customer's Account ...\n";
    Customer c=bank.getCustomer(0);
    SavingAccount sacct=c.getSavingAccount();
    cout<<"准备测试客户"<<c.getName()<<"存款账户!\n";//测试存款账户
    cout<<"当前存款账户余额为:"<<sacct.getBalance()<<endl;
    cout<<"输入取款金额:"<<endl;
    cin>>money;
    if(sacct.withdraw(money))
        cout<<"取款成功，当前账户余额为:"<<sacct.getBalance()<<endl;
    else
        cout<<"操作失败,当前账户余额不足,账户余额为:"<<sacct.getBalance()<<endl;
    c=bank.getCustomer(1);
    CheckingAccount cacct=c.getCheckingAccount();
    cout<<"准备测试客户"<<c.getName()<<"信用卡账户!\n";    //测试信用卡账户
    cout<<"当前信用卡账户余额为:"<<cacct.getBalance()<<",可用额度为:"<<cacct.getOverdraftProtection()<<endl;
    cout<<"输入取款金额:"<<endl;
```

```
            cin>>money;
            int t;                                    //接受取款返回的结果
            t=cacct.withdraw(money);
            if(t==2)
                    cout<<"取款成功！当前账户余额为："<< cacct.getBalance()<<",当前可用透支额度为："<<cacct.getOverdraftProtection() <<"\n";
            else if(t==1)
                    cout<<"取款成功!当前账户已经透支!当前可用透支额度为:"<<cacct.getOverdraftProtection()<<"\n";
            else
                cout<<"取款失败！当前账户已经透支！当前余额为:"<<cacct.getBalance()<<",当前可用透支额度为:"<<cacct.getOverdraftProtection() <<"\n";
            return 0;
        }
```

程序运行结果：

```
银行为：CCB
银行有下列客户：
Customer [1] is Simms
Customer [2] is Bryant
Customer [3] is Soley
Customer [4] is Soley
Testing Customer's Account ...
准备测试客户 Simms 存款账户!
当前存款账户余额为:1000
输入取款金额:
500✓
取款成功，当前账户余额为:500
准备测试客户 Bryant 信用卡账户!
当前信用卡账户余额为:400,可用额度为:150
输入取款金额:
500✓
取款成功！当前账户已经透支！当前可用透支额度为:50
```

【例 3.15】 编写程序，实现某个公司的工资管理。该公司主要有四类人员：经理、技术员、销售员和销售经理。要求存储这些人员的编号、姓名，能计算各类人员的月工资并显示该员工的全部信息。他们的月收入如下。

经理：月工资固定 8500。

技术员：按每小时 150 元计算。

销售员：按当月销售额的 7%提取。

销售经理：每月固定 4000，另按其部门每月销售额的 0.5%提成。

分析：依题意设计一个基类 Employee，其中有 3 个数据成员 no（编号）、name（姓名）、salary（月工资）和成员函数 pay（计算月工资）、display（显示月工资）及构造函数。由基类 Employee 派生出经理、技术员、销售员、销售经理这 4 个类。建立各个类层次结构如图 3.14 所示。

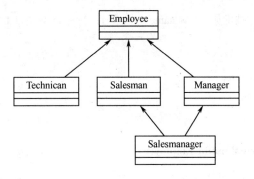

图 3.14 类层次结构

// 参考程序

```cpp
#include <string>
#include<iostream >
using namespace std;
class Employee                              //基类
{
public:
    Employee()  {
        salary = 0;
    }
    Employee(int n,char*s){
        no=n;
        strcpy(name,s);
        salary = 0;
    }
    void pay(){}                            //计算月工资
    void display(){}                        //显示月工资
protected:
    int no;                                 //编号
    char   name[10];                        //姓名
    double   salary;                        //月工资
};

class Technican:public Employee             //技术员类
{
public:
    Technican(int n,char *s):Employee(n,s)
        {hourlyrate = 150;   }              //构造函数
    void   pay()  {                         //计算月工资
        cout << "技术员：" << name << ", 月工作小时：";
        cin >> workhours;
        salary = hourlyrate * workhours;
    }
    void   display()   {                    //显示月工资
```

```cpp
            cout << "技术员：" << name << ",编号：" << no << ",月工资：" << salary << endl;
        }
    private:
        double   hourlyrate;
        int   workhours;
};


class Salesman :virtual public Employee            //销售员类
{
public:
            Salesman(int n,char *s):Employee(n,s)
            {    commrate = 0.07;    }
            Salesman()
            {    commrate = 0.07;    }
        void    pay()   {
            cout << "销售员：" << name << ", 月销售额：";
            cin >> sales;
            salary = sales * commrate;
        }
        void    display()   {
             cout << "销售员：" << name << ",编号：" << no
                     << ",月工资：" << salary << endl;
        }
protected:
        double   commrate, sales;
};
class Manager :virtual public Employee    {            //经理类
  public:
            Manager(int n,char *s):Employee(n,s)
            {   monthpay = 8500;   }
            Manager()
            {   monthpay = 8500;   }
        void    pay()    { salary = 8500; }
        void    display()    {
            cout << "经理：" << name << ",编号：" << no
                    << ",月工资：" << salary << endl;
        }
protected:
     double   monthpay;
};
class Salesmanager : public Manager, public Salesman           //销售经理类
{
public:
        Salesmanager(int n,char *s): Employee(n,s)
        {   monthpay = 4000;   commrate = 0.005; }
```

```cpp
        void  pay()  {
            cout << "销售经理:" << name <<", 部门销售额: ";
            cin >> sales;
            salary = monthpay + sales * commrate;
        }
        void  display()  {
            cout << "销售经理:" << name <<",编号:" << no <<",月工资:" << salary << endl;        }
    };
    int main()
    {
        Technican t(101,"王海");
        Manager m(103,"张锦歌");
        Salesman    s(102,"李葆");
        Salesmanager    sm(105,"付建飞");
        m.pay();            m.display();
        t.pay();            t.display();
        s.pay();            s.display();
        sm.pay();           sm.display();
        return 0;
    }
```

程序运行结果:

```
经理:张锦歌,编号:103,月工资:8500
技术员:王海,月工作小时:40✓
技术员:王海,编号:101,月工资:6000
销售员:李葆, 月销售额:50000✓
销售员:李葆,编号:102,月工资:3500
销售经理:付建飞, 部门销售额:100000✓
销售经理:付建飞,编号:105,月工资:4500
```

说明:销售经理类 Salesmanager 是从经理类 Manager 和销售员类 Salesman 派生出来的,而经理类 Manager 和销售员类 Salesman 共同派生自基类 Employee,所以采用虚基类避免 no (编号)、name(姓名)、salary(月工资)这些成员重复继承。

习题 3

一、选择题

1. 下列对派生类的描述中,错误的是_____。
(A)一个派生类可以作为另一个派生类的基类
(B)派生类至少有一个基类
(C)派生类的默认继承方式是 private
(D)派生类只继承了基类的公有成员和保护成员

2. 下列说法中错误的是_____。

(A) 公有继承时基类中的 public 成员在派生类中仍是 public 的
(B) 公有继承时基类中的 private 成员在派生类中仍是 private 的
(C) 私有继承时基类中的 public 成员在派生类中是 private 的
(D) 保护继承时基类中的 public 成员在派生类中是 protected 的

3．下列虚基类的声明中正确的是_____。

(A) class virtual B : public A

(B) virtual class B : public A

(C) class B : public A virtual

(D) class B : virtual public A

4．建立派生类对象时，3 种构造函数分别是 a（基类的构造函数）、b（成员对象的构造函数）、c（派生类的构造函数），这 3 种构造函数的调用顺序为_____。

(A) abc (B) acb
(C) cab (D) cba

二、阅读程序题

1．分析以下程序的执行结果。

```
#include<iostream>
using namespace std;
class base
{
public:
    base(){cout<<"constructing base class"<<endl;}
    ~base(){cout<<"destructing base class"<<endl;}
};
class subs:public base
{
public:
    subs(){cout<<"constructing sub class"<<endl;}
    ~subs(){cout<<"destructing sub class"<<endl;}
};
int main()
{
    subs s;
    return 0;
}
```

2．分析以下程序的执行结果。

```
#include<iostream>
using namespace std;
class base
{
    int n;
public:
```

```
        base(int a)
        {
                cout<<"constructing base class"<<endl;
                n=a;
                cout<<"n="<<n<<endl;
        }
        ~base(){cout<<"destructing base class"<<endl;}
};
class subs:public base
{
        base bobj;
        int m;
public:
        subs(int a,int b,int c):base(a),bobj(c)
        {
                cout<<"constructing sub cass"<<endl;
                m=b;
                cout<<"m="<<m<<endl;
        }
        ~subs(){cout<<"destructing sub class"<<endl;}
};
int main()
{
        subs s(1,2,3);
        return 0;
}
```
输出为：

3. 分析以下程序的执行结果。

```
#include<iostream >
using namespace std;
class A
{
private:
        int i,j;
public:
        A(int a,int b) {i=a;j=b;}
        void add(int x,int y){i+=x;j+=y;}
        void print()
        { cout<<"i="<<i<<'\t'<<"j="<<j<<endl;}
};
class B:public A
{
private:
        int x,y;
```

```cpp
    public:
        B(int a,int b,int c,int d) :A(a,b)
        {
            x=c;y=d;
        }
        void ad(int a,int b)
        {
            x+=a;   y+=b;    add(-a,-b);
        }
        void p()
        {
            A::print();
        }
        void print()
        { cout<<"x="<<x<<'\t'<<"y="<<y<<endl;}
};
int main()
{
    A a(100,200);
    a.print();
    B b(200,300,400,500);
    b.ad(50,60);
    b.A::print();
    b.print();
    b.p();
    return 0;
}
```

三、改错题

1.

```cpp
#include<iostream>
#include<string>
using namespace std;
class Student
{
public:
    Student(string a,int b,char c)
    {
        name=a;
        age=b;
        sex=c;
    }
    Student()
    {}
```

```cpp
        void print()
        {
            cout<<"name:"<<name<<"age:"<<age<<"sex:"<<sex<<endl;
        }
private:
        int age;
        string name;
        char sex;
};
class student1:public Student
{
public:
        student1(string a,int b,char c,string d):Student(a,b,c),addr(d)
        void show()
        {
            Student::print();
            cout<<"address"<<addr<<endl;
        }
private:
        string addr;
};
int main()
{
        student1 jim("Jim",18,'b',"china");
        jim.print();
        Student tom("tom",18,'b');
        tom.print();
        return 0;
}
```

2.

```cpp
#include<iostream>
using namespace std;
class A
{
protected:
        int a:
public:
        A(int x){a=x;}
};
class B : public A
{
protected:
        int b:
public:
        B(int x,int y)
```

```
            {
                b=y;
            }
            int get()
            {
                return (a+b);
            }
    };
    int main()
    {
        B obj(100,200);
        cout<<obj.get();
        return 0;
    }
```

3.

```
        #include<iostream >
        using namespace std;
        class A{
        public:
            void fun()
            {cout<<"a.fun"<<endl;}
        };
        class B{
        public:
            void fun(){cout<<"b.fun"<<endl;}
            void gun(){cout<<"b.gun"<<endl;}};
        class C:public A,public B{
        private:
            int b;
        public:
            void gun(){cout<<"c.gun"<<endl;}
        };
        int main()
        {
            C obj;
            obj.fun();
            obj.gun();
            return 0;
        }
```

四、简答题

1．叙述继承与派生的定义。什么叫单一继承？什么叫多重继承？
2．叙述基类成员经公有继承后，在派生类中访问权限的变化。叙述基类成员经私有继承后，在派生类中访问权限的变化。

3．叙述用派生类定义对象时，构造函数的调用执行过程。

五、编程题

1．设计一个圆类 circle 和一个桌子类 table，另设计一个圆桌类 roundtable，它是从前两个类派生出来的，要求输出一个圆桌的高度、面积和颜色等数据。

2．定义一个基类 Animal，由私有整型成员变量 age 构造其派生类 dog，在其成员函数 SetAge(int n)中直接给 age 赋值，看看会有什么问题？把 age 改为公有成员变量，还会有问题吗？编程试试看。

3．定义描述矩形的类 Rectangle，其数据成员为矩形的长（Length）与宽（Width）。成员函数为计算矩形面积的函数 Area()与构造函数。由矩形类派生出长方体类 Cuboid，其数据成员为长方体的高（High）与体积（Volume）。成员函数为构造函数，计算体积的函数 Vol()，以及显示长、宽、高与体积的函数 Show()。主函数中用长方体类定义长方体对象 cub，并赋初始值(10,20,30)，最后显示长方体的长、宽、高与体积。

4．定义一个车基类 vehicle，具有 MaxSpeed、Weight 等成员变量和 Run、Stop 等成员函数，由此派生出自行车类 bicycle、汽车类 motorcar。自行车类 bicycle 有高度（Height）等属性，汽车类 motorcar 有座位数（SeatNum）等属性。从 bicycle 类和 motorcar 类派生出摩托车类 motorcycle，在继承过程中，注意把 vehicle 设置为虚基类。如果不把 vehicle 设置为虚基类，会有什么问题？

第4章

多态性

多态性（Polymorphism）是面向对象程序设计的主要特征之一。多态性对于软件功能的扩展和软件复用都有重要作用，它是学习面向对象程序设计必须要掌握的主要内容之一。在这一章里通过一些简明扼要的例题介绍了运算符的重载、联编和虚函数等内容。

通过对本章的学习，读者应该重点掌握以下内容：

➢ 多态性的概念和作用，多态的实现方法。
➢ 常见运算符的重载。
➢ 静态联编和动态联编。
➢ 虚函数、虚析构函数的概念和用法。
➢ 纯虚函数和抽象基类的概念和用法。

4.1 多态性的概念

多态性（Polymorphism）是面向对象程序设计的重要特性之一，它与封装性和继承性一起构成了面向对象程序设计的三大特性。多态性是指当不同的对象收到相同的消息时，产生不同的动作。利用多态性可以设计和实现一个易于扩展的系统。

在现实生活中我们可以看到很多多态性的例子，如学校的上课铃响起的时候，不同班级的学生要去不同的教室上课，由于事先已经对各个班级的学生指定了不同教室，因此在得到同一个消息时（听到上课铃声的时候），学生们都知道去哪个教室，这就是多态性。若不利用多态性，当上课铃声响起的时候，再来对每一个学生一一指定教室，那该是一件多么繁重的体力劳动。现在利用多态性，在课前预先指定教室，就可以节省很多工作，大大提高了工作效率。

在面向对象程序设计里多态性主要体现在：向不同的对象发送同一个消息，不同的对象在接收时会产生不同的行为（即方法），也就是说，每个对象可以用自己的方式去响应共同的消息。C++支持两种形式的多态性，一种是编译时的多态性，称为静态联编。编译时的多态性是指程序在编译前就可以确定的多态性，通过重载机制来实现，重载包括函数重载和运算符重载。第二种是运行时的多态性，也称为动态联编。运行时的多态性是指必须在运行中才可以确定的多态性，是通过继承和虚函数来实现的。

4.2 运算符重载

4.2.1 运算符重载概述

在以前的学习中，C++中预定义的运算符的操作对象只能是基本数据类型，如 int 或 float 等。实际上，对于很多用户自定义的类型（如类），也需要有类似的运算操作。

例如，复数类 Complex。

```
class Complex
{
public:
    Complex () { real=image=0; }
    Complex (double r, double i)
    {
        real = r ;mage = i;
    }
    void Print();
private:
    double real, image;
};
void Complex::Print()
{
```

```
        if(image<0)    cout<<real<<image<<'i';
        else    cout<<real<<'+'<<image<<'i';
}
```

声明复数类的对象：complex c1(2.0, 3.0), c2(4.0, -2.0), c3。如果需要对 c1 和 c2 进行加法运算，"c3=c1+c2"，编译时却会出错，这是因为编译器不知道该如何完成这个加法。这时就需要编写程序来实现"+"运算符作用于 complex 类的对象，这就是运算符的重载。运算符重载是对已有运算符赋予多重含义，使同一个运算符作用于不同类型的数据时，导致相应类型的行为。

C++中运算符的重载虽然给我们设计程序带来很多的方便，但对运算符的重载时，以下的几种情况需要注意：

（1）一般来说，不改变运算符原有含义，只让它能针对新类型数据的实际需要，对原有运算符进行适当的改造。例如，重载"+"运算符后，它的功能还是进行加法运算。

（2）重载运算符时，不能改变运算符原有的优先级别，也不能改变运算符需要的操作数的数目。重载之后运算符的优先级和结合性都不会改变。

（3）不能创建新的运算符，只能重载 C++中已有的运算符。

（4）有些运算符不能进行重载。例如："."类成员运算符、".*"类成员指针访问运算符、"::"类作用域运算符、"? :"条件运算符及"sizeof"求字节数运算符。

4.2.2　运算符重载的实现

运算符重载的本质就是函数重载。在实现过程中，首先把指定的运算表达式转化为对运算符函数的调用，运算对象转化为运算符函数的实参，然后根据实参的类型来确定需要调用的函数，这个过程是在编译过程中完成的。

运算符重载（函数）的形式有两种：重载为类的成员函数和重载为类的友元函数。

1．运算符重载为类的成员函数

语法形式如下：

```
函数类型 operator 运算符（形参表）
{
    函数体;
}
```

例如，若将"+"用于上述 complex 复数类的加法运算，成员函数的原型可以是这样的：

```
complex operator+ (complex   c);
```

注意：在成员函数运算符重载中，第一操作数隐含为当前对象，所以单目运算符形参表没有参数，双目运算符形参表中的参数为第二操作数。

2．运算符重载为类的友元函数

运算符重载还可以为友元函数。当重载友元函数时，将没有隐含的参数 this 指针。这样，对双目运算符，友元函数有两个参数，对单目运算符，友元函数有一个参数。

语法形式如下:

    friend 函数类型 operator 运算符(形参表)
    {
        函数体;
    }

运算符重载为友元函数时,要在函数类型说明之前使用 friend 关键词来说明。

例如,想将"+"用于 complex 复数类的加法运算时,友元函数的原型是这样的:

    friend complex operator+ (complex c1,complex c2);

以上两种格式中,函数类型指定了运算符重载函数的返回值类型,operator 是定义运算符重载函数的关键字,运算符给定了要重载的运算符名,必须是 C++中可重载的运算符,形参表中给出重载运算符所需要的参数和类型。形参常为参加运算的对象或数据。

说明:

当运算符重载为类的成员函数时,函数的参数个数比原来的运算符个数要少一个(隐含了一个参数,该参数是 this 指针);当重载为类的友元函数时,参数个数与原运算符的个数相同。

在多数情况下,将运算符重载为类的成员函数和类的友元函数都是可以的,但成员函数运算符与友元函数运算符也具有各自的一些特点:

(1)一般情况下,单目运算符最好重载为类的成员函数;双目运算符则最好重载为类的友元函数。

(2)以下一些双目运算符不能重载为类的友元函数:=、()、[]、->。

(3)类型转换函数只能定义为一个类的成员函数而不能定义为类的友元函数。

(4)若一个运算符的操作需要修改对象的状态,则选择重载为成员函数较好。

(5)若运算符所需的操作数(尤其是第一个操作数)希望有隐式类型转换,则只能选用友元函数。

(6)当运算符函数是一个成员函数时,最左边的操作数(或者只有最左边的操作数)必须是运算符类的一个类对象(或者是对该类对象的引用)。如果左边的操作数必须是一个不同类的对象,或者是一个内部类型的对象,则该运算符函数必须作为一个友元函数来实现。

(7)当需要重载运算符具有可交换性时,选择重载为友元函数。

4.2.3 单目运算符重载

类的单目运算符可重载为一个没有参数的非静态成员函数或者带有一个参数的非成员函数,参数必须是用户自定义类型的对象或者是对该对象的引用。在 C++中,单目运算符有++和--,它们是变量自动增 1 和自动减 1 的运算符。在类中可以对这两个单目运算符进行重载。

如同"++"运算符有前缀、后缀两种使用形式,"++"和"--"重载运算符也有前缀和后缀两种运算符重载形式,以"++"重载运算符为例,其语法格式如下:

    函数类型 operator ++();   //前缀运算
    函数类型 operator ++(int);   //后缀运算

使用前缀运算符的语法格式如下:

++对象；

使用后缀运算符的语法格式如下：

对象++；

使用运算符前缀时，对对象（操作数）进行增量修改，然后再返回该对象，所以前缀运算符操作时，参数与返回的是同一个对象。这与基本数据类型的运算符前缀类似，返回的也是左值。

使用运算符后缀时，必须在增量之前返回原有对象值。为此，需要创建一个临时对象，存放原有对象，以便对操作数（对象）进行增量修改时保存最初的值。运算符后缀操作时返回的是原有对象值，而不是原有对象，原有对象已经被增量修改，所以返回的应该是存放原有对象值的临时对象。

【例 4.1】 重载单目运算符"++"。

```cpp
#include<iostream>
using namespace std;
class Counter
{
   public:
      Counter(int i=0){ v=i;}
      Counter operator ++();           //前置单目运算符
      Counter operator ++(int);        //后置单目运算符
      void Display(){cout<<v<<endl;}
   private:
      int v;
};
Counter Counter::operator ++()    //前置单目运算符
{
    ++v;
    return *this;
}
Counter Counter::operator ++(int)   //后置单目运算符
{
    Counter t;
    t.v=v++;
    return t;
}
int main()
{
    Counter c1(5),c2(5),c3,c4;
    c3 = c1++;    //后置单目运算符
    cout<<"c3=";
    c3.Display();
    c4 = ++c2;    //前置单目运算符
```

```
        cout<<"c4=";
        c4.Display();
        return 0;
    }
```

运行结果：

```
c1=5
c2=6
```

4.2.4 双目运算符重载

双目运算符就是运算符作用于两个操作数。下面对"+"运算符重载来学习一下双目运算符重载的应用。

【例4.2】 定义一个复数类，重载"+"运算符为复数类的成员函数，使这个运算符能直接完成两个复数的加法运算，以及一个复数与一个实数的加法运算。

```cpp
#include <iostream>
using namespace std;
class Complex
{
public:
    Complex (double r = 0, double i= 0)
    {
        real = r;
        image = i;
    }
    void Print();
    Complex operator + (Complex    complex);
private:
    double real, image;
};
void Complex::Print()
{
    if(image<0)
        cout<<real<<image<<'i';
    else
        cout<<real<<'+'<<image<<'i';
    cout<<endl;
}
Complex Complex::operator + (Complex complex)
{
    Complex t;
    t.real=real+complex.real;
    t.image=image+complex.image;
    return t;
```

```cpp
}
int main()
{
    Complex c1(25,50),c2(100,200),c3;
    cout<<"c1=";
    c1.Print();
    cout<<"c2=";
    c2.Print();
    c3=c1+c2;          //c3=(25+50i)+(100+200i)=125+250i
    cout<<"c3=c1+c2=";
    c3.Print();
    c1=c1+200;         //c1=25+50i+200=225+50i
    cout<<"c1=";
    c1.Print();
    return 0;
}
```

运行结果：

```
c1=25+50i
c2=100+200i
c3=c1+c2=125+250i
c1=225+50i
```

程序中出现的表达式：c1+c2

编译程序将给解释为：c1.operator+(c2)

其中，c1 和 c2 是 Complex 类的对象。operator+()是运算符 "+" 的重载函数。该运算符重载仅有一个参数 c2。可见，当运算符重载为类的成员函数时，双目运算符仅有一个参数，其实质是隐含了一个参数，该参数是 this 指针。this 指针是指向调用该成员函数对象的指针。

例如：c1+c2 编译程序解释为 c1.operator+(c2)，this 指针指向 c1。

【例 4.3】 重载 "+" 运算符为复数类的友元函数，使这个运算符能直接完成两个复数的加法运算，以及一个复数与一个实数的加法运算。

```cpp
#include <iostream>
using namespace std;
class Complex
{
    public:
        Complex(double r=0, double i=0)
        {
            real = r; image = i;
        }
        friend Complex operator +(const Complex &c1, const Complex &c2);
        friend void Print(const Complex &c);
    private:
```

```cpp
        double real, image;
};
Complex operator +(const Complex &c1, const Complex &c2)
{
        return Complex(c1.real + c2.real, c1.image + c2.image);
}
void Print(const Complex &c)
{
        if(c.image<0)
             cout<<c.real<<c.image<<'i';
        else
             cout<<c.real<<'+'<<c.image<<'i';
             cout<<endl;
}
int main()
{
        Complex c1(2.0, 3.0), c2(4.0, -2.0), c3;
        c3 = c1 + c2;
        cout<<"c1+c2=";
        Print(c3);
        c3 = c1 + 5 ;
        cout<<"c1+5=";
        Print(c3);
        return 0;
}
```

运行结果：

```
c1+c2=6+1i
c1+5=7+3i
```

【例 4.4】 日期类 date 中采用友元形式重载 "+" 运算符，实现日期加上一个天数，得到新日期。

```cpp
#include<iostream>
using namespace std;
static int mon_day[]={31,28,31,30,31,30,31,31,30,31,30,31 };
class CDate
{
  public:
    CDate (int m=0,int d=0,int y=0)
    {
       month=m;day=d;year=y;
    }
    void Display()
    {
       cout <<month<<"/"<<day<<"/"<<year<<endl;
```

```cpp
        }
        friend CDate operator + (int d, CDate dt);    //友元形式重载"+"运算符
        friend CDate operator + (CDate dt, int d);    //友元形式重载"+"运算符  满足交换律
    private:
        int month,day,year;
};
CDate operator + (int d, CDate dt)              //重载"+"运算符
{
    dt.day=dt.day+d;
    while(dt.day>mon_day[dt.month-1])
    {
       dt.day-=mon_day[dt.month-1];
       if(++dt.month==13){ dt.month=1; dt.year++;}
    }
    return dt;
}
CDate operator + (CDate dt, int d);     //友元形式重载"+"运算符  满足交换律
{
    return (d+dt);
}
int main()
{
    CDate olddate(2,20,99);
    CDate newdate;
    newdate=21+olddate;
    newdate.Display();
    newdate= olddate+20;      //满足交换律
    newdate.Display();
    return 0;
}
```

运行结果：

3/13/99

3/12/99

4.2.5 赋值运算符重载

在 C++中有两种类型的赋值运算符：一类是"+="和"-="等先计算后赋值的运算符；另一类是"="即直接赋值的运算符。下面分别进行讨论。

1．运算符"+="和"-="的重载

对于标准数据类型，"+="和"-="的作用是将一个数据与另一个数据进行加法或减法运算后再将结果回送给赋值号左边的变量。对它们重载后使其实现其他相关功能。

【例4.5】 实现复数类"+="和"-="的重载。

```cpp
#include<iostream>
using namespace std;
class Complex
{
public:
    Complex(double r,double i)
    {
        real=r;image=i;
    }
    Complex operator -=(Complex& t);
    Complex operator +=(Complex& t);
    Print();
private:
    double real,image;
};
Complex Complex::operator -=(Complex& t)
{
    real-=t.real;
    image-=t.image;
    return *this;
}
Complex Complex::operator +=(Complex& t)
{
    real+=t.real;
    image+=t.image;
    return *this;
}
Complex::Print()
{
    if(image<0)
        cout<<real<<image<<'i';
    else
        cout<<real<<'+'<<image<<'i';
    cout<<endl;
}
int main()
{
    Complex c1(5.0,3.0),c2(2.1,1.8),c3(5.3,4.2);
    c1-=c2;
    cout<< " c1= " ;
    c1.Print();
    c3+=c2;
    cout<< " c3= " ;
```

```
            c3.Print();
            return 0;
        }
```

运行结果为：

```
c1=2.9+1.2i
c3=7.4+6i
```

说明："+="和"-="的运算符重载函数返回的都是*this，this指针的含义是当前对象的指针，所以*this是当前对象本身，故返回的是当前对象（即一个复数对象）。

2．运算符"="的重载

赋值运算符"="的原有含义是将赋值号右边表达式的结果复制给赋值号左边的变量，通过运算符"="的重载将赋值号右边对象的数据依次复制到赋值号左边对象的数据中。在默认情况下，系统会为每一个类自动生成一个同类对象之间的简单赋值运算，所谓简单赋值就是同类对象之间逐位赋值。

但是当一个类包含指针等不能简单复制的资源时，需要重写赋值操作，这时系统原有的赋值操作将不再有效，这点类似于拷贝构造函数，一般来说，如果需要，拷贝构造函数和复制操作要同时重写。

重写赋值运算要保持和原"="的语义一致，同时应注意，函数的返回值类型必须是该类的引用类型，函数实现中，应防止对象自己给自己赋值，见例4.6重载赋值函数的第一句。

【例4.6】 实现"="运算符重载的示例。

```cpp
#include<iostream>
#include<string.h>
using namespace std;
class CMessage
{
public:
    CMessage( ) :buffer(NULL)
    {}
    ~CMessage( )
    {
      if(buffer)
        delete [ ] buffer;
    }
    void Set(const char* str)
    {
        if (buffer)
            delete[] buffer;
        buffer = new char[strlen(str) + 1];
        strcpy(buffer, str);
    }
    void Display( )
    {
```

```
            if(buffer)
                cout<<buffer<<endl;
        }
        CMessage&   operator=(const CMessage& Message)// 此处一定要返回对象的引用
        {
            if( this == &Message)    //防止同对象之间赋值
                return  *this;
            if(buffer)
                delete [ ] buffer;
            buffer= new char[strlen(Message.buffer)+1];
            strcpy(buffer, Message.buffer);
            return *this;
        }
    private:
        char *buffer;
};
int main( )
{
    CMessage c1;
    c1.Set("initial c1 message");
    c1.Display( );
    CMessage c2;
    c2.Set("initial c2 message");
    c2.Display( );
    c1=c2;
    c1.Display( );
    return 0;
}
```

运行结果：

```
initial c1 message
initial c2 message
initial c2 message
```

说明：在主函数中定义了 c1, c2 对象，c1 和 c2 对象各有一个自己的指针数据成员 buffer，执行 c1=c2;语句时，如果没有对赋值运算符重载，则 c1 中的指针数据成员 buffer 指向 c2 中的指针数据成员 buffer 指向的内存堆空间，从而导致 c1 和 c2 对象撤销时，c2 中的指针数据成员 buffer 指向的内存堆空间被释放两次，从而运行出现错误，所以在赋值运算符重载时重新申请内存堆空间，且赋值的是指向的内容而不是地址。

4.2.6 下标运算符[ ]重载

下标运算符 "[ ]" 通常用于在数组中标识数组元素的位置，下标运算符重载可以实现数组数据的赋值和取值。下标运算符重载函数只能作为类的成员函数，而不能作为类的友元函数。

下标运算符"[ ]"重载的一般形式为：

函数类型 operator[ ]（形参表）；

其中形参表为该重载函数的参数列表。重载下标运算符只能且必须带一个参数，该参数给出下标的值。

由于正常数组下标操作后也可以作为左值，如 a[2]=5；为保证重载的下标操作符合该语义，返回类型要采用引用方式。另外需要注意的是对于越界的处理。

【例4.7】 定义一个字符数组类，其中对下标运算符"[ ]"进行重载。

```cpp
#include <iostream>
#include <string.h>
using namespace std;
class MyCharArray
{
public:
    MyCharArray(char *s)
    {
        str=new char[strlen(s)+1];
        strcpy(str,s);
        len=strlen(s);
    }
    ~MyCharArray()
    {
        delete []str;
    }
    char & operator[](int n)   //注意：这里返回值为引用
    {
        static char ch=0;
        if(n>len-1)
        {
            cout<<"整数下标越界";
            return ch;
        }
        else
            return *(str+n);
    }
    void Disp()
    {
        cout<<str<<endl;
    }
private:
    int len;
    char *str;
};
int main()
{
    MyCharArray word("This is a C++ program.");
```

```
        word.Disp();
        cout<<"位置 0: " <<word[0]<<endl;
        cout<<"位置 15:" <<word[15]<<endl;
        cout<<"位置 25:" <<word[25]<<endl;
        word[0]='t';
        word.Disp();
        return 0;
    }
```

运行结果：

> This is a C++ program.
> 位置 0:T
> 位置 15:r
> 位置 25:整数下标越界
> this is a C++ program.

说明：

（1）在重载下标[ ]运算符函数中，其返回值 char 型引用。这是因为该类的一个对象 word 即是一个数组，而 word[0]可能出现在赋值语句的左端，所以这种规定是必要的。

（2）在重载下标[ ]运算符函数中，首先检查函数参数 n 的范围，当它超出范围发出一个信息，并返回一个 static 整数的引用时，可以避免修改内存区的内容。

4.2.7 关系运算符重载

关系运算符也可以被重载，例如，定义一个日期类 Date，重载运算符"=="和"<"用于两个日期的等于和小于的比较运算。

【例 4.8】 日期类重载关系运算符"=="、"<"和">"。

```
        #include<iostream>
        using namespace std;
        class Date
        {
          private:
              int month,day,year;
          public:
              Date(int m,int d,int y)
              {
                  month=m;day=d;year=y;
              }
              void Display()
              {
                  cout <<month<<"/"<<day<<"/"<<year;
              }
              friend int operator <(const Date& t1, const Date&t2)
              {
                  if(t1.year<t2.year)
```

```
                    return 1;
                else if(t1.month<t2.month && t1.year==t2.year)
                    return 1;
                else if(t1.day<t2.day&&t1.month==t2.month && t1.year==t2.year)
                    return 1;
                else
                    return 0;
            }
            friend int operator ==(Date& t1,Date&t2)
            {
                if(t1.day==t2.day && t1.year==t2.year && t1.month==t2.month)
                    return 1;
                else
                    return 0;
            }
            friend int operator >(Date& t1, Date& t2)
            {
                return t2<t1;
            }
    };
    int main()
    {
        Date date1(11,25,90),date2(11,22,90);
        if(date1<date2)
        {
            date1.Display(); cout<< "is less than "; date2.Display();
            cout<<endl;
        }
        else if(date1==date2)
        {
            date1.Display(); cout<<" is equal to "; date2.Display();
            cout<<endl;
        }
        else if(date1>date2)
        {
            date1.Display(); cout<<" is more than "; date2.Display();
            cout<<endl;
        }
        return 0;
    }
```

运行结果：

```
10/25/90is less than11/22/90
```

说明：

对于大于">"运算符的重载，可以利用已经重载过的"<"运算符的重载，只需将参数的顺序颠倒过来，这在关系运算符的重载中经常用到。

4.2.8 类型转换运算符重载

类型转换运算符重载函数的格式如下：

  operator 类型名()
  {
    函数体;
  }

与以前的重载运算符函数不同的是，类型转换运算符重载函数没有返回类型，因为类型名就代表了它的返回类型，而且也没有任何参数。在调用过程中要带一个对象实参。

实际上，类型转换运算符将对象转换成类型名规定的类型转换时的形式就像强制转换一样。如果没有转换运算符定义，直接用强制类型转换是不行的，因为强制类型转换只能对标准数据类型进行操作，对类类型的操作是没有定义的。

另外，转换运算符重载的缺点是无法定义其类对象运算符操作的真正含义，因为只能进行相应对象成员数据和一般数据变量的转换操作。

【例 4.9】实现人民币 Money 与 double 的转换。在主函数中将 double 数分别显式和隐式转换成 Money 对象。

```cpp
#include<iostream>
using namespace std;
class Money                    //人民币类
{
  public:
    Money(double value=0.0)
    {
        yuan =(int)value;
        fen = (value-yuan)*100+0.5;
    }
    void Show()
    {
        cout<<yuan<< "元"    <<fen<< "分" <<endl;
    }
    operator double ()          //类型转换运算符重载函数
    {
        return yuan+fen/100.0;}
private:
    int yuan, fen;
};
int main()
{
    Money r1(1.01),r2(2.20);
    Money r3;
    r3 = Money(double(r1)+double(r2) );   //显式转换类型
```

```
            r3.Show();
            r3=r1+2.40;      //隐式转换类型
            r3.Show();
            r3 =2.0-r1;      //隐式转换类型
            r3.Show();
            return 0;
        }
```

运行结果：

```
3 元 21 分
3 元 41 分
0 元 99 分
```

说明：

（1）double(r1)+double(r2)是显式转换类型，C++系统处理成 r1.operator double()实现将 r1 对象转换成实数值。

（2）r3=r1+2.40 语句中由于"+"运算符两侧的类型不一致，系统根据"+"运算符可实现 double 类型相加，寻找类型转换运算符重载函数将 r1 转换成 double 类型，从而+运算得到 double 型结果值。当赋值给 Money 对象 r3 时，通过 Money(double value=0.0)构造函数（也称为转换构造函数）将 double 类型转换为 Money 对象再赋值给 r3。

4.2.9 函数对象

函数对象重载语法如下：
返回类型　operator　()(参数类型)
注意该语法与类型转换运算符的区别。
函数对象重载后，可以使对象像函数的方式使用，所以又称为仿函数。
如下例所示。

【例 4.10】 函数对象例子。

```
    using namespace std;
    class A
    {
    public:
        A():_n(0)
        {}
        int operator()(const int nn)
        {
            _n = nn + _n;
            return _n;
        }
    private:
        int _n;
    };
```

```cpp
int main()
{
    A a;
    cout << "First:"<<a(5)<<endl;
    cout << "Second:" << a(5) << endl;
    return 0;
}
```

输出：

> First:5
> Second:10

可以看到，仿函数有如下特点：
（1）对象作为函数方式调用。
（2）仿函数是有状态的。
（3）每个函数是有类型的，适用于模板中调用。

正是有这些特点，在 C++标准库 STL 及其后备库 boost 中，对函数的处理主要采用仿函数方式，因此要灵活使用 C++必须掌握仿函数的定义和使用。

4.3 联编和虚函数

4.3.1 静态联编和动态联编

面向对象的多态性从实现的角度来讲，可以分为静态多态性和动态多态性两种。在源程序编译的时候就能确定具有多态性的语句调用哪个函数，称为静态联编。对于重载函数的调用就是在编译的时候确定具体调用哪个函数，所以属于静态联编。

从对静态联编的上述分析中可以知道，编译程序在编译阶段并不能确切知道将要调用的函数，只有在程序执行时才能确定将要调用的函数，为此要确切知道该调用函数，要求联编工作要在程序运行时进行，这种在程序运行时进行联编工作被称为动态联编，或称为动态束定，又叫晚期联编。

4.3.2 虚函数的引入

在引入虚函数的概念之前，首先来介绍下面的一个例子。
【例 4.11】虚函数的引例。

```cpp
#include <iostream>
using namespace std;
const double PI=3.14159;
class CPoint
{
    public:
```

```cpp
            CPoint(double x, double y)
            {
                this->x=x;
                this->y=y;
            }
            double area( )
            {
                return 0;
            }
        private:
            double x,y;
};

class CCircle : public CPoint
{
    public:
        CCircle(double x, double y,double radius) : CPoint(x,y)
        {
            this->radius = radius;
        }
        double area( )
        {
            return PI*radius*radius;
        }
    private:
        double radius;
};
int main()
{
    CPoint point(3.0,4.0);
    CCircle circle(5.0,6.0,10);
    cout<<"area of CPoint is "<<point.area()<<endl;
    cout<<"area of CCircle is "<<circle.area()<<endl;
    CPoint *ptr_point=&point;
    cout<<"area of ptr_point is "<<ptr_point->area()<<endl;
    CCircle *ptr_circle=&circle;
    cout<<"area of ptr_circle is "<<ptr_circle->area()<<endl;
    ptr_point=&circle;
    cout<<"area of CCircle is "<<ptr_point->area()<<endl;
    return 0;
}
```

程序的执行结果为：

area of CPoint is   0
area of CCircle is   314.159

```
area of CPoint is    0
area of CCircle is   314.159
area of CCircle is   0
```

程序的解释如下。

编译器的解释是，point.area()表达式告诉编译器，它调用的是对象 point 的成员函数 area()，输出结果为 0。同样，对象 circle .area()表达式告诉编译器，它调用的是对象 circle 的成员函数 area()，输出结果为 314.159。声明的基类指针 ptr_point 只能指向基类，派生类指针 ptr_circle 只能指向派生类，它们的原始类型决定了它们只能调用各自的同名函数 area。除非派生类没有基类的同名函数，派生类的指针才根据继承原则调用基类的函数，但这已经脱离给定的条件。对于程序中的如下代码段：

```
ptr_point=&circle;
cout<<"area of CCircle is "<<ptr_point->area()<<endl;
```

如果让编译器动态联编，也就是在编译"ptr_point=&circle;"语句时，只根据兼容性规则检查它的合理性，也就是符合"派生类对象的地址可以赋给基类的指针"。

至于"ptr_point->area()"调用哪个函数，等程序运行到这里时再决定。说到底，想让程序给出如下输出：

```
area of CPoint is    0
area of CCircle is   314.159
area of CPoint is    0
area of CCircle is   314.159
area of CCircle is   314.159
```

为了实现这一目的，就要使类 CPoint 的指针 ptr_point 指向派生类 Ccircle 的成员函数 area 的地址。显然，目前是做不到的。必须给这两个函数一个新的标识符，以便使它们与目前介绍的成员函数区别开来。

假设使用关键字 virtual 声明 CPoint 类的 area 函数，则将这种函数称为虚函数。下面是使用内联函数完成的定义：

```
virtual double area( ) {   return   0.0;   }
```

当编译系统编译含有虚函数的类时，为它建立一个虚函数表，表中的每一个元素都指向一个虚函数的地址。此外，编译器也为类增加一个数据成员，这个数据成员是一个指向该虚函数表的指针，通常称为 vptr。CPoint 只有一个虚函数，所以虚函数表里也只有一项。图 4.1 虚拟表给出它的对象示意图。

如果派生类 CCircle 没有重写这个 area 虚函数，则派生类的虚函数表里的元素所指向的地址就是基类 CPoint 的虚函数 area 的地址，即派生类仅继承基类的虚函数，它调用的也是基类的 area 函数。现在将它改写如下：

```
virtual double area( ){ return PI*radius*radius; }
```

这时，编译器也将派生类虚函数表里的元素指向 CCircle::area()，即指向派生类 area 函数的地址。

图 4.1 虚函数和虚拟表示意图

由此可见，虚函数的地址翻译取决于对象的内存地址。编译器为含有虚函数类的对象首先建立一个入口地址，这个地址用来存放指向虚函数表的指针 vptr，然后按照类中虚函数的声明次序，顺序填入函数指针。

当调用虚函数时，先通过 vptr 找到虚函数表，然后再找出虚函数的真正地址。

派生类能继承基类的虚函数表，而且只要是和基类同名的（参数也相同）成员函数，无论是否使用 virtual 声明，它们都自动成为虚函数。

如果派生类没有改写继承基类的虚函数，则函数指针调用基类的虚函数。如果派生类改写了基类的虚函数，编译器将重新为派生类的虚函数建立地址，则函数指针调用这个改写过的虚函数。如图 4.1 所示，ptr_point->arear 调用的是 CCircle::area()。这种多态也称为动态联编或迟后联编，因为到底调用哪一个函数，在编译时不能确定，而要推迟到运行时确定。也就是说，要等到程序运行时，确定了指针所指向对象的类型时才能够确定。在 C++语言中，是通过将一个函数定义成虚函数来实现运行时的多态的。

4.3.3 虚函数的定义

虚函数是实现多态性的基础。一旦基类定义了虚函数，则该基类的派生类中的同名函数也自动成为虚函数。

为实现某种功能而假设的函数称为虚函数。虚函数只能是类中的一个成员函数，但不能是静态成员，关键字 virtual 用于类中该函数的声明中。定义虚函数的方法如下：

```
virtual 函数类型 函数名（形参表）
{
    函数体
}
```

当在派生类中定义了一个同名的成员函数时，只要该成员函数的参数个数和相应类型及它的返回类型与基类中同名虚函数完全一样（如上例中的 void area(void) 函数），则无论是否为该成员函数使用 virtual，它都将成为一个虚函数。

在上节例子中，基类 CPoint 声明成员函数 area 为"virtual void area(void);"，则派生类 CCircle 中的 area 函数自动成为虚函数。

由虚函数的定义可知，只需要在成员函数原型前加一个关键字 virtual 即可将一个成员函数说明为虚函数，对于编译器来讲，它的作用是告诉编译器，这个类含有虚函数，对于这个函数不使用静态联编，而是使用动态联编机制。编译器会按照动态联编的机制进行一系列工作。

【例 4.12】 对于上面的例子，把基类的成员函数定义为虚函数，分析运行结果。

```cpp
#include <iostream>
using namespace std;
const double PI=3.14159;
class CPoint
{
    public:
    CPoint(double x, double y)
    {
        this->x=x;
        this->y=y;
    }
    virtual double area( )
    {
        return 0;
    }
    private:
    double x,y;
};
class CCircle : public CPoint
{
    public:
    CCircle(double x, double y,double radius) : CPoint(x,y)
    {
        this->radius = radius;
    }
    double area( )
    {
        return PI*radius*radius;
    }
    private:
        double radius;
};
int main()
{
    CPoint point(3.0,4.0);
    CCircle circle(5.0,6.0,10);
    cout<<"area of CPoint is "<<point.area()<<endl;
    cout<<"area of CCircle is "<<circle.area()<<endl;
    CPoint *ptr_point=&point;
    cout<<"area of ptr_point is "<<ptr_point->area()<<endl;
```

```
            CCircle *ptr_circle=&circle;
            cout<<"area of ptr_circle is "<<ptr_circle->area()<<endl;
            ptr_point=&circle;
            cout<<"area of CCircle is "<<ptr_point->area()<<endl;
            return 0;
        }
```

程序的运行结果为：

```
        area of CPoint is    0
        area of CCircle is   314.159
        area of CPoint is    0
        area of CCircle is   314.159
        area of CCircle is   314.159
```

从上面的结果我们确实看到：如果派生类中有与基类同名的成员函数，并且基类指针指向派生类的对象，那么基类指针调用的函数是派生类的函数。

4.3.4 动态联编的工作机制

动态联编到底是如何工作的呢，接下来结合上面的例子对动态联编的机制进行分析。

编译器在执行过程中遇到 virtual 关键字的时候，将自动安装动态联编需要的机制，首先为这些包含 virtual 函数的类（注意不是对象）建立一张虚拟函数表 VTABLE。在这些虚拟函数表中，编译器将依次按照函数声明次序放置类的特定虚函数的地址。同时在每个带有虚函数的类中放置一个称为 vpointer 的指针，简称 vptr，这个指针指向这个类的 VTABLE。如果一个基类的成员函数定义为虚函数，那么它在所有派生类中也保持为虚函数，即使在派生类中省略了 virtual 关键字。

编译器在每个类中放置一个 vptr，一般置于对象的起始位置，继而在对象的构造函数中将 vptr 初始化为本类的 VTABLE 的地址。

C++编译程序时按下面的步骤进行工作：

（1）为各类建立虚拟函数表，如果没有虚函数则不建立。
（2）暂时不连接虚函数，将各个虚函数的地址放入虚拟函数表中。
（3）直接连接各静态函数。

所有基类的派生类虚拟函数表的顺序与基类的顺序一样，对于基类中不存在的方法再按照声明次序进行排放。

关于虚函数有以下几点说明：

（1）当基类中把成员函数定义为虚函数后，要达到动态联编的效果，派生类和基类的对应成员函数不仅名字要相同，返回类型、参数个数和类型也必须相同，否则不能实现运行时多态。

（2）基类中虚函数前的 virtual 不能省略，派生类中虚函数的 virtual 关键字可以省略，默认后仍为虚函数。

（3）运行时多态必须通过基类对象的引用或基类对象的指针调用虚函数才能实现。

（4）虚函数必须是类的成员函数，不能是友员函数，也不能是静态成员函数。

（5）不能将构造函数定义为虚函数，但可将析构函数定义为虚函数。

4.3.5 虚析构函数

在 C++中，不能声明虚构造函数，因为在构造函数执行时，对象还没有完全构造好，不能按虚函数方式进行调用，但是可以声明虚析构函数，如果用基类指针指向一个 new 生成的派生类对象，通过 delete 作用于基类指针删除派生类对象时，有以下两种情况：

（1）如果基类析构函数不为虚析构函数，则只会调用基类的析构函数，而派生类的析构函数不会被调用，因此派生类对象中派生的那部分内存空间无法被析构释放。

（2）如果基类析构函数为虚析构函数，则释放基类指针的时候会调用基类和派生类中的所有析构函数，派生类对象中所有的内存空间都将被释放，包括继承基类的部分，所以 C++中的析构函数通常是虚析构函数。

在析构函数前面加上关键字 virtual 进行说明，称该析构函数为虚析构函数。

虚析构函数的声明语法为：

  virtual ~类名();

可以通过下面一个例题来学习一下虚析构函数的用法和作用。

【例 4.13】 虚析构函数的用法和作用示例。

```cpp
#include <iostream>
#include <String.h>
using namespace std;
class CEmployee
{
    public:
    CEmployee(char *Name, int Age);
    virtual    ~CEmployee();
    private:
    char *name;
    int age;
};
CEmployee::CEmployee(char *Name, int Age)
{
  name=new char[strlen(Name)+ 1 ];
  strcpy(name, Name);
  age = Age;
}
CEmployee::~CEmployee()
{
  cout << "Destruct CEmployee" << endl;
  if(name)
  {
    delete []name;
  }
```

```cpp
}
class CTeacher : public CEmployee
{
    public:
    CTeacher(char *Name, char *Course, int Age);
    //virtual
    ~CTeacher();              //由于基类已定义虚析构函数,此处也可不加 virtual
    private:
    char *course;             // 教师教授的课程
};
CTeacher::CTeacher(char *Name, char * Course, int Age) : CEmployee(Name,Age)
{
    course = new char[strlen(Course)+1];
    strcpy(course, Course);
}
CTeacher::~CTeacher()
{
    cout << "Destruct CTeacher" << endl;
    if(course)
        delete []course;
}

int main(void)
{
    CEmployee *p[3];
    p[0] = new CEmployee("lihua", 20);   // 指向父类指针 CEmployee,指向自身对象
    p[1] = new CTeacher("liuming"," C++ ",26);      //指向父类指针 CEmployee,指向其派生类对象
    p[2] = new CTeacher("liming"," Data structure ",30);  //指向父类指针 CEmployee,指向其派生
                                                          //类对象
    for(int i=0; i<3; i++)
        delete p[i];         //删除指向父类的指针 CEmployee
    return 0;
}
```

运行结果:

```
Destruct Cemployee
Destruct CTeacher
Destruct Cemployee
Destruct CTeacher
Destruct Cemployee
```

如果父类 CEmployee 的析构函数没有声明为 virtual,则程序的输出结果为:

```
Destruct Cemployee
Destruct Cemployee
Destruct Cemployee
```

请读者自行分析程序的输出结果。

4.4 纯虚函数和抽象类

4.4.1 纯虚函数

在许多情况下，在基类中无法为虚函数给出一个有意义的定义，这时可以将它说明为纯虚函数。例如，在本章的例 4.11 程序中点没有面积，可以说明为：

  virtual double area( )=0;

这就将函数 double area()声明为一个纯虚函数（pure virtual function），把它的具体定义留给派生类来做。

纯虚函数是在声明虚函数时被"初始化"为 0 的函数。纯虚函数只有函数的名字而不具备函数的功能，不能被调用。它只是通知编译系统："在这里声明一个虚函数，留待派生类中定义"。在派生类中对此函数提供定义后，它才能具备函数的功能，可被调用。

纯虚函数的作用是在基类中为其派生类保留一个函数的名字，以便派生类根据需要对它进行定义。如果在基类中没有保留函数名字，则无法实现多态性。

在 C++中，对于那些在基类中不需要定义具体行为的函数，可以定义为纯虚函数。

声明纯虚函数的一般形式为：

  class 类名
  {
    virtual 类型 函数名(参数表)=0; //纯虚函数
    ...
  };

注意：

（1）纯虚函数没有函数体。

（2）最后面的"=0"并不表示函数返回值为 0，它只起形式上的作用，告诉编译系统"这是纯虚函数"。

（3）这是一个声明语句，最后应有分号。

（4）如果在一个类中声明了纯虚函数，而在其派生类中没有对该函数进行定义，则该虚函数在派生类中仍然为纯虚函数。

4.4.2 抽象类

如果一个类中至少有一个纯虚函数，那么这个类被称为抽象类（abstract class），因此抽象类的定义是基于纯虚函数的。

抽象类中不仅包括纯虚函数，也可包括虚函数。抽象类中的纯虚函数可能是在抽象类中定义的，也可能是从它的抽象基类中继承下来且重定义的。

抽象类有一个重要特点，即抽象类必须用作派生其他类的基类，而不能用于直接创建对象实例。抽象类不能直接创建对象的原因是其中有一个或多个函数没有被定义，但仍可使用指向抽象类的指针支持运行时的多态性。

一个抽象类不可以用来创建对象，只能用来为派生类提供一个接口规范，派生类中必须重载基类中的纯虚函数，否则它仍将被看作一个抽象类。如果要直接调用抽象类中定义的纯虚函数，则必须使用完全限定名。

抽象类定义的一般形式为：

```
class 类名
{
    public:
        virtual <返回值类型> 函数名(参数表) = 0;
        其他函数的声明;
    ......
};
```

在使用抽象类的时候，有下面三种情况需要注意：
（1）抽象类只能用作其他类的基类，抽象类不能建立对象。
（2）抽象类不能用作函数参数类型、函数返回值类型或显式转换的类型。
（3）可以声明抽象类的指针和引用。如果在抽象类的构造函数中调用了纯虚函数，那么结果是不确定的。

【例4.14】抽象类示例。

```
#include <iostream>
using namespace std;
class CPerson                        //抽象基类
{
    public:
    virtual void PrintInfo()         //基类中的函数
    {
        cout<<"人类\n";
    }
    virtual void DisplaySalary(int m,double s)=0;   //抽象基类中的纯虚函数
};
class CWorker: public CPerson
{
  public:
    void PrintInfo ()                               //在派生类 Worker 中重新定义
    {
     cout<<"工人\n";
    }
    void DisplaySalary(int m,double s)
    {
        cout<<"工人全年的工资是:"<<m*s<<endl;
    }
    private:
```

```cpp
        int kindofwork;
};
class CTeacher: public CPerson
{
    public:
        void PrintInfo ()                //在派生类 Teacher 中重新定义
        {
            cout<<"教师\n";
        }
        void DisplaySalary(int m,double s)
        {
            cout<<"教师全年的工资是:"<<m*s<<endl;
        }
    private:
        int subject;
};
class CDriver: public CPerson
{
    public:
        void PrintInfo ()                //在派生类 Driver 中重新定义
        {
            cout<<"司机\n";
        }
        void DisplaySalary(int m,double s)
        {
            cout<<"司机全年的工资是:"<<m*s<<endl;
        }
    private:
        int subject;
};

void main()
{       //分别声明 Worker、Teacher 和 Driver 类的对象 worker、teacher 和 driver
    CWorker    worker;
    CTeacher   teacher;
    CDriver    driver;
    CPerson   * person;          //指向父类的指针变量 person
    person = &worker;
    person->PrintInfo();
    person->DisplaySalary(12,1800.35);
    person = &teacher;
    person->PrintInfo();
    person->DisplaySalary(12,1300.45);
    person = &driver;
    person->PrintInfo();
```

person->DisplaySalary(12,1700.78);
}

运行结果：

```
工人
工人全年的工资是:21604.2
教师
教师全年的工资是:15605.4
司机
司机全年的工资是:20409.4
```

CPerson 类中的虚函数 DisplaySalary(int m,double s)仅起到为派生类提供一个一致接口的作用，派生类中重定义的 DisplaySalary(int m,double s)用于决定以什么样的方式计算工资。

由于在 CPerson 类中不能对此做出决定，因此被说明为纯虚函数。

由此可见，赋值兼容规则使人们可将工人、教师和司机等都视为人类的对象，多态性又保证了函数 DisplaySalary(int m,double s)在对不同的人群计算工资时，无须关心当前正在计算的数据类型。函数 DisplaySalary(int m,double s)可根据运行时的实际对象获得该对象的工资。

4.5 综合应用实例

在第 3 章综合应用案例的基础上，添加多态应用。多态是在客户类实现的，关系相对复杂，需要大家耐心分析，本案例可以扩展成一个银行账户管理系统，有心的读者不妨试试。本章类的关系图如图 4.2 所示。

图 4.2 类的关系图

类图上类名斜体表示抽象类，同样方法名斜体表示该方法为抽象方法。

要求：

（1）修改 Account 类。

① 其 withdraw 行为要在其具体的子类中才能确定，故将其 withdraw 方法设计成一个纯虚函数，由子类去改写，因此 Account 类也应重新设计成一个抽象类。

② 定义一个 printInfo()纯虚函数，用来输出账户的信息。

（2）在 SavingAccount 类实现父类的两个抽象函数。

（3）在 CheckingAccount 类实现父类的两个抽象函数。

参考代码：

```cpp
#include<iostream>
#include<string>
using namespace std;

class Account
{
protected:
    double balance;
public:
    Account(double bl):balance(bl)
    {}
    Account()
    {
        balance=0;
    }
    double getBalance()
    {
        return balance;
    }
    void setBalance(double m)
    {
        balance=balance+m;
    }
    void deposit(double sv)
    {
        balance=balance+sv;
    }
    virtual int    withdraw(double sv)=0;    //纯虚函数
    virtual void printInfo()=0;              //纯虚函数
    virtual ~Account(){};                    //定义虚析构函数
};

class SavingAccount:public Account
{
```

```cpp
    private:
       double interestRate;
    public:
       SavingAccount()
       {
          interestRate=0;
          balance=0;
       }
       SavingAccount(double bl,double ir)
       {
          balance=bl;
          interestRate=ir;
       }
          void addInterest()
       {
             setBalance(balance*interestRate+balance);
       }
       double getInterestRate()
       {
          return interestRate;
       }
       void setInterestRate(double i)
       {
          interestRate=i;
       }
       int    withdraw(double sv)     //实现父类的纯虚函数
       {
          if(sv<=balance)
          {
           balance=balance-sv;
           return 1;
          }
          else
            return 0;
       }
       void printInfo()            //实现父类的纯虚函数
       {
          cout<<"当前账户是储蓄账户!";
          cout<<"账户余额为:"<<balance<<"利率为:"<<interestRate<<endl;
          cout<<endl;
       }
    };

    class CheckingAccount:public Account
    {
```

```cpp
    private:
        double overdraftProtection;
    public:
        CheckingAccount()
        {
            overdraftProtection=0;
          balance=0;
         }
        CheckingAccount(double bl,double op)
        {
          balance=bl;
          overdraftProtection=op;
        }

        double getOverdraftProtection()
        {
          return overdraftProtection;
        }
        void setOverdraftProtection(double o)
        {
          overdraftProtection=o;
        }
        int withdraw(double sv)    //实现纯虚函数
        {
          if (sv<balance)
          {
            balance=balance-sv;
            return 2;
          }
          else if(sv-balance<overdraftProtection)
          {
            overdraftProtection=overdraftProtection-sv+balance;
            balance=0;
            return 1;
          }
          return 0;
        }

        void printInfo()
        {
          cout<<"当前账户是信用卡账户!";
          cout<<"账户余额为:"<<balance<<"可透支金额为:"<<overdraftProtection<<endl;
          cout<<endl;
        }
};
```

```cpp
class Customer
{
private:
    string name;
    Account *acc;  //用父类的指针
public:
    Customer() {acc=NULL;}
    Customer(string name)
    {
        this->name=name;
        acc=NULL;
    }
    ~Customer()                              //有指针类型的成员,必须在析构函数中释放空间
    {
        if(acc!=NULL)
            delete acc;
    }
    string getName()
    {
        return name;
    }
    void   setAccount(Account* acc)    //此处形参用父类的指针,实参传入的是子类的地址
    {
        this->acc=acc;
    }
    Account* getAccount()      //此处返回父类的指针
    {
        return acc;
    }
};
int main()
{
    double money;
    CheckingAccount ca1(500,200);
    SavingAccount sa1(1000,0.02);
    CheckingAccount ca2(400,150);
    SavingAccount sa2(2000,0.02);
    Customer c("aaa");
    c.setAccount(&sa1);
    Account* acct=c.getAccount();        //子类对象赋值给父类的引用,实现多态
    cout<<"准备测试客户"<<c.getName()<<"存款账户!\n";//测试存款账户
    cout<<"当前存款账户余额为:"<<acct->getBalance()<<endl;
    cout<<"输入取款金额:"<<endl;
    cin>>money;
    if(acct->withdraw(money))
```

```
        {
            cout<<"取款成功!";
            acct->printInfo();
        }
        else
        {
            cout<<"操作失败，当前账户余额不足!";
            acct->printInfo();
        }
        Customer c2("bbb");
        c2.setAccount(&ca1);
        cout<<"准备测试客户"<<c2.getName()<<"的信用卡账户!\n";        //测试信用卡账户
        Account* acct1=c2.getAccount();
        acct1->printInfo();
        cout<<"输入取款金额:"<<endl;
        cin>>money;
        int t;                              //接收取款返回的结果
        t=acct1->withdraw(money);
        if(t==2)
        {
            cout<<"取款成功!";
            acct1->printInfo();
        }
        else if(t==1)
        {
            cout<<"取款成功!";
            acct1->printInfo();
        }
        else
        {
            cout<<"取款失败！当前账户已经透支!";
            acct1->printInfo();
        }
        return 0;
    }
```

习题 4

一、简答题

1. 运算符重载必须遵循哪些原则？
2. 什么叫做多态性？在 C++中是如何实现多态的？
3. 什么是纯虚函数？什么是抽象类？抽象类能否定义对象实例？
4. 抽象类有何作用？抽象类的派生类是否一定要给出纯虚函数的实现？

二、填空题

1. C++中多态性包括两种多态性：____和_____。前者是通过_____实现的，而后者是通过_____和_____来实现的。

2. 纯虚函数定义时在函数参数表后加_____。

3. 在基类中将一个成员函数说明成虚函数后，在其派生类中只要_____完全一样就认为是虚函数，而不必再加关键字_____。如有任何不同，则认为是_____而不是虚函数。除了非成员函数不能作为虚函数外，_____、_____和_____也不能作为虚函数。

三、编程题

1. 封装一个 CStudent 类，用来描述学生的属性和行为。
具体要求如下：
（1）学生有姓名、籍贯、学号、年龄、成绩五个成员数据，编写构造函数、拷贝构造函数，同时编写 Display() 成员函数显示学生的信息；
（2）编写"+"运算符重载函数，使类 CStudent 的两个对象相加返回两个对象总成绩相加的和；
（3）编写主函数，定义两个 CStudent 类对象（初始化值认定），分别调用成员函数 Display() 显示两个对象的学生信息，同时显示两个对象相加的结果。

2. 设计一个三角形类 Triangle，包含三角形三条边长的私有数据成员，另有一个重载运算符"+"，以实现求两个三角形对象的面积之和。

3. 声明一个基类 BaseClass，从它派生出类 DerivedClass，BaseClass 有成员函数 fn1( ) 和 fn2( )，fn1( ) 是虚函数，DerivedClass 也有成员函数 fn1( ) 和 fn2( )，在主函数中声明一个 DerivedClass 的对象，分别用 BaseClass 和 DerivedClass 的指针指向 DerivedClass 的对象，并通过指针调用 fn1( ) 和 fn2( )，观察运行结果。

第5章

输入/输出流

输入/输出（Input/Output，I/O）是指程序与计算机外部设备之间的数据交换。输出操作是指程序将数据转换为字节序列输出到外部设备；输入操作是指程序从外部设备接收字节序列，并转换为指定格式数据。输入/输出操作中的字节序列称为流（Stream），输入/输出流的类体系称为流类，流类的实现称为流类库。

通过对本章的学习，应该重点掌握以下内容：

- ➢ 输入/输出流的基本知识。
- ➢ 输入/输出流的类体系结构。
- ➢ 输入/输出流操作的格式控制。
- ➢ 文件的输入/输出。
- ➢ 字符串流的使用。
- ➢ 重载插入和提取运算符。

5.1 输入/输出流的基本概念

C++语言中，数据的输入和输出（Input/Output，简写为 I/O）包含以下三类：针对标准输入设备（键盘）和标准输出设备（显示器）、针对保存在外存磁盘上的文件和针对内存中指定的字符串存储空间（当然可用该空间存储任何信息）进行输入/输出。对标准输入设备和标准输出设备的输入/输出简称为标准 I/O，对在外存磁盘上文件的输入/输出简称为文件 I/O，对内存中指定的字符串存储空间的输入/输出简称为串 I/O。

5.1.1 从 C 语言的输入/输出函数到 C++的输入/输出流

针对键盘、显示器的标准输入/输出设备，C 语言提供了 scanf、printf、getchar、putchar 等一系列函数，以满足不同情况的输入/输出要求。这些函数虽然比较方便，效率较高，但也存在一些缺陷。大家比较熟悉的不足有：

（1）只支持标准数据类型，无法支持自定义类型数据的输入/输出。

（2）安全性较差。在 C 语言中使用 printf 和 scanf 进行输入/输出时，往往不能保证输入/输出的数据是可靠的和安全的。例如，printf("%d", f)，f 在这之前可能被定义为浮点型数据，又如 scanf("%d", i)，漏写了"&"等。这些问题都是可以通过编译的，但是在程序执行时将导致程序异常。

此外，针对硬盘文件的访问，C 语言提供了一个 FILE 指针，以及 fopen、fscanf、fprintf、fread、fwrite 等一系列函数，满足各种文件操作，而这个指针是没有保护的，必须由程序员在程序中进行显式的指针检查（文件是否正确打开或者关闭），包括文件打开、关闭检查等。这些都对程序的安全性造成隐患。

而 C++语言针对 C 语言输入/输出函数库的不足，进行了大量改进，其优点包括：

（1）采用流类的形式封装了各种 C 语言的输入/输出函数，在增加其安全性的同时，也为访问标准 I/O 设备、文件甚至内存块提供了近乎相同的接口。与 C 语言标准输入/输出函数库的各种函数相比，C++的 I/O 流更容易、安全、有效。

（2）使用更加简便。C++提供的 I/O 流的一个明显特点是程序员可以不考虑数据类型。例如，cout<<a 表示输出变量 a 的值，cin>>b 表示输入变量 b 的值。这里的变量 a 和 b 的数据类型可能是 int、char、float 等。然而在 C 语言中，必须明确表示 a 和 b 的数据类型，如 printf("%d", a)表示 a 作为整型输出，scanf("%f", &b)表示 b 作为浮点型输入。

（3）强类型检查。C++输入/输出中，编译系统对数据类型进行了严格检查，凡是类型不正确的数据不能通过编译系统，因此 C++的输入/输出是类型安全的。

（4）扩展性好，可以方便地支持自定义类型数据。通过重载插入"<<"和提取运算符">>"，C++可以支持任意的自定义类型数据，并提供统一的输入/输出代码形式。

（5）C++通过文件流类，封装了文件操作的指针，并在构造函数和析构函数中保证它能被正确初始化和消除。因此，C ++的文件操作，比 C 语言更容易、安全。

总之，C++通过这种称为流的机制提供了更为精良的输入和输出方法，输入/输出流也通常是 C ++初学者学会使用的第一个类库。为了更好地学习和使用它，我们首先了解一下什么是流。

5.1.2 流的概念及流类库

流是一个抽象的概念，可以认为其代表一种数据传输。例如，标准 I/O 流是在标准输入/输出设备（键盘、显示器）间的数据传输；文件 I/O 流是在内存与磁盘文件间的数据传输。

从实现角度，C++提供了三种流类：iostream, fstream, strstream, 分别处理标准输入/输出设备、文件和字符串的数据传输。这些类及其基类之间的继承关系如图 5.1 所示。在这些流类中，定义了各种处理数据的基本操作，如读取数据、写入数据等。

图 5.1 输入/输出流类体系

类 istream 和 ostream 是类 ios 的公有派生类，分别提供输入和输出操作。类 ios 是类 istream 和 ostream 的虚基类。类 iostream 由类 istream 和 ostream 公有派生，并未增加新成员，仅将类 istream 和 ostream 组合在一起，以支撑输入和输出操作。

实际编程时，通常用类 istream、ostream、iostream、fstream 提供的公有成员函数来进行输入/输出操作。

流类库中不同类的声明被放在不同的头文件中，用户在程序中用#include 命令包含有关头文件就相当于在程序中声明了所需要用到的类。常用流类和头文件的对应关系见表 5.1。

表 5.1 常用流类和头文件对应关系表

类名	说明	所在的头文件
抽象流基类		
ios	流基类	iostream
输入流类		
istream	通用输入流类和其他输入流的基类	iostream
ifstream	输入文件流类	fstream
istrstream	输入字符串流类	stream
输出流类		
ostream	通用输出流类和其他输出流的基类	iostream
ofstream	输出文件流类	fstream
ostrstream	输出字符串流类	strstream
输入/输出流类		
iostream	通用输入/输出流类和其他输入/输出流的基类	iostream
fstream	输入/输出文件流类	fstream
strstream	输入/输出字符串流类	strstream
流缓冲区类		
streambuf	抽象流缓冲区基类	streambuf
filebuf	磁盘文件的流缓冲区类	fstream
stringbuf	字符串的流缓冲区类	strstream

流所涉及的范围还远不止于此，凡是数据从一个地方传输到另一个地方的操作都可以看作流的操作，如网络数据交换、进程数据交换等都是流操作。因此，一般意义上的读操作在流数据抽象中被称为（从流中）提取，写操作被称为（向流中）插入。

程序员通过流类进行所有的数据传输操作，不用关心参与数据传输的设备是如何工作的。同时，C++通过流类的封装，能够支持自定义数据类型，支持安全的数据类型检查等，带来了诸多较 C 语言更好的性能。

5.1.3 流的深入探讨

1．流的两种类型

流传输的基本单位是字节，所以又称为字节流。根据对传输内容的解释方式，流分为字符流（也称为文本流）和二进制流。

字符流将传输信息的每个字节按 ASCII 字符解释，它在数据传输时需进行转换，效率较低。例如，源程序文件和文本文件都是字符流。由于 ASCII 字符是标准的，所以字符流可以直接编辑、显示或打印，字符流产生的文件可运行于各类计算机中。

二进制流将传输信息的每个字节以二进制方式解释，它在数据传输时不进行任何转换，故效率高，但各类计算机对数据的二进制存放格式各有差异，并且无法人工阅读，故二进制流产生的文件可移植性较差。

字符流（文本流）若传输到磁盘上，则存储为文本文件。从存储方式来看，文件在磁盘上的存储方式都是二进制形式，但是文本流和二进制流形成的文件中数据表示是不同的。

二进制流的写操作是将内存里面的数据直接写入文件中，而文本则是将数据先转换成字符串，再写入到文件中。例如，二进制文件里面将 111（十进制数）编码成 6F（十六进制数），1 字节，这刚好是 111 的十六进制表示，而文本文件中则写成 31（十六进制数），31（十六进制数），31（十六进制数），用了 3 字节表示 111。可见，二进制文件的存储效率较高。

2．缓冲与非缓冲

系统在主存中开辟的、用来临时存放输入/输出数据的区域，称为输入/输出缓冲区（简称缓冲区）。例如，先将输入的信息送到缓冲区，然后从缓冲区取出数据。由于输入/输出设备的速度一般比 CPU 慢很多，若 CPU 直接与外设交换数据，必然占用大量时间，降低 CPU 的使用效率，而使用缓冲后，CPU 只要从缓冲区中取数据或把数据写入缓冲区，而不必等待外设的具体输入/输出操作，因此可显著提高 CPU 的使用效率。

根据是否使用缓冲区，输入/输出流有缓冲和非缓冲之分。通常使用的流是缓冲流，仅在特殊场合才使用非缓冲流。C++输入/输出缓冲流有三种类型：全缓冲、行缓冲和非缓冲。

（1）全缓冲。在这种情况下，当填满标准 I/O 缓冲区后才进行实际 I/O 操作（交给程序的输入或输出队列）。全缓冲的典型代表是对磁盘文件的读写。

（2）行缓冲。在这种情况下，当在输入和输出中遇到换行符时，执行真正的 I/O 操作。这时我们输入的字符先存放在缓冲区，等按下回车键换行时才进行实际的 I/O 操作。典型的代表是键盘输入数据。

（3）非缓冲，也就是不进行缓冲，数据被直接送上程序的输入或输出队列。标准错误流 cerr 是典型代表，这使得出错信息可以直接送上显示器，从而尽快显示出来。

5.2 面向标准设备的输入/输出流

所谓标准输入/输出设备，是指键盘和显示器（控制台）。C++的输入/输出操作，需要使用 iostream 类定义输入/输出对象，再通过该对象调用 iostream 类的各种公有成员函数。

5.2.1 标准流对象

C++在头文件 iostream 中预定义了 4 个标准流类的对象：

```
extern istream      cin;     // 标准输入流对象
extern ostream      cout;    // 标准输出流对象
extern ostream      cerr;    // 标准错误流（非缓冲）对象
extern ostream      clog;    // 标准错误流（缓冲）对象
```

cin 是 console input 的缩写，在默认情况下，代表键盘。

cout 是 console output 的缩写，在默认情况下，代表显示器。

cerr 和 clog 是 console error 和 console log 的缩写，在默认情况下，代表显示器。这 4 个标准流中，cerr 为非缓冲流，其余均为缓冲流。

（1）cin 和 cout。

cin 是标准输入流对象，支持数据从标准输入设备（键盘）输入到内存变量。cout 是标准输出流对象，支持数据从内存输出到标准输出设备（显示器）。

（2）">>"和"<<"运算符。

C++用">>"运算符表示提取，称为提取运算符，用来从输入流中提取一字节序列交给变量，即完成输入。C++用"<<"运算符表示插入，称为插入运算符，用来向输出流中插入一字节序列，以便输出到显示器。这两个运算符分别定义在类 ostream 和 istream 中。

（3）C++的标准输入/输出。

C++用 cin 对象和">>"运算符进行输入操作，形式如下：

```
int a; float b; double c;
cin>>a>>b>>c;
```

C++用 cout 对象和"<<"运算符进行输出操作，形式如下：

```
int a=0; float b=1.5f; double c=2.5;
cout<<"The result is: "<<a<<''<<b<<''<<c;
```

说明：

① ">>"运算符后面只能接变量。C++的输入流操作，不必如 C 语言中的 scanf 函数一样指出变量类型。C++的输入是自动类型匹配的。

② "<<"运算符后面可以接变量或常量（包括各种基本数据类型及字符串）。C++的输出也是自动类型匹配的。

（4）endl 控制符。

endl 控制符表示换行，同时可以清理缓冲区。而在 C 语言中，"\n"只有换行的作用，若想清理缓冲区，需要调用 flush 函数。因此，cout<<endl 相当于 cout<<"\n"<<flush。

【例 5.1】 使用流 cout 和 cerr 实现数据的输出。

程序如下：

```
#include<iostream>
using namespace std;
int main()
{
    float a,b;
    cerr<<"输入 a 和 b 的值：\n";
    cin>>a>>b;
    if(b!=0)  cout<<a<<'/'<<b<<'='<<a/b<<endl;
    else cerr<<"除数为零!\n";
    return 0;
}
```

对于输出提示信息或输出结果而言，cout、cerr 和 clog 的用法相同，但作用不同。cerr 的作用是向标准错误设备（standard error device）输出有关出错信息。cout 流通常是传送到显示器输出，但也可以被重定向输出到磁盘文件，而 cerr 流中的信息只能在显示器输出。当调试程序时，往往不希望程序运行时的出错信息被送到其他文件，而要求在显示器上及时输出，所以这时应该用 cerr，cerr 流中的信息是用户根据需要指定的，clog 流对象也是标准错误流，它的作用和 cerr 相同，都是在终端显示器上显示出错信息。不同的是 cerr 不经过缓冲区，直接向显示器上输出有关信息，而 clog 中的信息存放在缓冲区中，缓冲区满后或遇 endl 时向显示器输出。

5.2.2 标准输入/输出流的格式化

格式化输入/输出仅用于文本流，而二进制流是按原样输入/输出的，不必做格式化转换。对于输出格式的控制，既可以用控制符方式实现，也可以用输出流的成员函数来实现，两者的作用是相同的。

1．使用控制符控制输入/输出格式

头文件"iomanip"中预定义了 13 个格式控制符，用于控制输入/输出数据的格式，如表 5.2 所示。使用格式控制符，在程序中要包含 iomanip 头文件。

表 5.2 iomanip 中预定义的格式控制符

格式控制符	功　能	适　用	格式控制符	功　能	适　用
dec	设置为十进制	I/O	setioflags（long）	设置指定的标志	I/O
hex	设置为十六进制	I/O	setfill（int）	设置为填充字符	O
oct	设置为八进制	I/O	setprecision（int）	设置实数的精度	O
ws	提取空白字符	I	setw（int）	设置宽度	O

（续表）

格式控制符	功能	适用	格式控制符	功能	适用
endl	插入一个换行符	O		插入一个表示字符	
flush	刷新流	O	ends	串结束的 NULL 字符	O
resetioflag（long）	取消指定的标志	I/O			

2．用 cout 的成员函数控制输出格式

除了可以用控制符控制输出格式外，还可以通过调用 cout 中的成员函数来控制输出格式。表 5.3 列出了格式控制函数。表 5.4 列出了格式控制函数 setf() 中用到的格式标志，这些标志被定义在 ios_base 类中。

表 5.3 控制输出格式的流成员函数

函 数 名	与之作用相同的控制符	说 明
precision(n)	setpricision(n)	设置实数的精度为 n 位
width(n)	setw(n)	设置字段的宽度为 n 位
fill(c)	setfill(c)	设置填充字符 c
setf()	setiosflags()	设置输出状态，括号中应给出格式状态的格式标志
unsetf()	resetioflags()	终止已经设置的输出格式状态，括号中应指定内容

表 5.4 设置格式状态的格式标志

格 式 标 志	说 明
skipws	在输入中跳过空白
left	左对齐，用填充字符填充右边
right	右对齐，用填充字符填充左边
internal	数据的符号位左对齐，数据本身右对齐，符号和数据之间为填充符
showbase	插入前缀符号以表明整数的数制
dec	设置整数的基数为 10，以十进制形式格式化数值（默认进制）
oct	设置整数的基数为 8，以八进制形式格式化数值
hex	设置整数的基数为 16，以十六进制形式格式化数值
showpoint	对浮点数值显示小数点和尾部的 0
uppercase	对于十六进制数显示大写字母 A～F，对于科学格式显示大写字母 E
showpos	对于非负数显示正号（+）
scientific	以科学格式显示浮点数值
fixed	以定点格式显示浮点数值（没有指数部分）
unitbuf	在每次插入之后转存并清除缓冲区的内容

【例 5.2】 用格式控制符 setw、hex、dec 指定输出数据的域宽和数制。
程序如下：

```
#include<iostream>
#include<iomanip>
using namespace std;
```

```
int main()
{
    int a=256,b=128;
    cout <<setw(8)<<a<<"b="<<b<<'\n';          //Line1
    cout <<hex<<a<<"b="<<dec<<b<<'\n';          //Line2
    return 0;
}
```

Line1 行指定输出 a 的域宽为 8，b 按默认的域宽输出。Line2 行指定 a 按十六进制输出，b 按十进制输出。

应当说明的是，setw 设置的域宽仅对其后的一次插入起作用；而 hex、dec 的设置是互斥的，一旦设置，到下一次设置数制前将一直有效。

【例 5.3】 数据进制之间的转换。

程序如下：

```
#include<iostream>
#include<iomanip>
using namespace std;
int main()
{
    int x=30, y=300, z=1024;
    cout<<x<<' '<<y<<' '<<z<<endl;          //按十进制输出
    cout<<oct<<x<<' '<<y<<' '<<z<<endl;     //按八进制输出
    cout<<hex<<x<<' '<<y<<' '<<z<<endl;     //按十六进制输出
    cout<<setiosflags(ios::showbase | ios::uppercase);
    //设置基指示符和数值中的字母大写输出
    cout<<x<<' '<<y<<' '<<z<<endl;          //仍按十六进制输出
    cout<<resetiosflags(ios::showbase | ios::uppercase);
    //取消基指示符和数值中的字母大写输出
    cout<<x<<' '<<y<<' '<<z<<endl;          //仍按十六进制输出
    cout<<dec<<x<<' '<<y<<' '<<z<<endl;     //仍按十进制输出
    return 0;
}
```

程序运行结果：

```
30 300 1024
36 454 2000
1e 12c 400
0X1E 0X12C 0X400
1e 12c 400
30 300 1024
```

【例 5.4】 使用 cout 的 width 成员函数控制输出宽度为 10 个字符宽，并且按右对齐方式输出数值。

程序如下：

```cpp
#include <iostream>
#include<iomanip>
using namespace std;
int    main()
{
    double values[]={1.23,35.36,653.7,4258.24};
    for(int i=0;i<4;i++)
    {
      cout.width(10);
      cout.fill('*');
       cout<<values[i]<<endl;
    }
    return 0;
}
```

程序运行结果：

```
******1.23
*****35.36
*****653.7
***4358.24
```

setw 和 width 都不截断数值。如果数值位超过了指定的宽度，则显示全部值，当然还要遵守该流的精度设置。setw 和 width 仅影响紧随其后的域，在一个域输出完后域宽度恢复其默认值（必要的宽度），但其他流格式选项保持有效直到发生改变为止。输入流默认为右对齐，为了在例 5.4 中实现左对齐姓名和右对齐数值，要将程序修改如下：

```cpp
#include<iostream>
#include<iomanip>
using namespace std;
int main()
{
    double values[]={1.23,35.36,653.7,4358.24};
    char *names[]={"Zoot","Jimmy","Al","Stan"};
    for(int i=0;i<4;i++)
        out<<setiosflags(ios_base::left)<<setw(6)<<names[i]<<resetiosflags(ios_base::left)<<setw(10)
        <<values[i]<<endl;
    return 0;
}
```

程序运行结果：

```
Zoot      1.23
Jimmy     35.36
Al        653.7
Stan      4358.24
```

C++通过使用 setiosflags 控制符来设置左对齐，setiosflags 定义在头文件<iomanip.h>中。

参数是 ios_base::left 枚举常量,因为该常量定义在 ios_base 中,因此引用时必须使用 ios_base::前缀。另外,需要用 resetiosflags 控制符关闭左对齐标志,setiosflags 不同于 width 和 setw,它的影响是持久的,直到用 resetiosflags 重新恢复默认值时为止。

【例 5.5】 控制数据输出精度。

分析:浮点数的输出精度默认值是 6,如数 3466.9868 显示为 3466.99。为了改变输出精度,可以使用 setprecision 控制符(定义在头文件<iomanip>中)。和该控制符相关的还有两个标志,ios_base::scientific(科学格式)和 ios_base::fixed(定点格式)。在使用 setprecision(6) 来控制数据输出精度时,若设置了 ios_base::fixed,则该数的输出为 3466.986800;若设置了 ios_base::scientific,则该数的输出为 3.466987e+003。为了说明控制数据输出精度,下面改写例 5.4 中的程序,注意 setprecision 的值,这里为 1。

程序如下:

```
#include<iostream>
#include<iomanip>
using namespace std;
int main()
{
    double values[]={1.23,35.36,653.7,4358.24};
    char *names[]={"Zoot","Jimmy","Al","Stan"};
    for(int i=0;i<4;i++)
        cout<<setiosflags(ios_base::left)<<setw(6)<<names[i]<<setiosflags(ios_base::left)<<setw(10)
        <<setprecision(1)<<values[i]<<endl;
    return 0;
}
```

程序运行结果:

Zoot	1
Jimmy	4e+001
Al	7e+002
Stan	4e+003

如果不需要科学格式,则在 for 循环之前插入语句"cout<<setiosflags(ios_base :: fixed);",这样就会采用定点格式,由于 setprecision 控制符设置为 1,则程序运行结果如下:

Zoot	1.2
Jimmy	35.4
Al	653.7
Stan	4358.2

如果改变 ios_base::fixed 为 ios_base::scientific,则该程序运行结果为:

Zoot	1.2e+000
Jimmy	3.5e+001
Al	6.5e+002
Stan	4.4e+003

同样，该程序在小数点后输出了一位数字，这表明如果设置了 ios_base::fixed 或 ios_base::scientific，则精度值确定了小数点之后的小数位数。如果都未设置，则精度值确定了总的有效位数。可以用 resetiosflags 控制符清除这些标志。

本节最后要说明的是如何检测输入/输出流操作的错误。在输入/输出流的操作过程中可能出现各种错误，每一个流都有一个状态标志字，以指示是否发生了错误及出现了哪种类型的错误，这种处理技术与格式控制标志字是相同的。IOS 类定义了以下枚举类型：

```
enum io_state
{
    goodbit =0x00,     //不设置任何位，一切正常
    eofbit  =0x01,     //输入流已经结束，无字符可读入
    failbit =0x02,     //上次读/写操作失败，但流仍可使用
    badbit  =0x04,     //试图进行无效的读/写操作，流不再可用
    hardfail=0x80      //不可恢复的严重错误
};
```

对应于这个标志字的各状态位，IOS 类还提供了以下成员函数来检测或设置流的状态：

```
int rdstate();              //返回流的当前状态标志字
int eof();                  //返回非 0 值，表示到达文件尾
int fail();                 //返回非 0 值，表示操作失败
int bad();                  //返回非 0 值，表示出现错误
int good();                 //返回非 0 值，表示流操作正常
int clear(int flag=0);      //将流的状态设置为 flag
```

为提高程序的可靠性，应在程序中检测输入/输出流的操作是否正常。当检测到流操作出现错误时，可以通过异常处理来解决问题。

【例 5.6】 输入不正确的数据时，导致程序出错。

程序如下：

```cpp
#include<iostream>
using namespace std;
int main()
{
    int i,s;
    char t[80];
    cout<<"输入一个整数：";
    cin>>i;
    s=cin.rdstate();
    cout<<"s="<<s<<'\n';
    while(s)
    {
        cin.clear();
        cin.getline(t,80);
        cout<<"非法输入，重新输入一个整数：";
        cin>>i;
        s=cin.rdstate();
```

```
        }
        cout<<"num="<<i<<'\n';
        return 0;
}
```

上述程序运行时，若输入字符或字符串将提示错误。

5.2.3 用流成员函数实现输入/输出

在程序中一般使用 cout 和 "<<" 实现输出；使用 cin 和 ">>" 实现输入。但有时用户会有特殊要求，如只输出一个字符或只读入一个字符。ostream 和 istream 除了提供上节介绍的用格式控制的成员函数外，还提供了输入/输出单个字符的成员函数 get()、put() 及读入一行字符的 getline() 函数。

1. get 函数

非格式化函数的功能与提取运算符 ">>" 很相似，但主要的不同点是 get 函数在读入数据时包括空白字符，而提取运算符在默认情况下拒绝接收空白字符。

get 函数有不带参数、带一个参数、带三个参数三种调用形式。

带一个参数的调用形式：get(ch);

带三个参数的调用形式：get(字符数组,字符个数 n,终止字符)

【例 5.7】 get 函数应用举例，从键盘接收字符并输出。

程序如下：

```
#include<iostream>
#include<cstdio>
using namespace std;
int main()
{
    char ch;
    while((ch=cin.get())!=EOF)
        cout.put(ch);
    return 0;
}
```

程序运行时输入：

Abc xyz 123✓

程序运行结果：

Abc xyz 123

当输入 "Ctrl+z" 及回车键时，程序读入的值是 EOF，程序结束。

2. put 函数

put 函数把一个字符写到输入流中，下面两个语句默认是相同的，但第二个语句受该流格式化参量的影响：

```
cout.put('A')           //精确地输出一个字符
cout<<'A';              //输出一个字符,但此前设置的宽度和填充方式在此起作用
```

【例 5.8】 put 函数应用举例,有一个字符串"ENGLISH",要求按反序输出。

程序如下:

```
#include <iostream>
using namespace std;
int main()
{
    char *p="ENGLISH";
    for (int i=6;i>=0;i- -)
    cout.put(*(p+i));
    cout.put('\n');
    return 0;
}
```

程序运行结果:

HSILGNE

3. getline 函数

getline 函数的功能是允许从输入流中读取多个字符,并且允许指定输入终止字符(默认值是换行字符),在读取完成后,从读取的内容中删除该终止字符。

【例 5.9】 getline 函数应用举例,为输入流指定一个终止字符。

分析:本程序连续读入一串字符,直到遇到字符"t"时停止,字符个数最多不超过 80 个。

程序如下:

```
#include<iostream>
using namespace std;
int main()
{
    char line[100];
    cout<<"Type a line terminated by 't' "<<endl;
    cin.getline(line,81,'t');
    cout<<line;
    cout<<'\n';
    return 0;
}
```

程序运行时输入:

abcdefg hhht↙

程序运行结果:

abcdefg hhh

5.3 面向文件的输入/输出流

5.3.1 文件流类与文件流对象

用来在内存变量与磁盘文件之间进行输入/输出的流,称为文件流。

C++的文件流属于字节流。根据对字节流中字节的不同解释,将文件分为文本文件和二进制文件。其差别参见 5.1 节的解释。

从实现角度,文件输入/输出流被定义为文件类,在输入/输出文件类库中的类称为文件流类,用文件流类定义的对象称为文件流对象。使用文件流的方法与使用标准输入/输出流(cin、cout、cerr 和 clog)不同,要使用一个文件流,应遵循以下步骤:

(1) 打开一个文件,其目的是将一个文件流对象与某个磁盘文件联系起来。
(2) 使用文件流对象的成员函数,将数据写入文件中或从文件中读取数据。
(3) 关闭已打开的文件,即将文件流对象与磁盘文件脱离联系。

下面是文件流类,使用时需要包含相应的头文件。

- ifstream:输入文件流类,实现文件输入。
- ofstream:输出文件流类,实现文件输出。
- fstream:输入/输出文件流类,实现输入/输出。

文件流类常用成员函数如表 5.5 所示。

表 5.5 文件流类常用成员函数

函 数 名 称	说　　明
open()	打开一个文件并把它与流关联
close()	关闭文件
fail()	测试是否打开文件失败,若失败则值为 1
eof()	测试是否文件尾,若是则值为 1
read()	从流中读出一组字节
write()	把一组字节写入流中
seekp()	修改输出流文件的指针位置
seekg()	修改输入流文件的指针位置
tellp()	获得输出流文件的当前位置
tellg()	获得输入流文件的当前位置

在下面各小节中将会使用这些成员函数,以下是使用文件流的一般步骤。

(1) 定义一个文件对象。例如:

```
ifstream infile;                //定义输入文件流对象 infile
ifstream infile("file1.txt");   //定义输入文件流对象 infile,并将 infile 与文件 "file1.txt" 联系起来
//其中文件名可以带路径,这里未指出路径,表示文件位于当前目录下。
ofstream outfile;               //定义输出文件流对象 outfile
fstream iofile;                 //定义输入/输出文件流对象 iofile
```

(2) 用文件流对象的成员函数 open()或构造函数,打开一个文件。例如:

```
    outfile.open("file2.txt");    //这里打开文件的作用与前述创建对象时关联文件名的作用相同
```

(3) 用提取、插入运算符或成员函数对文件进行读写。例如：

```
    infile>>ch;    //ch 是某个内存变量
```

(4) 用完文件后，要使用文件流对象的成员函数关闭文件。例如：

```
    infile.close();
```

5.3.2 文件的打开和关闭

1. 文件的打开

打开文件是使用文件流操作的第一步，其作用是将一个文件流对象与某个磁盘文件联系起来。打开文件有两种形式：用文件流的成员函数 open()打开文件和用文件流类的构造函数打开文件。

(1) 用文件流的成员函数 open()打开文件。ifstream、ofstream、fstream 三个文件流类中各有一个成员函数 open()，打开文件的格式为：

```
    void ifstream::open(const char*,int=ios::in,int=filebuf::openprot);
    void ofstream::open(const char*,int=ios::out,int=filebuf::openprot);
    void fstream::open(const char*,int,int=filebuf::openprot);
```

说明：

第一个参数为要打开文件的文件名（可含盘符和路径）。

第二个参数指定文件的打开方式。输入文件流的默认值 ios::in，意思是按输入文件方式打开文件；输出文件流的默认值 ios::out，意思是按输出文件方式打开文件；对于输入/输出文件流没有默认的打开方式，在打开文件时，应指明打开文件的方式。

在头文件"ios"中定义了公有枚举类型 open_mode，文件打开方式的枚举类型定义如下：

```
    enum open_mode
    {
        in=0x01,                //读方式打开文件
        out=0x02,               //写方式打开文件
        ate=0x04,               //打开文件时，文件指针移到文件末尾
        app=0x08,               //追加写方式打开文件
        trunc=0x10,             //将文件的长度截为 0，并清空文件
        nocreate=0x20,          //打开不成功时不创建新文件，C++11 之后不再支持
        noreplace=0x40,         //用于创建一个新文件，不单用，C++11 之后不再支持
        binary=0x80             //二进制方式打开文件
    };
```

显然，每一种打开方式是以一个二进制位来表示的，所以可以用运算符"|"（二进制按位或）将允许的几种打开方式组合起来使用。用多种方式及其组合打开文件时，含 app 或 ate 方式的文件指针会指向文件末尾，其余方式的文件指针指向文件头。表 5.6 是对文件打开方式的详细说明。

表 5.6 文件打开方式的说明

文件打开方式	说明
in	读方式打开文件
out	单用,打开文件时,若文件不存在,则产生一个空文件;若文件存在,则清空文件
ate	必须与 in、out 组合使用。例如,out|ate,其作用是在文件打开时将文件指针移至文件末尾,清空文件原有内容,写入的数据追加到文件末尾。与 in 组合时,指针定位到文件末尾,不清空文件内容
app	只能用于输出,以写追加方式打开文件,当文件存在时,写入的数据追加到文件末尾;当文件不存在时,它等价于 out
trunc	打开文件时,将文件长度设为 0。若单用,则与 out 等价
binary	以二进制方式打开文件,总是与读或写方式组合使用。不以 binary 方式打开的文件,都是文本文件

第三个参数指定打开文件时的保护方式,该参数与操作系统有关,通常采用默认值 filebuf::openprot。

(2)用文件流类的构造函数打开文件。ifstream、ofstream、fstream 三个文件流类的构造函数所带参数与各自的成员函数 open()所带的参数完全相同。因此,在定义这三种文件流类的对象时,通过调用各自的构造函数也能打开文件。例如:

    ifstream f1("file1.dat");
    ofstream f2("file2.txt");
    fstream f3("file3.dat",ios::in);

以上三个语句调用各自的构造函数,分别以读方式打开磁盘文件 file1.dat、以写方式打开文件 file2.txt 和以读方式打开文件 file3.dat。因此,ifstream f1("file.dat");等价于下面两条语句:

    ifstream f1;
    f1.open("file.dat");

打开文件后要判断打开操作是否成功。打开文件操作并不能保证总是正确的,文件不存在、磁盘损坏等都可能造成打开文件失败。如果打开文件失败,程序还继续执行文件的读/写操作,将会产生严重错误。在这种情况下,应使用异常处理以提高程序的可靠性。判断文件是否打开成功的语句为:

    ifstream f1("C:\\MyProgram\\file.dat");
    if(!f1) { cout<<"不能打开文件:C:\\ MyProgram\\file.dat\n";   exit(1);}

或

    ifstream f2;
    f2.open("file.dat",ios::in);
    if(!f2){ cout<<"不能打开输入文件:file.dat\n";   exit(1);   }

说明:

由于在 ios 类中重载了取反运算符 "!",即 int ios ::operator!(){ return fail();},因此若文件打开成功,则 "!f1" 为 0,否则 "!f1" 为非 0。这样,判断文件打开与否的语句也可写成:

    ifstream f1("C:\\ MyProgram \\file.dat");
    if(f1.fail())

```
{ cout<<"不能打开文件：C\\ MyProgram\\file.dat\n"; exit(1); }
```

2. 文件的关闭

每个文件流类中都提供一个关闭文件的成员函数 close()，当打开的文件操作结束后，就需要关闭它，使文件流与对应的物理文件断开联系，并能够保证最后输出到文件缓冲区中的内容，无论是否已满，都将立即写入到对应的物理文件中。文件流对应的文件被关闭后，还可以利用该文件流调用 open 成员函数打开其他文件。

虽然在程序执行结束或在撤销文件流对象时，系统会调用文件流对象的析构函数自动关闭仍打开着的文件，但是对文件的操作完成后，还是应及时调用文件流对象的成员函数关闭相应文件，这样有利于系统收回相应资源。另外，操作系统对可以同时打开的文件数也是有限制的。

ifstream、ofstream、fstream 三个文件流类各有一个成员函数关闭文件，用法相同：

```
void ifstream::close();
void ofstream::close();
void fstream::close();
```

例如：

```
ifstream infile ("f1.dat");      //打开文件 f1.dat
inflile.close();                 //关闭文件 f1.dat
```

下面对文件的打开方式做几点说明：

（1）文件的打开方式可以为上述一个枚举常量，也可以是多个枚举常量（标志）通过位或 "|" 运算符来连接。

（2）当打开方式中不含有 ios::ate 或 ios::app 选项时，则文件指针被自动移到文件的开始位置，即字节地址为 0 的位置。

（3）当用输入文件流对象调用 open 成员函数打开一个文件时，打开方式参数可以省略，默认按 ios::in 方式打开，若打开方式参数中不含有 ios::in 选项，则会自动被加上。

5.3.3 文本文件的输入/输出（读/写）

文件流类 ifstream、ofstream 和 fstream 并未直接定义文件操作的成员函数，对文件的操作通过调用其基类 ios、istream 和 ostream 中的成员函数实现。这样，对文件流对象的基本操作与标准输入/输出流的操作相同，即可通过提取运算符 ">>" 和插入运算符 "<<" 来读/写文件。

【例 5.10】 复制一个文本文件到一个目标文件中。

程序如下：

```
#include<fstream>
#include<iostream>
using namespace std;
int   main()
{
```

```
        char ch,f1[256],f2[256];
        cout<<"请输入源文件名？";
        cin>>f1;
        cout<<"请输入目标文件名？";
        cin>>f2;
        ifstream in(f1,ios::in);
        ofstream out(f2);
        if(!in)  { cout<<"\n 不能打开源文件:"<<f1; return -1; }
        if(!out) { cout<<"\n 不能打开目标文件:"<<f2; return -1; }
        in.unsetf(ios::skipws);           //Line1
        while(in>>ch)                     //Line2
              out<<ch;                    //Line3
        in.close();
        out.close();
        cout<<"\n 复制完毕！\n";
        return 0;
    }
```

说明：Line1 行设置为不跳过文件中的空格。这时由于默认时提取运算符跳过空格，而文件复制必须包含空格。

对于 Line2 行的理解，首先应该说明 ios 类重载了一个唯一的类型转换运算符"void*"，即 operator void*(){return fail()?0:this;}；其次，Line2 行的表达式"in>>ch"的返回值是文件流对象 in。这样，while 语句的判断条件就是一个无法直接判断的文件流对象 in，此时系统自动调用文件流对象 in 的唯一的类型转换运算符"void*"对其做隐式类型转换，即（void*）in。由此可见，"while(in>>ch)"语句的作用是，文件流对象 in 读入一个字符并判断文件流对象 in 是否出错，若出错则结束循环，否则继续。

当然，上述程序的 Line2 和 Line3 行还可用以下语句代替：

```
        while(in)    {in>>ch;out<<ch;}
```
或
```
        while(!in.fail())   {in>>ch;out<<ch;}
```
或
```
        while(!in.eof())   {in>>ch;out<<ch;}
```
或
```
        while(in.get(ch))    { out<<ch;}
```

【例 5.11】 设文本文件 data1.txt 中有若干实数，每个实数之间用空格或换行符隔开。求出文件中这些实数的平均值和实数的个数。

程序如下：

```
    #include<fstream>
    #include<iostream>
    using namespace std;
    int   main()
    {
         float sum=0,t;
         int count=0;
```

```
            ifstream in("data1.txt",ios::in);
            if(!in) { cout<<"不能打开输入文件：\n"; return -1;}
            while(in>>t)     //依次读一个实数
             {
                  sum+=t,count++;
             }
            cout<<"\n 实数的平均值="<<sum/count<<",实数的个数="<<count;
            in.close();
            return 0;
        }
```

可用记事本设置文件 data1.txt 中的内容为：

```
20   50.9   30.7   46.6
89   90.8   24   50   50
```

程序运行结果：

```
实数的平均值=50.222,实数的个数=9
```

【例 5.12】 在现有 data2.txt 文件后面追加信息。
程序如下：

```
#include<iostream>
#include<fstream>
using namespace std;
int main()
{
    cout<<"Opening output file..."<<endl;
    ofstream ofile("data2.txt",ios::app);
    if(!ofile.fail())
    {
        cout<<"Appending to file..."<<endl;
        ofile<<"这是一个向文件中追加信息的例子！";
    }
    else
        cout<<"open fail."<<endl;
    return 0;
}
```

可用记事本建立文本文件 data2.txt，并向文件写入：C++程序设计。
程序运行后，再用记事本打开 data2.txt。
程序运行结果：

```
C++程序设计。这是一个向文件中追加信息的例子！
```

5.3.4 二进制文件的输入/输出（读/写）

对二进制文件的读/写要使用到文件流的成员函数 read()和 write()。读/写时，数据不做任何变换，直接传送。

二进制文件的读操作成员函数 read()的声明如下：

```
istream& istream::read(char *t, int n);
istream& istream::read(unsigned char *t, int n);
istream& istream::read(signed char *t, int n);
```

这三个成员函数的功能基本相同，意思是从二进制文件中读取 n 个字节数据到 t 指针所指的缓冲区。

二进制文件的写操作成员函数 write()的声明如下：

```
ostream& ostream::write(const char*t,   int n);
ostream& ostream::write(const unsigned char*t,   int n);
ostream& ostream::write(const signed char*t,   int n);
```

这三个成员函数的功能基本相同，意思是将 t 所指缓冲区的前 n 个字节数据写入二进制文件。

为了便于程序判断是否已读到文件的结束位置，从文件中读取数据时，类 ios 提供了一个成员函数 int ios::eof()，当读到文件结束位置时，该函数返回非零，否则返回 0。

【例 5.13】 将 1 与 100 之间的所有偶数存入二进制文件 data2.dat 中。

程序如下：

```cpp
#include<fstream>
#include<iostream>
using namespace std;
int   main()
{      ofstream out("data2.dat",ios::out|ios::binary);          //Line1
       if(!out){cout<<"data2.dat\n";return -1;}
       for(int   i=2;i<100;i+=2)
           out.write((char*)&i,sizeof(int));                    //Line2
       out.close();
       cout<<"\n 程序执行完毕！\n";
       return 0;
}
```

说明：Line1 行指定按二进制方式打开输入文件 data2.dat。Line2 行将整型指针转换成字符型指针，以符合该函数第一个参数类型的要求。

【例 5.14】写一个整型数组和一个浮点型数组到二进制文件 data3.dat 中，然后从 data3.dat 中读取数据并显示。

程序如下：

```cpp
#include<iostream>
#include<fstream>
using namespace std;
int main()
{
        int i_number[5]={10,20,30,40,50};
        float f_number[5]={1.53,2.2,3.0,4.0,5.55};
        int int_arr[5];
```

```cpp
    float float_arr[5];
    ofstream out("data3.dat");              //打开一个文件
    if(!out)
    {
        cout<<"can not open data3\n";
        return -1;
    }
    out.write((char*)&f_number,sizeof(f_number));   //把数组中的浮点数写入文件
    out.write((char*)&i_number,sizeof(i_number));   //把数组中的整数写入文件
    out.close();
    ifstream in("data3.dat");
    if(!in)
    {
        cout<<"can not open data3\n";
        return -1;
    }
    in.read((char*)&float_arr,sizeof(float_arr));   //从文件中把浮点数读入数组
    in.read((char*)&int_arr,sizeof(int_arr));       //从文件中把整数读入数组
    in.close();
    for(int i=0;i<5;i++)                    //显示浮点数
    {
        cout<<float_arr[i]<<" ";
    }
    cout<<endl;
    for(int i=0;i<5;i++)                    //显示整数
    {
        cout<<int_arr[i]<<" ";
    }
    cout<<endl;
    cout<<"程序执行完毕！\n";
    return 0;
}
```

程序运行结果：

```
1.53 2.2 3 4 5.55
10 20 30 40 50
```

5.3.5 文件的随机访问

C++把每一个文件都看成一个有序的流，如图 5.2 所示。每一个文件或者以文件结束符（end of file marker）结束，或者在特定的字节编号处结束。

图 5.2 C++把文件看成一个有序的 n 字节的流

当打开一个文件时，该文件就和某个流关联起来了。对文件进行读/写操作实际上受到一个文件定位指针（File Position Pointer）的控制，输入流的指针也称为读指针，每一次提取操作将从读指针当前所指位置开始，每次提取操作自动将读指针向文件尾移动。输出流指针也称为写指针，每一次插入操作将从写指针当前位置开始，每次插入操作也自动将写指针向文件尾移动。

按数据存放在文件中的先后顺序进行读写，称为顺序读写。文件流类也支持文件的随机读/写，即从文件的任何位置读或写数据。在 C++中可以由程序移动文件指针，从而实现文件的随机访问，即可读/写流中的任意一段内容。一般文本文件很难准确定位，所以随机访问多用于二进制文件。

对于输入流来说，用于文件读/写位置定位的成员函数有：

  istream& istream::seekg(streampos);   //绝对定位，相对于文件头
  istream& istream::seekg(streamoff,ios::seek_dir); //相对定位
  streampos istream::tellg();   //返回当前文件读/写位置

对于输出流来说，用于文件位置定位的成员函数有：

  ostream& ostream::seekp(streampos);   //绝对定位，相对于文件头
  ostream& ostream::seekp(streamoff,ios::seek_dir); //相对定位
  streampos ostream::tellp();   //返回当前文件读/写位置

其中 streampos 和 streamoff 类型等同于 long，而 seek_dir 在类 ios 中定义为一个公有的枚举类型：

```
enum    seek_dir
{                //以文件读/写位置相对定位时的参考点
    beg=0;       //以文件开始处作为参考点
    cur=1;       //以文件当前位置作为参考点
    end=2        //以文件结束处作为参考点
}
```

说明：

（1）函数名中的 g 是 get 的缩写，p 是 put 的缩写。

（2）文件读/写位置以字节为单位。

（3）成员函数 seekg（streampos）和 seekp（streampos）都以文件开始处为参考点，将文件读/写位置移到参数所指位置。

（4）成员函数 seekg（streamoff, ios::seek_dir）和 seekp（streamoff, ios::seek_dir）的第二参数的值是文件读/写位置相对定位的参考点，第一参数的值是相对于参考点的移动值，若为负值，则前移，否则后移。

（5）设按输入方式打开了二进制文件流对象：

  f.seekg(-10,ios::cur); //文件读/写位置从当前位置前移 10 字节
  f.seekg(10,ios::cur); //文件读/写位置从当前位置后移 10 字节
  f.seekg(-10,ios::end); //文件读/写位置以文件尾为参考点，前移 10 字节
          //若文件尾位置值为 6000，则文件读/写位置移到 5990 处

（6）在移动文件读/写位置时，必须保证移动后的文件读/写位置大于等于 0 且小于等于

文件尾字节编号，否则将导致其后的读/写数据不正确。

（7）随机文件的读/写分两步：先将文件读/写位置移到开始读/写位置；再用文件读/写函数读或写数据。

【例 5.15】 将 5 与 200 之间的奇数存入二进制文件，然后再依次读取文件中第 30~39 位置之间的数并输出。

程序如下：

```
#include<iostream>
#include<fstream>
using namespace std;
int  main()
{
    int  i,x;
    ofstream   out("data3.dat",ios::out|ios::binary);
    if(!out)   {cout<<"不能打开文件 d.dat\n"; return   -1;}
    for(i=5;i<200;i+=2)
        out.write((char*)&i,sizeof(int));
    out.close();
    ifstream f("data3.dat",ios::in|ios::binary);
    if(!f) { cout<<"不能打开文件 d.dat\n"; return   -1; }
    f.seekg(30*sizeof(int));        //文件指针移到指定位置
    for(i=0;i<10&&!f.eof();i++)
    {
        f.read((char*)&x,sizeof(int));
        cout<<x<<'\t';
    }
    f.close();
    return 0;
}
```

5.4 面向内存的字符串流

文件在 C++看来是字符流或二进制流，文件流是以外存文件为输入/输出对象的数据，所以文件流是与设备相关的。可以把流的概念应用到字符串上，这样字符串就可以看成字符串流。字符串流不是以外存文件为输入/输出对象的，而以内存中用户定义的字符数组为输入/输出对象。字符串流与内存相关，所以也称为内存流。可以用输入/输出操作来完成字符串流的操作。

文件流类有 ifstream、ofstream 和 fstream，而字符串流类有 istrstream、ostrstream 和 strstream，类名前面的 str 是 string（字符串）的缩写。文件流类和字符串流类都是 ostream、istream 和 iostream 类的派生类，因此对它们的操作方法是基本相同的，向内存中的一个字符数组写数据就如同向文件写数据一样。

建立字符串流对象的方法如下：

1. 建立输出字符串流对象

ostrstream 类提供的构造函数的原型为：

> ostrstream::ostrstream(char*buffer,int n,int mode=ios::out);

buffer 是指向字符数组首元素的指针；n 为指定的流缓冲区的大小（一般与字符数组的大小相同，也可以不同）；第 3 个参数是可选的，默认为 ios::out 方式。可以用下列语句建立输出字符串流对象，并与字符数组建立关联：

> ostrstream strout(a1,20);

意思是建立输出字符串流对象 strout，并使 strout 与字符数组 a1 关联，流缓冲区大小为 20。

2. 建立输入字符串流对象

istrstream 类提供了两个带参数的构造函数，istrstream 类提供的构造函数的原型为：

> istrstream::istrstream(char*buffer,int n);

buffer 是指向字符数组首元素的指针，用它来初始化流对象（使流对象与字符数组建立关联）。可以用下列语句建立输入字符串流对象，并与字符数组建立关联：

> istrstream strin(a2,20);

意思是建立输入字符串流对象 strin，并使 strin 与字符数组 a2 关联，流缓冲区大小为 20。

3. 建立输入/输出字符串流对象

strstream 类提供的构造函数的原型为：

> strstream::strstream(char*buffer,int n,int mode);

可以用以下语句建立输入/输出字符串流对象：

> strstream strio(a3,sizeof(a3),ios::in | ios::out);

意思是建立输入/输出字符串流对象，以字符数组 a3 为输入/输出对象，流缓冲区大小与数组 a3 相同。

以上 3 个字符串流类是在头文件 strstream 中定义的，因此在程序中用到 istrstream、ostrstream 和 strstream 类时应包含头文件 strstream。通过下面的例子可以进一步了解怎样使用字符串流。

【例 5.16】 提取一个字符串中的每一位整数，并把它们依次存入一个字符串流中，最后向屏幕输出这个字符串流。字符串从键盘输入，字符串流结束符使用字符 "$"。

程序如下：

```
#include<strstream>
#include<iostream>
using namespace std;
int main()
{
```

```cpp
        char a[50];
        char b[50];
        istrstream sin(a);              //定义一个输入字符串流 sin，使用的字符数组为 a
        ostrstream sout(b,sizeof(b));   //定义一个输出字符串流 sout，使用 b 数组
        cin.getline(a,sizeof(a));       //假定从键盘上输入的字符串为
                                        // "Ab108+506,446*555-25/ad763,WfR40jjf:kk{63;99}$"
        char ch=' ';
        int x;
        while(ch!='$')                  //使用 "$" 字符作为字符串流结束标志
        {
            if(ch>=48 && ch<=57)
            {
                sin.putback(ch);        //把刚读入的一个数字压回流中
                sin>>x;                 //从流中读入一个整数，当碰到非数字字符时
                                        //则认为一个整数结束
                sout<<x<<' ';           //将 x 输出到字符串流 sout 中
            }
            sin.get(ch);                //从 sin 流中读入下一个字符
        }
        sout<<'$'<<ends;                //向 sout 流输出作为结束符的 "$" 字符和
                                        //一个字符串结束符 "\0"
        cout<<b;                        //输出字符串流 sout 对应的字符串
        cout<<endl;
        return 0;
    }
```

程序运行时输入：

Ab108+506,446*555-25/ad763,WfR40jjf:kk{63;99}$↙

程序运行结果：

108 506 446 555 25 763 40 63 99 $

【例 5.17】 在一个字符数组 c 中存放了 N 个整数，以空格相间隔，要求将它们放到整型数组中，再按从大到小排序，然后存放回字符数组 c 中。

程序如下：

```cpp
#include<strstream>
#include<iostream>
using namespace std;
#define N 10
int main()
{
    char c[50]="18 134 60 -1 -32 39 65 99 361 3";
    int a[N],i,j,t;
    cout<<"array c:"<<c<<endl;              //显示字符数组中的字符串
    istrstream strin(c,sizeof(c));          //建立输入串流对象 strin 并与字符数组 c 关联
```

```
        for(i=0;i<N;i++)
            strin>>a[i];                    //从字符数组 c 读入 N 个整数赋给整型数组 a
        cout<<"array a:";
        for(i=0;i<N;i++)
            cout<<a[i]<<"";                 //显示整型数组 a 中的各元素
        cout<<endl;
        for(i=0;i<N-1;i++)                  //用冒泡法对数组 a 排序
            for(j=0;j<N-1-i;j++)
                if(a[j]<a[j+1])
                    {t=a[j];a[j]=a[j+1];a[j+1]=t;}
        ostrstream strout(c,sizeof(c));     //建立输出串流对象 strout 并与字符数组 c 关联
        for(i=0;i<N;i++)
            strout<<a[i]<<"";               //将 N 个整数存放在字符数组 c 中
        strout<<ends;                       //加入 "\0"
        cout<<"array c:"<<c<<endl;          //显示字符数组 c
        return 0;
    }
```

程序运行结果：

array c:18 134 60 -1 -32 39 65 99 361 3	（字符数组 c 原来的内容）
array a:18 134 60 -1 -32 39 65 99 361 3	（整型数组 a 的内容）
array c:361 134 99 65 60 39 18 3 -1 -32	（字符数组 c 最后的内容）

说明：

（1）程序中先后建立了两个字符串流 strin 和 strout，与字符数组 c 关联。strin 从字符数组 c 中获取数据，strout 将数据传送给字符数组，分别对同一字符数组进行操作。甚至可以对字符数组交叉进行读/写，输入字符串流和输出字符串流分别有流指针指示当前位置，互不干扰。

（2）用输出字符串流向字符数组 c 写数据时，是从数组的首地址开始的，因此更新了数组的内容。

通过上面两个例子，在学习中应注意体会以下 5 点：

（1）字符串流输出时是向内存中的一个存储空间写入数据，输入时是从内存中的存储空间读取数据。严格意义上说，这不属于输入/输出（输入/输出一般指的是在内存与外存文件之间的数据传送）。由于 C++ 的字符串流采用了 C++ 的流输入/输出机制，因此往往也用输入/输出来表述字符串流。

（2）字符串流类没有 open 成员函数，字符串流不需要打开和关闭文件。因为对象关联的不是文件，而是内存中的某个字符数组。与字符串流关联的字符数组相当于内存中的临时仓库，可以用来存放各种类型的数据（以 ASCII 形式存放），在需要时再从中读取回来。它的用法相当于标准设备（显示器、键盘等），但标准设备不能保存数据，而字符数组中的内容可以随时用 ASCII 字符输出，所以它比外存文件使用方便。另外，字符串流关联的字符数组并不一定是专为字符串流而定义的数组，它与一般的字符数组无异，可以对该数组进行其他各种操作。

（3）通过字符串流从字符数组读数据就如同从键盘读数据一样，可以从字符数组读入字

符数据，也可以读入整数、浮点数或其他类型的数据。

（4）字符串流所关联的字符数组中没有相应的结束标志，用户要自己指定一个特殊字符作为结束符，在向字符数组写入全部数据后要写入此字符。而每个文件的最后都有一个文件结束符，表示文件的结束。

（5）在建立字符串流对象时，需要确立字符串流与字符数组的关联，该关联需要通过调用构造函数并传递参数来解决。

5.5 自定义数据类型的输入/输出

预定义的标准输入/输出流只能输入/输出基本类型的数据。为了输入/输出自定义的类型数据，用户可以重载 "<<" 和 ">>" 运算符。因为这两个运算符的左操作数必须为输出流对象或输入流对象，所以只能重载为类的友元运算符。

重载插入运算符的一般格式为：

    friend　ostream& operator<<(ostream&,ClassName&);

函数的返回值必须是对类 ostream 的引用，以便连续使用 "<<" 运算符。函数的第一个参数必须是类 ostream 的引用，是 "<<" 的左操作数；第二个参数为用户自定义类的引用（也可为类的对象），是 "<<" 的右操作数。

重载提取运算符的一般格式为：

    friend istream& operator>>(istream&,ClassName&);

函数的返回值必须是对类 istream 的引用，以便连续使用 ">>" 运算符。函数的第一个参数必须是类 istream 的引用，是 ">>" 的左操作数；第二个参数为用户自定义类的引用（也可为类的对象），是 ">>" 的右操作数。例如，有两个对象 m 和 n，则 cin>>m>>n 相当于 operator>>(operator>>(cin,m),n)。

有了插入和提取运算符的重载，用户在声明了自己的类后就可以像输入/输出标准类型数据一样来输入/输出自己的类声明的对象了。用户在自己定义的类中不必定义许多成员函数去完成输入/输出功能，从而使程序更加简单、易读。好的运算符重载能体现面向对象程序设计思想。

【例 5.18】 重载提取和插入运算符，直接输入/输出对象。

程序如下：

```
#include<iostream>
using namespace std;
class CMoney;
ostream& operator<<(ostream& os,CMoney& m);
istream& operator>>(istream& is,CMoney& m);
class CMoney
{
private:
    int Dollar,Cents;
public:
    friend ostream& operator<<(ostream&,CMoney&);
```

```cpp
        friend istream& operator>>(istream&,CMoney&);
        CMoney(int m=0,int c=0) {Dollar=m;Cents=c;}
};
ostream& operator<<(ostream& os,CMoney& m)
{
    os<<"￥"<<m.Dollar<<"元\t"<<m.Cents<<"分\n";
    return os;
}
istream& operator>>(istream& is,CMoney& m)
{
    is>>m.Dollar>>m.Cents;
    return is;
}
int    main()
{
    CMoney m;
    cout<<"输入两个整数："; 
    cin>>m;                //等价于 operator>>(cin,m)
    cout<<m;               //等价于 operator<<(cout,m)
    cout<<"程序执行完毕！\n";
    return 0;
}
```

执行程序时，若输入数据为：

```
200 50✓
```

程序运行结果：

```
￥200 元    50 分
```

5.6 综合应用实例

【例 5.19】 下列程序显示并保存[2,1000]内的所有素数，显示和保存素数的格式为：每行 10 个素数，每个素数占 7 个字符位置，右对齐，最后一行不足 10 个素数时按一行输出。

程序如下：

```cpp
#include<iomanip>
#include<fstream>
#include<cmath>
#include<iostream>
typedef    unsigned long UL;
using namespace std;
class CPrime;
ostream& operator<<(ostream& os,CPrime& p);
class CPrime
{    //定义求解[start,end]内所有素数的类
```

```cpp
    protected:
        UL start,end;                  //end>start>1
        int IsPrime(UL i);             //若 i 是素数则返回 1，否则返回 0
    public:
        CPrime(UL s=2ul,UL e=1000ul);
        UL& Start();                   //设置/取得 start
        UL& End();                     //设置/取得 end
        //向 os 流输出 p 对象在[start,end]内的所有素数
        friend ostream& operator<<(ostream& os,CPrime& p);
};
int CPrime::IsPrime(UL i)
{
        UL j,k=(UL)(sqrt((float)i));
        for(j=2;j<=k;j++)
                if(i%j==0)  break;
        if(j>k)    return 1; else return 0;
}
CPrime::CPrime(UL s,UL e) { start=s; end=e;}
UL& CPrime::Start() { return start; }
UL& CPrime::End() { return end; }
ostream& operator<<(ostream& os,CPrime& p)
{
        UL i; int count;
        for(i=p.start,count=0;i<p.end;i++)
          if(p.IsPrime(i))
          {
                if(count==10)
                {
                        os<<endl<<setw(7);
                        count=0;
                }
                else
                {
                        os<<setw(7)<<i;
                        count++;
                }
          }
        os<<endl;
        return os;
}
int  main()
{
        CPrime prime;
        ofstream f("prime.txt");
        cout<<prime;                   //显示[2,1000]内的所有素数
```

```
        f<<prime;                    //向文件流对象 f 输出[2,1000]内的所有素数
        return 0;
    }
```

【例5.20】 从键盘上接收 6 个学生的数据，要求：
① 把它们存入磁盘的二进制文件中，文件名为 student.dat。
② 将磁盘文件中的第 1、3、5 个学生数据读入程序，并显示出来。
③ 修改第 4 个学生的数据，然后存回磁盘文件原来的位置。
④ 从磁盘文件读入修改后的 6 个学生的数据并显示出来。
程序如下：

```
#include<iostream>
#include<fstream>
#include<string>
using namespace std;
struct student
{
    int num;
    string name;
    float english_score;
    float maths_score;
    float computer_score;
};

int main()
{
    student stud[6];
    int i;
    for (i=0;i<6;i++)   //从键盘上读入 6 个学生的信息
    {
        cout<< endl <<"请输入第"<<i+1<<"个学生的信息："<<endl;
        cout<<"学号：";
        cin>>stud[i].num;
        cout<<"姓名：";
        cin>>stud[i].name;
        cout<<"英语成绩：";
        cin>>stud[i].english_score;
        cout<<"数学成绩：";
        cin>>stud[i].maths_score;
        cout<<"计算机成绩：";
        cin>>stud[i].computer_score;
    }
    fstream iofile;
    //定义一个二进制输入/输出文件流对象
```

```cpp
            //注意：ios::in 和 ios::out 联用时，要求文件存在。否则，打开失败
            iofile.open("student.dat",ios::in|ios::out|ios::binary);
            if(! iofile)
            {
                cerr<<" file open error!"<<endl;
                return -1;
            }
            for(i=0;i<6;i++)            //写 6 个学生的数据到文件中
            {
                iofile.write((char *)&stud[i],sizeof(stud[i]));
            }
            student stud2[6];           //定义一个数组，用来存放从文件中读出的数据
            for(i=0;i<6;i=i+2)
            {
                iofile.seekg(i*sizeof(stud2[i]),ios::beg);   //文件指针定位在 1、3、5 学生的数据
                iofile.read((char *)&stud2[i/2],sizeof(stud2[0]));//读数据
                //显示数据
                cout<<stud2[i/2].num<<""<<stud2[i/2].name<<" "<<stud[i/2].english_score<<" "<<stud[i/2].maths_score<<" "<<stud[i/2].computer_score<<endl;
            }
            cout<<endl;
            //修改第 4 个学生的信息
            stud[3].num=9999;
            stud[3].name="Change";
            stud[3].english_score=90;
            stud[3].maths_score=100;
            stud[3].computer_score=100;
            //定位在第 4 个学生的位置 beg 为从开始位置
            iofile.seekp(3*sizeof(stud[0]),ios::beg);
            iofile.write((char *)&stud[3],sizeof(stud[3]));    //把修改后的数据写入原来的位置
            iofile.seekg(0,ios::beg);
            for( i=0;i<6;i++)           //读出 6 个学生的信息并显示
            {
                iofile.read((char *)&stud[i],sizeof(stud[i]));
                cout<<stud[i].num<<" "<<stud[i].name<<" "<<stud[i].english_score<<" "<<stud[i].maths_score<<" "<<stud[i].computer_score<<endl;
            }
            iofile.close();
            return  0;
        }
```

程序运行结果：

请输入第 1 个学生的信息：
学号：1101↙

姓名：ZHANG↙
英语成绩：60↙
数学成绩：70↙
计算机成绩：80↙
请输入第 2 个学生的信息：
学号：1102↙
姓名：WANG↙
英语成绩：70↙
数学成绩：80↙
计算机成绩：90↙
请输入第 3 个学生的信息：
学号：1103↙
姓名：LI↙
英语成绩：80↙
数学成绩：90↙
计算机成绩：100↙
请输入第 4 个学生的信息：
学号：1104↙
姓名：ZHAO↙
英语成绩：65↙
数学成绩：70↙
计算机成绩：75↙
请输入第 5 个学生的信息：
学号：1105↙
姓名：LIU↙
英语成绩：75↙
数学成绩：80↙
计算机成绩：85↙
请输入第 6 个学生的信息：
学号：1106↙
姓名：YU↙
英语成绩：67↙
数学成绩：60↙
计算机成绩：60↙
1101 ZHANG 60 70 80
1103 LI 70 80 90
1105 LIU 80 90 100
1101 ZHANG 60 70 80
1102 WANG 70 80 90
1103 LI 80 90 100
9999 Change 90 100 100   //修改后的信息
1105 LIU 75 80 85
1106 YU 67 60 60

习题 5

一、选择题

1. 相对于文本文件来说，对于二进制文件下面说法不正确的是_____。
（A）占用空间小　　　　　　　　（B）无法用常规的编辑工具看懂
（C）执行效率高　　　　　　　　（D）可移植性好

2. 下面设置十六进制控制符的是_____。
（A）dec　　　　（B）oct　　　　（C）hex　　　　（D）ws

3. fixed 是输出格式中用到的状态标志，下列说法正确的是_____。
（A）以浮点格式显示浮点数值
（B）以定点格式显示浮点数值（没有指数部分）
（C）以定点格式显示浮点数值（有指数部分）
（D）以上说法都不正确

4. 流都有一个状态标志字，关于 failbit 下列说法正确的是_____。
（A）上次读/写操作成功，但流仍可使用
（B）上次读/写操作成功，但流不可使用
（C）上次读/写操作失败，但流仍可使用
（D）上次读/写操作失败，但流不可使用

5. 关于 eof()函数，下面说法正确的是_____。
（A）是执行文件打开的操作函数　　（B）是用于判断输入/输出错误的函数
（C）是判断文件是否结束的函数　　（D）是执行文件关闭的函数

6. ate 是打开文件的一种方式，下面说法正确的是_____。
（A）可以单独使用　　　　　　　　（B）只要打开文件成功，将清空原来的内容
（C）把文件指针移到文件尾　　　　（D）能用于文件的追加写入数据

7. seekg(-40,ios::cur)的意思是_____。
（A）读/写位置从当前位置前移 40 字节
（B）读/写位置从当前位置后移 40 字节
（C）读/写位置从当前位置上移 40 字节
（D）读/写位置从当前位置下移 40 字节

二、简答题

1. 什么叫做流？流的提取和插入是指什么？输入/输出流在 C++中起怎样的作用？
2. 什么是字节流、字符流和二进制流？
3. cerr 和 clog 的作用是什么？有何区别？
4. 用什么方法来控制输入/输出流中出现的错误？
5. 比较读/写文本文件与二进制文件的异同。
6. 随机读/写是什么意思？常用于哪种类型的文件？
7. 文件流和字符串流有什么区别？

三、编程题

1. 给下面的程序加注释，并按照其格式写出程序的运行结果。

```
#nclude<iostream>
#include<iomanip>
using namespace std;
int main()
{
    int x=468;
    double y=-3.425648;
    cout<<"x="<<setw(10)<<x;
    cout<<"y="<<setw(10)<<y<<endl;
    cout<<setiosflags(ios::left);
    cout<<"x="<<setw(10)<<x;
    cout<<"y="<<setw(10)<<y<<endl;
    cout<<setfill('*');
    cout<<setprecision(3);
    cout<<setiosflags(ios::showpos);
    cout<<"x="<<setw(10)<<x;
    cout<<"y="<<setw(10)<<y<<endl;
    cout<<resetiosflags(ios::left | ios::showpos);
    cout<<setfill(' ');
    return 0;
}
```

2. 给下面的程序加注释，并写出程序的运行结果。

```
#include<iostream>
#include<fstream>
#include<string>
using namespace std;
void out()
{   ofstream ofile;
    ofile.open("date.txt");
    if(!ofile.fail())
    {   ofile<<"This is test data";
        ofile.seekp(4);
        cout<<ofile.tellp()<<endl;
        ofile.close();
    }
    else
        cout<<"open output fail."<<endl;
}
void in()
{
```

```
        ifstream ifile("date.txt");
        string s;
        if(!ifile.fail())
        {   ifile.seekg(8);
            cout<<ifile.tellg()<<endl;
            ifile>>s;
            cout<<ifile.tellg()<<endl;
            cout<<s<<endl;
        }
        else
            cout<<"open input fail."<<endl;
    }
    int main()
    {
        out ();
        in();
        return 0;
    }
```

3. 用控制符控制格式输出如图 5.3 所示的图形。

```
*************
***********
*********
*******
*****
***
*
```

图 5.3　题图

4. 编写程序向当前目录下的 data1.txt 文本文件输出 0～20 的整数，含 0 和 20。

5. 将 1 与 100 之间的所有奇数存入二进制文件 data2.dat 中，并从中读出显示到屏幕上。

6. 从一个字符串流中输入用逗号分开的每一个整数并显示到屏幕上，以@为串结束标志，如 "318,460 ,155, 278,420 ,727,600,993@"。

7. 定义一个浮点型数组，含 20 个元素，从键盘上输入 20 个浮点数给这个数组，把这些数放到磁盘文本文件中，然后再从这个文件中读取这些数据到另一个数组中并输出。求出这些数中的最大值和最小值，以及它们在这 20 个数中的位置（序号）并输出，最后再从小到大排序输出 20 个浮点数。

第6章

异常处理

程序在运行过程中,出现错误在所难免,如提出内存分配申请时内存空间不足、请求打开的文件不存在、被0除等。在出现错误时,如何保证程序继续运行而不至于引起更大的错误甚至系统崩溃呢?为了解决这些问题,C++引入异常处理机制。异常处理机制通过抛出异常与处理异常分离的方式,使程序的每个部分只完成自己的本职工作,而不互相干扰,保证了程序的高容错性。本章主要介绍异常的概念、异常的产生及异常的处理机制,并通过实例解释了C++异常处理的过程。

通过对本章的学习,应该重点掌握以下内容:

- ➢ 异常的概念、异常的产生。
- ➢ 异常的处理机制。
- ➢ throw、try和catch的用法。

6.1 异常的概念

程序在运行过程中，出现错误在所难免，在出现错误时，要保证程序继续运行，不至于引起更大的错误甚至系统崩溃。为了解决这样的问题，C++引入异常处理机制。异常处理机制通过抛出异常与处理异常分离的方式，使程序的每个部分只完成自己的本职工作，而不互相干扰，保证了程序的高容错性。

程序的错误有两种，一种是语法错误，另一种是运行错误。前者是在编译器编译时，编译器就可以发现的错误，是容易被检查和发现的错误。后者则是运行时，由于程序设计的错误（如指针没有分配空间就使用），或者程序没有预见到使用环境和输入参数的异常（如打印机未打开或网络掉线），而导致程序处理异常数据时出现程序崩溃。因此编写程序时，程序员要预见各种异常情况，尽量考虑到对各种异常情况的处理。

所谓异常（Exception）是程序运行过程中，由于环境变化、用户操作失误及其他方面的原因而产生的运行时不正常的情况，它要求程序立即进行处理，否则会引起程序错误甚至崩溃。

常见引起异常的问题有：空闲内存耗尽、请求打开不存在的文件、被0除、打印机未打开、数组越界访问、超出数据处理范围等。

如下面的程序段将会产生异常。

【例6.1】 计算函数 double div(double a, double b)。

```cpp
#include<iostream>
using namespace std;
int main()
{
    double x,y,z;
    cout<<"请输入两个数: ";
    cout<< div(x,y);
    return 0;
}
double div(double a,double b)
{
    return a/b;
}
```

例6.1中，如果输入的被除数y的值为0，则会引起程序崩溃。而上述程序中，函数div（double a,double b）的功能是返回两数相除的结果，而主调函数的功能是显示两数相除的结果。当被除数为0时，函数div知道发生异常而无法处理异常，主调函数可以处理异常（返回异常的结果），但是无法确定何时发生异常。

为解决这些问题，C++引入了异常处理机制。

6.2 异常处理机制

6.2.1 异常处理机制的组成

C++提供了 3 个关键字 try、throw 和 catch，用于进行异常处理。C++的异常处理主要包括以下几部分。

（1）抛出异常。

如果程序发生异常情况，而在当前的上下文环境中获取不到处理这个异常的足够信息，程序将创建一个包含出错信息的对象并将该对象抛出当前上下文环境，将错误信息发送到更上一层的上下文环境中，这个过程称为抛出（throw）异常。

（2）检测异常。

对于一个抛出异常，如果某一个模块能够（或想要）处理这个异常，它就可以检测控制程序段内是否发生且抛出异常，这个过程称为检测（try）异常。

（3）捕获异常。

如果在 try 语句块的程序段中（包括在其中调用的函数）发现了异常，且抛出了该异常，则这个异常就可以被 try 语句块后的某个 catch 语句捕获并处理，捕获和处理的条件是被抛出的异常类型与 catch 语句的异常类型相匹配。

6.2.2 异常处理的实现

1. 异常处理的语法

如果程序发生异常，但是在当前函数中不能处理该异常，则会将其抛出，而由调用该函数的上一级函数处理。抛出异常通过 throw 表达式来实现，语法格式如下：

```
throw 表达式;
```

说明：throw 后的表达式表示抛出异常的类型，可以是一个变量、常量或一个对象。throw 语句在语法上与 return 语句相似。下面两条 throw 语句后的表达式都是常量，第一条语句抛出了 int 类型的异常，第二条语句抛出了 const char*类型的异常。

```
throw 1;
throw ("出现异常");
```

try-catch 结构描述如下：

```
try
{
    被检查语句
}
catch(异常类型声明)
{
    异常处理语句
```

}

说明:

(1) try 块可以包含任何 C++语句,甚至可以包含整个函数,但是 try 块必须包含能够抛出异常的语句。当被检测函数出现异常时,catch 块中获得异常的信息。

(2) try 块和 catch 块作为一个整体出现,并且 catch 块必须紧跟在 try 块之后,中间不能插入其他语句。

(3) try 块可以单独出现,而无 catch 块,表示无论是否有异常都不进行处理。

(4) 一个 try-catch 结构中只能有一个 try 块,可以有多个 catch 块,每个 catch 块的异常信息必须是不同的数据类型,以便和不同的异常信息匹配。

例如:

```
try
{
    ...
}
catch (double)      //捕捉 double 类型的异常
{
}
catch (int)         //捕捉 int 类型的异常
{
}
catch (char*)       //捕捉 char *类型的异常
{
}
```

(5) try-catch 结构可以和 throw 出现在同一个函数中,这时 throw 抛出异常后,catch 首先匹配本函数抛出的异常,如果匹配,则由本函数 catch 捕捉,否则由上一层函数处理。

(6) throw 可以不包含参数,用于 catch 捕捉后再原样抛出,由上一层函数处理。

(7) 异常信息若没有被捕捉,则会发生异常。

(8) 在异常处理过程中也可能存在"单个 catch 子句不能完全处理这个异常"的情况,那么该异常处理器在做完局部能够做的事情后,可以再一次抛出这个异常,让上一层函数处理,也就是重新抛出。

(9) 如果 throw 语句没有被执行,那么 catch 块将被忽略。在实际运用中,throw 执行前一般有一个条件判断。

(10) 如果 catch 中的处理程序执行完毕,而无返回或终止指令,将跳过后面的 catch 块继续执行程序。

(11) C++在异常处理中提供了一个能捕捉所有异常的 catch 块。这个能捕捉所有异常的 catch 块的语法格式为:

```
catch(…)
{
    异常处理语句
}
```

其中，程序中的"…"表示可捕捉所有的异常，但使用省略号就不可能有参数，也不可能知道所接收到的异常为何种类型。其他部分和普通 catch 块完全一样。

catch(…)可以单独使用，也可以与其他 catch 块一起使用。但是在 C++中，当异常被抛出后，catch 块被检查的顺序与它们在 try 块后出现的顺序相同，并且一旦找到了一个匹配，就不再检查后续的 catch 块，因此 catch(…)与其他 catch 块一起使用时需要放在所有 catch 之后。

（12）catch 在比较类型匹配时并不需要完全相同。被 throw 抛出的异常数据类型与 catch 处理程序的参数类型进行匹配的过程由精确匹配和自动数据类型转换的匹配组成。

下列情况视为二者类型匹配：

- catch 的参数类型与抛出异常严格匹配。
- 抛出为值类型时，如果是简单数据类型，则按照隐形转换规则匹配；如果是类类型，则参数类型是被抛出异常数据类型的公有基类。
- 如果是指针类型，则 catch 的参数类型是指向被抛出指针类型的基类指针。

2. 异常处理的执行过程

异常处理的执行过程如下。

（1）如果在保护段执行期间没有引起异常，那么程序就跳过 try 块后面所有的 catch 语句，继续执行紧接着最后一个 catch 块后面的程序。

（2）如果在保护段执行期间或在保护段调用的任何函数中（直接或间接调用）有异常被抛出，则将终止执行保护段内以后的语句。抛出异常信息和本层的 catch 块按照上述规则（12）进行数据类型匹配。

（3）如果找到一个匹配的 catch 块，则执行 catch 块中的语句，然后再执行所用 catch 块之后的语句。

（4）如果未找到匹配的 catch 块，则本层不处理，由上层 try、catch 按照上述规则处理，如果直至主函数 main 也没有找到匹配的 catch 块，则程序直接终止运行。

【例 6.2】 抛出异常到处理异常的过程。

下面 main()函数的 try 块中包含可能抛出异常的代码，当 try 块中出现异常时，跟随其后的 catch 块将捕捉抛出的异常进行处理，从而不使程序陷入崩溃。

```
#include <iostream>
using namespace std;
double   divide(double x1, double x2)
{//输入偶数，否则产生异常
    if(x2==0)
            throw "除数为 0,无法计算！"; //抛出异常
    return x1/x2;
    // 程序其他部分
}
int main()
{
    double x1,x2,dRet ;
    bool bRet = true;
    cout<<"请输入两个数:";
```

```
        cin>>x1>>x2;
        try
        {
            dRet = divide(x1,x2); //divide 可能抛出异常
        }
        catch (char* message)      //捕获异常
        {
            bRet =false;
            cout<<message<<endl;
        }
        if(bRet)
            cout<<x1<<"/"<<x2<<"="<<dRet<<endl;
        cout<<"程序结束！"<<endl;
        return 0;
    }
```

运行结果：

```
请输入两个数:12   0↙
除数为0，无法计算！
程序结束！
```

【例6.3】 重新抛出捕捉异常的例题。

```
    #include <iostream>
    using namespace std;
    void fun2( int x)
    {
        throw x;
    }
    void func3(int a)
    {
      try
      {
        fun2(a);
      }
      catch (int x)
      {//如果异常参数 x<=0 则进行处理，否则继续抛出
        if(x<=0)
        {
            cout<<"fun3 中处理异常！"<<endl;
        }
        else
        {
            cout<<"重新抛出异常！"<<endl;
            throw x; //重新抛出
        }
```

```cpp
        }
    }
    int main()
    {
        try
        {
            func3(1);
        }
        catch (int x)
        {
            cout<<"处理了 int 类型的异常！"<<endl;
        }
        return 0;
    }
```

程序运行结果为：

> 重新抛出异常！
> 处理了 int 类型的异常！

函数 fun2(int x)抛出异常，抛出异常的信息就是传入的参数 x；func3(int a)中调用函数 fun2(a)，并捕获到该异常，获得异常信息，如果异常信息值小于 0，则重新抛出，在主函数中捕获，否则在 func3 函数中处理该异常。

【例 6.4】 类型匹配捕捉异常例题。

```cpp
#include <iostream>
using namespace std;
void fun2( int x)
{
    throw "抛出异常";
}
void fun3(int a)
{
    try
    {
        fun2(a);
    }
    catch (int x)
    {//如果异常参数 x<=0 则进行处理，否则继续抛出
        cout<<"fun3 检测到抛出异常！"<<endl;
    }
}
int main()
{
    try
    {
```

```
            fun3 (-1);
        }
        catch (char* str)
        {
            cout<<"主函数捕捉了异常，异常信息是："<<str<<endl;
        }
        return 0;
    }
```

程序运行结果为：

> 主函数捕捉了异常，异常信息是：抛出异常

讨论：在抛出异常时，异常信息理论上可以是对象，可以是指针，也可以是常量。如果是常量，一般为基本数据类型，占据资源较少，由系统自动收回空间，相对简单；对于指针而言，如果指针指向的是本地局部变量，由于抛出后局部变量已经销毁，而使 catch 块中获得的指针指向无效地址；如果是从堆中申请的空间，则需要在捕获异常语句中销毁指针，不符合 C++设计的思想，一般不建议使用指针作为传递异常信息的参数。

如果抛出的是一个普通对象，捕获时 catch 中的表达式为值捕获异常时，由于值传递需要调用两次拷贝构造函数（中间要产生一个临时对象），这样会消耗资源，效率较低，同时传递的对象中有虚函数时也会产生问题。当 catch 为引用捕获异常时，只会调用一次拷贝构造函数（传递给临时对象时调用拷贝构造函数，临时对象传递给 catch 引用参数时，则不调用拷贝构造函数），所以推荐捕获异常时 catch 的表达式采用引用方式传递参数。

6.3 异常处理规范

几乎所有商业性质的函数库都不是以源代码的形式发布的，这时程序员要准确获得这些函数抛出的异常就非常困难。虽然可以在随函数库发行的帮助文件中对抛出异常进行说明，但是可能由于版本更新等原因使得文件中的说明和函数实际抛出的异常不完全一致。

为了解决这个问题，C++引入了异常规范（Exception Specification）。异常规范规定：随着函数声明列出该函数可能抛出的异常，并保证该函数不会抛出其他类型的异常。异常规范也使用了关键字 throw，函数所有可能抛出的异常类型均随着关键字 throw 而插入函数说明中。常见附带异常说明的函数说明有以下 3 种情况。

（1）函数返回类型 函数名（参数列表）throw（类型列表）；
（2）函数返回类型 函数名（参数列表）throw()；
（3）函数返回类型 函数名（参数列表）。

在第一种情况中，函数所有可能抛出的异常类型都列在类型列表中，其中类型列表可以是一到多种数据类型，包括自定义数据类型。

第二种情况表示函数不会抛出任何类型的异常。

第三种情况就是函数的声明，它表示函数有可能抛出任何类型的异常。由于 C++异常规范并非强制规定，因此没有在函数说明后附带异常说明并非语法错误，只是良好的编程规范希望程序员如此。

目前有些编译器并不完全支持异常规范，也就是说当函数抛出的异常类型和函数声明的异常类型不一致时，编译器并不会不让编译通过，有的只是提出警告。

另外当本层函数调用的函数抛出的异常类型与本层函数声明的类型不同时，编译器不能检查出来，例如：

```
void fun1()
{
    throw 1;
}
void fun2() throw (char*)
{
    fun1();
    throw("异常");
}
```

上述函数中，由于函数 fun1 抛出整型数据，虽然函数 fun2 要求抛出字符串，但是其实际上还可以抛出整型异常，编译器无法检查出这种不一致。因此，异常规范只是要求程序员遵守的一种编程规范，并不强制执行。

【例 6.5】 异常规范的处理例题。使用附带异常说明的外部函数时，程序员可以对函数可能抛出的异常进行处理，这样不会造成程序的更大错误。

```
#include <iostream>
#include <windows.h>
using namespace std;
void fun1(int x) throw(int, char*)
//函数抛出异常，异常信息可能为 int 型和 char*
{
   if(x==0)
      throw 0;
   if(x<0)
      throw "error";
}
void fun2() throw()
//函数不抛出任何异常
{
   int i = 0;
   while(i<10)
      Sleep(1);
   i++;
   throw 1;
}
void fun3(int x) throw(double)
{
   fun1(x);
}
int main()
{
   try
   {
```

· 228 ·

```
        fun1(8);
    }
    catch (int x)
    {
        cout<<"处理了 int 类型的异常"<<endl;
    }
    catch (char* s)
    {
        cout<<"处理了 char*类型的异常"<<endl;
    }
    fun2();
    cout<<"程序结束！"<<endl;
    return 0;
}
```

6.4 标准库中的异常类

在标准 C++库中提供了一个异常类的基类 exception 及其多个派生类，用于报告 C++标准库中的函数在执行期间遇到的不正常情况。表 6.1 描述了这些标准异常类。

表 6.1 标准异常类

类　　名	说　　明	头　文　件
exception	所有异常类的基类，可以调用它的成员函数 what()获取其特征的显示说明	exception
logic_error	exception 的派生类，预置条件或类不变量之间的冲突	stdexcept
invalid_argument	logic_error 的派生类，表示非法的参数错误	stdexcept
domain_error	logic_error 的派生类，违反前置条件	stdexcept
length_error	logic_error 的派生类，超出数据的最大长度	stdexcept
out_of_range	logic_error 的派生类，参数越界	stdexcept
runtime_error	exception 的派生类，报告程序的运行错误，这些错误仅在程序运行时可以被检测到	stdexcept
range_error	runtime_error 的派生类，违反后置条件	stdexcept
overflow_error	runtime_error 的派生类，目标类型太大	stdexcept

根类 exception 定义在头文件<exception>中，是 C++标准库函数抛出的所有异常的基类。exception 类的接口如下。

```
class exception {
  public:
    exception() throw();
    exception(const exception &)throw();
    exception& operator=(const exception&)throw();
    virtual ~exception() throw();
    virtual const char* what() const throw();
};
```

exception 类接口中的函数都有一个空的异常规范 throw()，这表示 exception 类的成员函数不会抛出任何异常。成员函数 what()返回一个字符串，它描述抛出异常的相关信息。what()是一个虚函数，exception 类的派生类可以改写 what()函数以更好地描述派生类的异常对象。

除了 exception 类也可以被程序员用作基类创建自己的异常类。

6.5 C++11 引入的异常处理

当程序在运行时发生错误，使得程序的继续运行变得毫无意义时，C++中的异常机制提供了一个解决方法。

1. C++98 异常处理（throw）

在函数声明时，使用 throw 指定一个函数可以抛出异常的类型。例如：

```
class Ex
{
    public:
        double getVal();
        void display() throw();
        void setVal(int i) throw (char*, double);
    private:
        int m_val;
};
```

上述函数的声明指定了该函数可以抛出异常的类型：

getVal() 可以抛出任何异常（默认）；
display() 不可以抛出任何异常；
setVal() 只可以抛出 char* 和 double 类型异常。

从功能上来说，C++98 中的异常处理机制完全能满足我们的需要，正确地处理异常。然而，编译器为了遵守 C++语言标准，在编译时，只检查部分函数的异常规格（exception specification）。

例如，下面程序的执行过程：

```
// 函数声明
extern void funAny(void);                        //可抛出任何异常
void check(void) throw (std::out_of_range);      //仅抛出 std::out_of_range 异常
// 函数的定义执行过程
void check(void) throw(std::out_of_range)
{
    funAny();
    ...
}
```

这个函数默认情况下会调用 std::teminate()。

2. C++11 异常处理（noexcept）

编译器在编译时能够做的检测非常有限，因此在 C++11 中异常声明被简化为以下两种情况：
① 函数可以抛出任何异常（和之前的默认情况相同）；
② 函数不可以抛出任何异常。
在 C++11 中，声明一个函数不可以抛出任何异常使用关键字 noexcept。

```
void mightThrow();          // 可抛出任何异常
void doesNotThrow() noexcept; // 不能抛出任何异常
```

下面两个函数声明的异常规格在语义上是相同的，都表示函数不抛出任何异常。

```
void old_style() throw();
void new_style() noexcept;
```

它们的区别在于程序运行时的行为和编译器优化的结果。

使用 throw()，如果函数抛出异常，则异常处理机制会进行栈回退，寻找（一个或多个）catch 语句。此时，检测 catch 可以捕捉的类型，如果没有匹配的类型，std::unexpected()则会被调用。但是 std::unexpected()本身也可能抛出异常。

如果 std::unexpected()抛出的异常对于当前的异常规格是有效的，则异常传递和栈回退会像以前那样继续进行。这意味着，如果使用 throw，编译器几乎没有机会做优化。

事实上，编译器甚至会让代码变得更臃肿、庞大：
（1）栈必须被保存在回退表中；
（2）所有对象的析构函数必须被正确调用（按照对象构建相反的顺序析构对象）；
（3）编译器可能引入新的传播栅栏（propagation barriers）、引入新的异常表入口，使得异常处理的代码变得更庞大；
（4）内联函数的异常规格（exception specification）可能无效。

当使用 noexcept 时，std::teminate()函数会被立即调用，而不是调用 std::unexpected()。因此，在异常处理的过程中，编译器不会回退栈，这为编译器的优化提供了更大的空间。

简而言之，如果知道函数绝对不会抛出任何异常，那么应该使用 noexcept 而不是 throw()。

6.6 综合应用实例

经常使用异常对象来传递异常信息，因为对象传递的异常信息不仅丰富，而且有利于信息的封装，目前大部分系统提供的异常都是通过异常对象来抛出异常信息的。下面为异常综合应用实例，包含了异常对象和普通异常类型。

【例 6.6】 异常综合应用实例 1。

编写一个程序，设计一个学生类 Student，采用异常处理的方法，在输入学生类 Student 对象的数据时检测成绩输入是否正确。

程序如下：

```
#include<iostream>
#include<iomanip>
```

```cpp
using namespace std;
class Student
{
protected:
    int no;
    char name[20];
    int score;
public:
    Student() {}
    void getScore()
    {
        cout << "请输入学生的学号  姓名   和  成绩： " << endl;
        cin >> no >> name >> score;
        if (score >= 100 || score <= 0)         //如果输入的成绩不符合要求（大于100或小于0），则扔出异常
            throw name;
    }
    void disp()
    {
        cout << "    " << setw(4) << no << setw(10) << name << setw(6) << score << endl;
    }
};
int main()
{
    Student stu[4];
    cout << "请输入学生成绩： " << endl;
    for (int i = 0; i < 4; i++)
    {
        try
        {
            stu[i].getScore();
        }
        catch (char *s)
        {
            cout << "  " << s << "    同学成绩输入的不正确" << endl;
            cout << "请重新输入该学生成绩： " << endl;
            stu[i].getScore();
        }
    }
    cout << "输出学生成绩： " << endl;
    for (int i = 0; i < 4; i++)
        stu[i].disp();
    return 0;
}
```

运行结果如图 6.1 所示。

图 6.1 例 6.6 的运行结果

【例 6.7】 异常综合应用实例 2。

程序如下：

```
#include<string>
#include<iostream>
using namespace std;
class CMyException
{//异常类，该类的对象作为抛出异常时传递的异常参数
public:
    CMyException(string n = "none") : name(n)
    {//构造函数，根据参数 n 构造一个名字为 n 的异常类对象
        cout << "构造一个 CMyException 对象，名称为： " << name << endl;
    }
    CMyException(const CMyException& e)
    {//拷贝构造函数，根据参数 e 复制构造一个异常类对象
        name = e.name;
        cout << "复制一个 CMyException 对象，名称为： " << name << endl;
    }
    virtual ~CMyException()
    {
        cout << "销毁一个 CMyException 对象，名称为： " << name << endl;
    }
    string GetName() { return name; }
protected:
    string name;         //异常类对象的名字
};

class CTestClass
{//测试类，其构造函数可能抛出 int 类型或 char*类型异常
public:
    CTestClass(int x);
```

```cpp
    void print();
private:
    int a;
};

CTestClass::CTestClass(int x)
{//本层直接处理 char*类型异常，int 类型异常由上层处理
    try
    {
        if (x == 0)
            throw 0;
        if (x>1000)
            throw "x 值太大！";
        a = x;
    }
    catch (char* s)
    {
        cout << "处理了 char*类型异常信息："  << s << endl;
    }
}
void CTestClass::print()
{
    cout << a << endl;
}
void fun1(int x)
{//可能抛出 CMyException，int 类型异常，但是如果只写 throw(CMyException)，则编译器也能编
 //译通过
    CTestClass a(x);
    a.print();
    CMyException obj2("obj2");
    throw obj2;
}

int main()
{
    try
    {
        //抛出指针异常，需要在捕捉中删除指针
        throw new CMyException("obj1");
    }
    catch (CMyException *e)
    {
        cout << "捕捉一个 CMyException 类型的异常，名称为：" <<
            e->GetName() << endl;
        delete e;
    }
```

```cpp
    try
    {
        cout << "请输入一个 int 类型的值：";
        int x = 0;
        cin >> x;
        fun1(x);
    }
    catch (int x)
    {
        cout << "处理了 int 类型的异常：" << x << endl;
    }
    catch (char *s)            //这个捕捉永远不会被处理
    {
        cout << "处理了 char*类型的异常:" << s << endl;
    }
    catch (CMyException &e)           //对象推荐为引用形式
    {
        cout << "处理了 CMyException 类型的异常：" << e.GetName() << endl;
    }
    catch (...)
    {
        cout << "处理了所有类型的异常！" << endl;
    }
    cout << "程序运行结束！" << endl;
    return 0;
}
```

程序运行结果如图 6.2 所示。

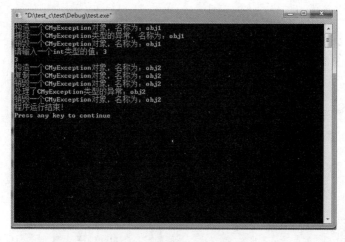

图 6.2 例 6.7 的运行结果

从运行结果发现，fun1 中抛出异常后，调用拷贝构造函数产生一个复制对象，这是由于抛出对象后产生了一个临时对象，catch 块中数据类型为引用方式，实际上是临时对象的引用。因此，如果 catch 块中采用数据类型值方式，则会再增加一次拷贝构造函数调用。

习题 6

一、简答题

1. 什么是异常？什么是异常处理？
2. 简述 C++的异常处理机制。
3. 在 C++中，如果出现没有捕捉到的异常会怎么样？
4. 如果函数有一个形式为 throw()的异常规范，那么它可以抛出什么异常？如果函数没有异常规范，那么它可以抛出什么异常？
5. 说明命名空间的定义和命名空间的格式。

二、编程题

1. 编写程序，说明 C++异常处理的 3 个关键字 throw、try 和 catch 的用法。
2. 编写程序，说明什么情况下程序中会出现未被捕捉的异常。
3. 编写程序，采用对象的方式传递异常信息。
4. 用不同命名空间中相同命名成员处理程序。

第7章

模板

模板是 C++提供的代码重用主要机制之一。C++的模板机制可以实现类型参数化,即把类型定义为参数,从而实现泛型程序设计。本章主要介绍函数模板、类模板的概念和语法格式等,并通过实例解释模板在程序设计中的使用方法。

通过对本章的学习,应该重点掌握以下内容:

- ➢ 函数模板的定义、语法格式及使用。
- ➢ 函数模板的实例化。
- ➢ 类模板的定义及使用。
- ➢ 类模板的实例化。
- ➢ 派生类和类模板的关系。

7.1 模板的概念

模板也称参数化的类型，利用模板功能可以构造相关函数或类的系列，不仅提高了程序设计的效率，而且对提高程序的可靠性非常有益。

在编程中，程序员经常会遇到这样的情况，对于不同数据类型的参数虽然需要实现相似的函数功能，例如，编写求取两个整型数据中的最大值的函数与求取两个实型数据最大值的函数，它们的程序逻辑相同，程序代码也相同，只是它们的参数类型不同及函数的返回值类型不同，在 C 语言中就需要编写两个不同的函数，然后再将代码重复书写一遍。有时也会遇到同样的具有类似功能的类，例如，一个整型数据集合的类与实型数据集合的类，它们实现的功能相同，但存储的数据类型不同。

怎样能够实现代码的重用，不需要编写同样功能的函数或类，可实现对不同数据类型的处理。C++的模板就可解决这样的问题。

C++的程序是由函数和类组成的，因此 C++中的模板可分为函数模板（function template）和类模板（class template），而把函数模板的具体化称为模板函数，把类模板的具体化称为模板类。

在说明一个函数模板后，当编译系统发现有一个相应的函数在调用时，将根据实参中的类型来确认是否匹配函数模板中对应的形参，然后生成一个重载函数，该重载函数的定义体和模板函数的定义体相同，称为模板函数，就是函数模板的具体化。

同样，一个类模板说明后，可以创建类模板的实例，称为模板类。

模板、类、对象和函数之间的关系如图 7.1 所示。

图 7.1 模板、类、对象和函数之间的关系

7.2 函数模板

在介绍函数模板之前，先看一个函数重载的例子：为求加法的函数。定义 Add()函数时，需要对不同的数据类型分别定义不同的重载（Overload）版本。

```
int    Add(int x , int y)
       {
           return   x+y;
```

```
        double   Add(double x , double y)
        {
              return    x+y;
        }

        long    Add(long x , long y)
        {
              return    x+y;
        }
```

它们拥有同一个函数名，相同的函数体，却因为参数类型和返回值类型不一样，所以是 3 个完全不同的函数。即使它们是二元加法的重载函数，但是不得不为每一个函数编写一组函数体完全相同的代码。如果从这些函数中提炼出一个通用函数，而它又适用于多种不同类型的数据，这样会使代码的重用率大大提高。

这就需要为每种数据类型编写一套相同的函数，那么能否只编写一套代码解决这个问题呢？为了提高代码的重用性，C++引入了函数模板。

7.2.1 函数模板语法

函数模板定义的语法格式如下：

```
template <class T1, class T2, …>
返回类型 函数名（T1 para,   T2 para ）
{
        函数体的定义
}
```

其中，template 是声明函数模板的关键字。template 后是用一对"< >"括起来且用","分隔的函数模板的模板参数表，如 T1、T2。模板参数分为模板类型参数和模板非类型参数。模板参数代表一种类型，每个模板类型参数前必须用关键字 class 或 typename 标志，class 或 typename 在此处的意思为"一个用户定义的或固有的数据类型"，和定义一个类时使用的 class 没有任何关系。模板非类型参数是一个普通的参数声明，并且要求在编译期就确定它的值，也就是说，模板非类型参数必须是个编译期常量。下面看一个函数模板的定义。

```
template <class T, int size>
T Max(T   (&array)[size])
{
//函数体
}
```

这里 T 是一个模板类型参数，在实例化时要用类型作为参数。size 是一个模板非类型参数，用来表示数组 array 的长度，需要在编译之前确定它的值，它是一个常量。

还可以对函数模板进行声明，模板的声明称作前向声明，即先声明模板，再使用模板，然后在文件的后边或其他文件中给出模板的定义。前向声明的作用和 C++中其他变量的声明一样。如下声明一个前向 Max()模板。

  Template <class T>
  T Max(T x, T y);

给出这个声明后，便可以使用该模板，但是需要在其他地方提供函数模板的定义。

可以在程序的任何地方使用模板的模板参数来定义变量、指针及其他对象，然而函数模板参数表不能为空，根据它的特性，函数模板可以产生多重函数以对多种类型进行操作。如果函数模板没有参数，那么只能产生一个函数，这就没有必要把函数声明为函数模板了。

7.2.2 函数模板实例化

函数模板是对一组函数的描述，它以类型作为参数。它不是一个实实在在的函数，编译时并不产生任何执行代码。当编译系统在程序中发现有与模板函数中相匹配的函数调用时，便产生一个重载函数。该重载函数的函数体与函数模板的函数体相同，参数为具体的数据类型，我们称该重载函数为模板函数，它是函数模板的一个具体实例。

函数模板的实例化由编译器来完成，它主要采用下面的两个步骤：
（1）根据函数调用的实参类型确定模板形参的具体类型。
（2）用相应的类型替换函数模板中的模板参数，完成函数模板的实例化。

在实例化函数模板时，必须能够通过上下文环境为一个模板实参决定一个唯一的类型或值。如果不能决定出这个唯一的类型或值，就会产生编译错误。

【例 7.1】 用模板函数实现求两个数中的最大值。

```
#include<iostream>
using namespace std;
template <class T>
T Max(T x, T y)
{
    return x>y? x:y ;
}
int main()
{
    int x = 8;
    int y = 6;
    cout<<x<<"和"<<y<<"的较大值是：";
    cout<< Max ( x, y)<<endl;
    float a = 2.6;
    float b = 5.8;
    cout<<a<<"和"<<b<<"的较大值是：";
    cout<< Max ( a, b)<<endl;
    cin.get();
    return 0;
}
```

例 7.1 程序输出结果如图 7.2 所示。

图 7.2　例 7.1 程序输出结果

比较两个整数和双精度类型，传统的做法就是进行两次函数定义来处理这两次不同的调用。但在这将 Max()设计成模板函数，从而只需要说明一次，无论是调用 Max(x, y)还是调用 Max(a, b)都没有问题。这是因为当编译器遇到表达式 Max(x, y)时，它就搜索与实参 x，y 相匹配的 Max()，由于 x，y 的类型都是 int，这时 int 就替代函数模板声明的参数 T，这个模板函数就可以比较两个整数的大小。如下所示。

```
int Max(int x, int y)
{
    return x>y?x:y ;
}
```

当编译器遇到表达式 Max(a, b)时，搜索与实参 a，b 相匹配的 Max()，由于 a，b 的类型都是 float，这时 float 就替代函数模板声明的参数 T，这个模板函数就可以比较两个单精度数据的大小。如下所示。

```
float Max(float x, float y)
{
    return x>y?x:y ;
}
```

其实例化如图 7.3 所示。

图 7.3　函数模板的实例化

从上面例子中可以看到，函数模板是不能直接执行的，需要实例化为模板函数后才能执行。

【例 7.2】　有关指针的函数模板例子。

```
#include<iostream>
using namespace std;
template<class T>
```

```
        T sum(T *array, int size=0)
        {
            T total =0;
            for(int i=0;i<size;i++)
                total+=array[i];
            return total;
        }
        int main()
        {
            int array[10]={1,2,3,4,5,6,7,8,9,10};
            int total ;
            double total2;
            double array1[10]={1.1,1.2,1.3,1.4,1.5,1.6,1.7,1.8,1.9,10};
            total = sum(array,10);
            total2 = sum(array1,10);
            cout<<"整数数组的元素之和为：    "<<total<<endl;
            cout<<"双精度数组的元素之和为：   "<<total2<<endl;
            cin.get();
            return 0;
        }
```

例 7.2 程序的运行结果如图 7.4 所示。

图 7.4　例 7.2 程序的运行结果

在程序中，分别执行两个模板函数。其中 sum（array,10）用模板实参整型数组 array 实例化函数模板的形参 T，它是指向整型类型的指针；其中 sum（array1,10）用模板实参双精度数组 array1 实例化函数模板的形参 T，它是指向双精度类型的指针。

7.2.3　函数模板中模板参数隐式转换产生的错误

函数模板有一个特点，虽然函数模板中的类型参数 T 可以实例化为各种类型，但是采用类型参数 T 的每一个参数必须实例化成完全相同的类型。模板类型不具有隐式的类型转换。例如，在 int 与 char 之间、float 与 int 之间、float 与 double 之间等的隐式转换。如果不注意这一点，就会产生错误。

【例 7.3】　分析下面程序的错误。

```
#include<iostream>
using namespace std;
template <class T>
```

```
T Max(T x, T y)
{
    return (x>y) ? x: y;
}
int main()
{
    int n= 3,m=7;
    char ch1='f',ch2='y';
    double d1=2.4,d2=8.9;
    cout<<Max(n,m)<<endl;
    cout<<Max(ch1,ch2)<<endl;
    cout<<Max(d1,d2)<<endl;
    cout<<Max(n,ch1)<<endl;      //错误
    cout<<Max(n,d1)<<endl;       //错误
    cout<<Max(d2,ch2)<<endl;     //错误
    return 0;
}
```

例 7.3 程序编译时产生的错误如图 7.5 所示。

错误列表				
说明	文件	行	列	项目
1 error C2782: "T Max(T,T)": 模板 参数 "T" 不明确	aaa.cpp	16	1	例6.3
2 error C2782: "T Max(T,T)": 模板 参数 "T" 不明确	aaa.cpp	17	1	例6.3
3 error C2782: "T Max(T,T)": 模板 参数 "T" 不明确	aaa.cpp	18	1	例6.3

图 7.5 例 7.3 的运行错误

上述程序编译时，Max(n,m)、Max(ch1,ch2)和 Max(d1,d2)能正常使用函数模板分别产生相应类型的模板函数，获取正确的结果，但最后三条语句在编译时产生错误，原因是 Max 模板参数 T 的各参数之间必须保持完全一致的类型，但这 3 条语句的实参类型与模板形参类型不一致，如 Max(n,d1)中的实参 n 和 d1 分别为整型和双精度类型，系统在编译时找不到与Max（int, double）相匹配的函数定义，虽然它们可以进行隐式的类型转换，但模板类型不能识别这种类型转换，从而不能调用相应的函数进行转换处理，从而产生了编译错误。

解决这种问题的方法有两种：

（1）采用强制类型转换，如将调用语句：

Max(n,d1);

改写成：

Max(n,(int)d1); // 强制将 double 类型的变量 d1 转换为 int 类型

（2）用非模板函数重载函数模板

该模板函数假定 x 和 y 是可以比较的，如果是两个对象的比较，则必须重载 ">" 操作。如果没有 ">" 操作的数据类型或对象，则无法实例化，必须重载 Max()函数。例如，比较两个字符串指针的操作，则重载的 Max()函数如下：

```
char* Max(char* str1,char *str2)
{
```

```
    return (strcmp(str1,str2)>0)?str1,str2;
}
```

当出现调用语句：

Max("asdfa","gfhfhfh");

时，执行的就是这个重载的非模板函数。在C++中，函数模板与同名的非模板函数重载时，调用的顺序应遵循：

（1）寻找一个参数完全匹配的函数，若找到就调用它。

（2）寻找一个函数模板，将其实例化，产生一个匹配的模板函数，若找到就调用它。

（3）如果（1）、（2）都失败，再试一试低一级的对函数的重载方法，例如，通过类型转换可产生参数匹配，若找到就调用它。

（4）（1）、（2）、（3）都没找到匹配的参数，则出错。

7.2.4 用户定义的参数类型

可以在函数模板形参表和对模板函数的调用中使用类的类型和其他自定义的类型。如果这样，就必须重载模板函数中对类变量产生作用的基本运算符。

【例7.4】分析一下程序的执行过程。

```cpp
#include<iostream>
using namespace std;
class Coord          //坐标类 Coord
{
    public:
        Coord(int x1,int y1)
        {
            x= x1;
            y=y1;
        }
        int getX()
        {
            return x;
        }
        int getY()
        {
            return y;
        }
        int operator < (Coord &c); //重载"<"运算符
    private:
        int x,y;
};
int Coord::operator < (Coord &c) //重载"<"运算符的函数定义
{
```

```
        if (x<=c.x)
            if(y<c.y)
                return 1;
        return 0;
}

//函数模板 min()的声明，功能是比较大小
template <class T >
T &min(T   &obj1, T &obj2);

int main()
{
    Coord coord1(6,9);
    Coord coord2(6,12);
    Coord coord3=min(coord1,coord2);//利用重载"<"运算符比较 min 的 coord 对象
    cout<<"较小的坐标：("<<coord3.getX()<<" , "<<coord3.getY()<<" ) "<<endl;
    //利用标准的"<"运算符比较 min 的 double 对象
    double d1=23.45,d2=34.78;
    cout<<"较小的数："<<min(d1,d2)<<endl;
    cin.get();
    return 0;

}
//函数模板 min()的定义
template<class T >
T &min(T &obj1 , T &obj2)
{
    // 如果函数被实例化为类类型，则对"<"运算符进行重载，否则使用标准"<"运算符
    if(obj1<obj2)
        return obj1;
    return obj2;
}
```

例 7.4 程序运行结果如图 7.6 所示。

图 7.6　例 7.4 的运行结果

上述程序说明了一个坐标类 Coord。如果函数 min()用 Coord 类的对象进行实例化，则它必须要找出类 Coord 的两个对象 coord1 和 coord2 两者间的最小对象。为此，必须在 Coord 类中重载标准运算符 "<"。在主程序 main()中的语句：

    coord3=min(coord1,coord2);

coord3 获取 coord1 和 coord2 中的最小对象，而 coord1 和 coord2 的比较则通过重载的运算符"<"完成。而语句：

cout<<"较小的数："<<min(d1,d2)<<endl;

执行时，使用标准的运算符"<"来比较两个 double 类型的变量。

7.2.5　函数模板和模板函数

由 7.1.2 节可知，定义函数模板后，当编译系统发现了一个对应的函数调用时，将根据实参的类型来确认是否匹配函数模板中对应的形参，然后生成一个重载函数，称该重载函数为模板函数。二者之间的关系可以表述如下。

（1）函数模板与模板函数的关系类似于类与对象的关系。函数模板与类的定义相似，而模板函数与对象的定义相似。

（2）函数模板是个模板，用来生成函数。模板函数是个函数，由函数模板生成。

（3）函数模板是程序员用代码写出来的，模板函数是编译系统在编译时根据函数模板自动生成的。

（4）函数模板是模板的定义，是一类函数的抽象，代表了一类具有相同功能的函数，不能够实际执行。模板函数是函数模板的实例，代表具体函数，具有程序代码，占用内存空间，可以实际执行。

7.2.6　使用函数模板需要注意的问题

使用函数模板需要注意以下几个问题。

（1）函数模板中的每一个类型参数在函数参数表中必须至少使用一次。下面所示的声明是不正确的。

```
template <class T1, class T2>
void func1(T1 para1)
{
    // 函数体
}
```

这个函数模板声明了两个参数 T1 和 T2，但函数本身只使用了参数 T1，而没有使用参数 T2。

（2）在全局域中声明的与模板参数同名的对象、函数或类型，在函数模板中将被隐藏。

```
int para1; //全局变量
template <class T1, class T2>
void func2(T1 para1)
{
// 函数体，在函数体中访问 para1 访问的是 T1 类型的 para1 而不是全局整型变量的 para1。
}
```

（3）函数模板定义中声明的对象或类型不能与模板参数同名。

```
template <class T>
T Max(T x, T y)
```

```
    {
        typedef float T; //error，定义的类型和模板参数同名
        return x<y? x:y;
    }
```

（4）模板类型参数名可以用来指定函数模板的返回类型。

（5）模板参数名在同一模板参数表中只能使用一次，但可在多个函数模板声明或定义之间重复使用。

```
template <class T, class T> //error，模板参数名重复使用
T Max(T x, T y)
template <class T>
T Max(T x, T y)
template <class T > //ok，模板参数名 T 在不同模板之间重复使用
T min(T x, T y)
```

（6）一个模板的定义和多处声明所使用的模板参数名无需相同。

```
//模板的前向声明
template <class T>
T Max(T x, T y);
//模板的前向声明
template <class U>
U Max(U x, U y);
//模板的定义
template <class Type> //ok，定义和多处声明使用的模板参数名无需相同
Type Max(Type x, Type y)
{
    //函数体
}
```

（7）函数模板如果有多个模板类型参数，则每个模板类型参数前面都必须用关键字 class 或 typename 修饰，并且这两个关键字可以混用。

```
template <class T, typename U> //ok，class 和 typename 可以混用
T func2(T a, U b);
template <class T, U> //error，每个模板参数前面都必须用 class 或 typename 修饰
T func3(T a, U b);
```

（8）模板参数在函数参数表中出现的次数没有限制。

7.3 类模板

在 C++中，不但可以设计函数模板来满足对不同类型数据的同一功能的要求，还可以设计类模板来表达具有相同处理方法的数据对象。

类模板使我们在声明一个类时，能够将实现这个类所需要的某些数据类型（包括类的数据成员的类型、成员函数的参数的类型或成员函数返回值的类型）参数化，使之成为可以处

理多种类型数据的通用类,而在构建类对象时,可指定参数所代表的实际数据类型,将通用类实例化。

简单地说,类模板就是一个抽象的类,代表类的一般特性,就像类能够用来定义对象一样,可以用类模板来创建类,所有的类都有共同的特性。接下来详细讨论类模板的相关内容。

7.3.1 类模板的语法

类模板定义的语法格式如下:

```
template <class T1, class T2, …>
class 类名
{
        类成员声明
}
```

其中,template 是声明类模板的关键字。template 后是用一对"< >"括起来且用","分隔的类模板参数表,如 T1、T2。模板参数分为模板类型参数和模板非类型参数。模板类型参数代表一种类型,每个模板类型参数前必须用关键字 class 或 typename 修饰,class 或 typename 在此处的意思为"一个用户定义的或固有的数据类型"。模板非类型参数由一个普通的参数声明构成,代表一个常量表达式。

可以看出,类模板定义中各部分的意义和函数模板定义中各部分的意义几乎相同。在类模板中,类中成员的声明方法与普通类成员的声明方法几乎相同,只是它的各个成员通常要用到模板参数 T1、T2 等。

如果类模板成员函数的定义在类模板以外,则定义类模板成员函数的语法格式如下:

```
template < class T1, class T2, …>
返回类型 类名< T1, T2, …>::成员函数 1(形式参数表)
{
        成员函数定义体
}
template < class T1, class T2, …>
返回类型 类名< T1, T2, …>::成员函数 2(形式参数表)
{
        成员函数定义体


}
…
```

下列代码定义一个 Buffer 类模板,模板成员函数的定义放在类模板之外。

```
class Buffer
{
public:
    Buffer();
    T get();      //获取数据的函数
    void put(T  x); //设置数据的函数
```

```cpp
    private:
        T a;
        int empty ;
    };

    //模板成员函数的定义格式
    template <class T>
    Buffer <T>::Buffer()
    {
        empty = 0;
    }

    template <class T>
    T   Buffer <T>::get()
    {
        if(empty==0)
        {
            cout<< "the buffer is empty "<<endl;
            exit(1);
        }
        return a;
    }
    ...
```

通过上面例子可以看出，类模板的定义和一个普通类定义基本相同，只不过在类模板的定义中要加上模板定义的关键字和模板参数列表。

7.3.2 类模板实例化

类模板的定义指定了如何根据一个或多个实际的类型或值的集合来构造单独类的方法，同样，类模板不能直接使用，必须先实例化为相应的模板类，这种从通用的类模板定义中生成类的过程称为类模板实例化。

类模板实例化的格式：

  类名 类型实参表 对象表

其中，"类型实参表"应与该类模板中的"类型形参表"匹配；"对象表"是定义该模板类的一个或多个对象。

下面通过用 int 类型实例化 Buffer 类模板来解释模板实例化的详细过程。如果在一段程序代码中出现下面一行代码：

  Buffer <int> i1,i2;

将生成一个新类，类名是 Buffer <int>，Buffer 类模板中的所有代码将复制到 Buffer<int>类中，并用实参 int 替换 Buffer 类模板中的模板类型参数 T。这样，一个针对 int 类型的 Buffer<int>类就从通用类模板定义中创建出来，同时定义了一个 Buffer<int>类的对象 i1 和 i2。

1. 实例化与代码复制

根据类模板实例化的过程可知，每次用不同的数据类型取代模板类型参数实例化新的 Buffer 类时，将复制 Buffer 类模板的所有代码，并用实际类型替换模板类型参数。分析下面的代码段。

```cpp
int main()
{
    Buffer <int> i1,i2;
    Buffer <student> stu1;
    Buffer <double >d;
    ...
}
```

在这个代码段中，用 3 种不同的数据类型实例化 Buffer 类模板，编译器将分别用 int、struct 变量 student 和 double 替换模板 Buffer 中的 T 并形成 3 个不同的没有关系的类，类名分别是 Buffer<int>、Buffer<student>、Buffer<double>，这 3 个类都是一个类模板实例化而来的，其区别就是里面的参数 T 不同，如果对 main()函数编译，则生成的目标文件将有 Buffer 类模板的不同形式的 3 份代码备份。下面给出实例化后类 Buffer<double>的代码。

```cpp
struct student
{
    int id;
    int score;
};
class Buffer
{
public:
    Buffer();
    double get();       //获取数据的函数
    void put(double   x); //设置数据的函数
private:
    double a;
    int empty ;
};

Buffer <double>::Buffer()
{
    empty = 0;
}

double Buffer <double>::get()     //
{
    if(empty==0)
    {
```

```
            cout<<    "the buffer is empty "<<endl;
            exit(1);
        }
        return a;
    }
    void Buffer <double>::put(double x)
    {
        empty++;
        a = x;
    }
```

创建其他数据类型，如 stuct student、float 等的 TCoord 类，处理方法与上面的例子相同，只要将模板类型参数换成相应实参的数据类型即可。当然，可以用其他任意的数据类型（如结构体）实例化类模板，它的处理方法与上面的处理方法也相同。

当用具体类型实例化类模板时，类模板定义中的模板类型参数被具体类型取代，这样类模板的实例就可以像普通类一样使用。但是，对于模板非类型参数，实例化时赋给的实参必须是一个编译时常量，否则就会出现错误。

2．成员函数实例化

当用特定的模板类型参数实例化类模板时，并不是所有的成员函数都将被实例化。编译器会根据实际需要，实例化那些显式或隐式被调用的成员函数。而那些从没有调用过的成员函数将不会被实例化。分析下面的代码。

```
#include<iostream>
#include <cstdlib>
using namespace std;
struct student
{
    int id;
    int score;
};
template <class T>
class Buffer
{
public:
    Buffer();
    T get();        //获取数据的函数
    void put(T  x); //设置数据的函数
private:
    T a;
    int empty ;
};

//模板成员函数的定义格式
template <class T>
```

```cpp
Buffer <T>::Buffer()
{
    empty = 0;
}

template <class T>
T   Buffer <T>::get()      //
{
    if(empty==0)
    {
       cout<<    "the buffer is empty "<<endl;
        exit(1);
    }
        return a;
}
template <class T>
void Buffer <T>::put(T x)
{
    empty++;
    a = x;
}

int main()
{
   student s={1022,78};
   Buffer <int> i1,i2;
   Buffer <student> stu1;
   Buffer <double >d;
   i1.put(13);
   i2.put(-101);
   cout<<i1.get()<<"    "<<i2.get()<<endl;
   stu1.put(s);
   cout<<"the student's id is "<<stu1.get().id<<endl;
   cout<<"the student's score is "<<stu1.get().score<<endl;
   cout<<d.get()<<endl;
   return 0;
}
```

程序运行结果为：

13   -101
the student's id is 1022
the student's score is 78
the buffer is empty

在这段代码中，用 int 类型实例化 Buffer 类模板生成新类——Buffer<int>类。大家知道，在 C++中需要使用构造函数创建类的对象，所以在创建 Buffer<int>类时，编译器实例化

Buffer<int>类合适的构造函数。根据 C++的语法，当遇到 main()函数结束的 "}" 时，C++将析构 Buffer<int>类的对象 i1 和 i2，即 Buffer<int>类的析构函数会被隐式调用，所以编译器实例化 Buffer<int>类的析构函数。此时，在代码中不需要生成 Buffer<int>类的任何其他成员函数，只有当程序中调用 Buffer<int>类的 put()函数时，则编译器实例化成员函数 Buffer<int>::put()，否则不对该成员函数实例化。

3．类模板实例化的特点

根据上面的论述可知，类模板实例化有以下几个特点。
（1）只有当类模板实例真正使用时，编译器才会实例化类模板。
（2）实例化类模板时，除了构造函数和析构函数外，不会自动实例化类模板的其他成员函数。
（3）对于模板非类型参数，实例化时赋给的实参必须是编译时常量，否则就会出现错误。

4．类模板和模板类

由类模板定义可知，指定了具体的模板类型参数后，编译器就可以根据类模板和模板类型参数创建一个具体的类，这个类是由类模板生成的，又称作模板类。类模板和模板类之间的关系可以表述如下。

（1）类模板是对类的抽象，代表一类具有相同功能的类，这些类的成员函数返回值、成员函数形式参数及数据成员的数据类型不同，它不能定义对象。模板类是类模板的实例，代表一个具体的类，这个具体的类可以定义对象。

（2）类模板是个模板，用来创建新类。模板类是个具体的类，由类模板创建而成。

（3）类模板是程序员用代码写出来的，模板类是编译系统在编译时根据类模板自动生成的。

（4）类模板是对现实事物更高级别上的抽象，不能实际执行；模板类是对现实事物一般级别上的抽象，具有程序代码，占用内存空间，可以实际执行。

（5）类模板是模板的定义，不是一个实在的类，模板类才是实实在在的类。

【例 7.5】 分析一下程序的执行过程。

```
#include<iostream>
#include<iomanip>
using namespace std;
template <class T>
class Array
{
    T *elements;    //数组名
    int size;       //数组的长度
public:
    Array(int s);   //构造函数，对数组的元素进行初始化操作
    ~Array();
    T &operator[](int);   //重载下标运算符
    void operator=(T);    //重载等号运算符
};
```

```cpp
template <class T>        //类模板成员函数的定义
Array<T>::Array(int s)
{
    size = s;
    elements = new T[size];
    for(int i=0;i<size;i++)
        elements[i] = 0;
}
template <class T>
Array<T>::~Array()
{
    delete elements;
}

template <class T>
T& Array<T>::operator[](int index)
{
    return elements[index];
}
template <class T>
void Array<T>:: operator=(T temp)
{
    for(int i=0;i<size;i++)
        elements[i] = temp;
}

int main()
{
    int i,n=10;
    Array<int> arr1(n);       //产生整型模板类及对象 arr1
    Array<char> arr2(n);      //产生字符型模板类及对象 arr2
    for( i=0;i<n;i++)
    {
        arr1[i] = 'a'+i;    //调用重载运算符
        arr2[i] = 'a'+i;
    }
    cout<<"    ASCII 码        字符"<<endl;
    for(i=0;i<n;i++)
        cout<<setw(8)<<arr1[i]<<setw(12)<<arr2[i]<<endl;
    return 0;
}
```

例 7.5 程序的执行结果如图 7.7 所示。

图 7.7 例 7.5 程序的执行结果

上述程序中说明了一个类模板 Array<T>，有两个私有数据指向 T 类型的指针 elements 和 size，分别代表类型为 T 的数组和数组的大小。当实例化模板类时，指向定义类型的数组对象。

构造函数 Array<T>::Array(int s) 为数组对象赋初值。

析构函数 Array<T>::~Array() 释放数组占有的内存。

T& Array<T>::operator[](int index)，重载下标运算符，使得 Array 的对象可看作一个数组对象存放数据。

void Array<T>:: operator=(T temp)，重载等号运算符，使得 Array 的每个对象都可以赋值。

在主程序 main()执行时，有类模板 Array<T>实例化两个模板类 Array<int>和 Array<char>，其实例化的对象分别为 arr1 和 arr2，分别存放 ASCII 码及对应的字符，然后通过语句：

```
for( i=0;i<n;i++)
{
    arr1[i] = 'a'+i;   //调用重载运算符
    arr2[i] = 'a'+i;
}
```

分别调用类模板中的重载下标运算符函数和重载等号运算符函数，分别实现模板类 arr1 和 arr2 的赋值，类模板、模板类和对象间的关系如图 7.8 所示。

图 7.8 例 7.5 类模板、模板类和对象间的关系

【例 7.6】 设计一个类模板 Sample，实现对数组的二分查找算法。

```
#include<iostream>
using namespace std;
```

```cpp
#define Max   100
template <class T>
class Sample
{
        T A[Max];
        int n;
    public:
        Sample(){}
        Sample(T a[],int i);
        int seek(T c);
        void disp()
        {
           for(int i=0;i<n;i++)
               cout<<A[i]<<"   ";
            cout<<endl;

        }
};

template<class T>
Sample<T>::Sample(T a[],int i)
{
    n = i;
    for(int j=0;j<n;j++)
        A[j] = a[j];
}
template<class T>
int Sample<T>::seek(T c)
{
    int low=0,high = n-1,mid;
    while(low<=high)
    {
         mid = (low+high)/2;
        if(A[mid]==c)
           return mid;
        else if(A[mid]<c) low = mid+1;
             else
                  high=mid-1;
    }
    return -1;
}
int main()
{
    char a[]="acegkmpwxz";
    Sample<char> s(a,10);
```

```
        cout<<"元素序列:    ";
        s.disp();
        cout<<"元素'g'的下标:   "<<s.seek('g')<<endl;
        cin.get();
        return 0;
}
```

例 7.6 程序运行结果如图 7.9 所示。

图 7.9 例 7.6 程序的运行结果

读者可自行分析该程序。

7.3.3 类模板的派生和继承

派生和类模板都是从已有类型构造新类型的机制，都是 C++实现代码重用的机制，常用于编写具有共性的代码。在 C++中，这两种机制可以进行组合，用于解决各种各样的实际问题。派生和类模板的组合一般有 3 种具体的技术：①从类模板派生类模板；②从类模板派生非类模板类；③从非类模板派生类模板。

这 3 种技术都可以解决许多实际问题。例如，可以采用第一种技术来建立类模板的层次结构。使用第二种技术可以从类模板创建具体的类，而不是让编译器自动创建那些不满足要求的类。第三种技术能够从现存类中创建类模板，程序员可以由此创建基于非模板类库的类模板。下面具体讨论这 3 种技术。

1. 从类模板派生类模板

可以从一个类模板中派生出一个新的类模板，它与普通的类派生基本相同。例如，从坐标 TCoord 类模板派生类模板时，认为 TCoord<T>是一个完整的类名即可，如派生出新的类模板 TDerivedCoord1。

```
//父类
template<class T>
  class TCoord
  {
  public:
      TCoord();
      TCoord(T x, T y);
      ~TCoord();
      T getx();
      T gety();
```

```
    private:
        T x;
        T y;
};
//派生类
  template<class T>
  class TDerivedCoord1: public TCoord<T>
  {
  public:
        TDerivedCoord1(T a, T b, T c) : z(a), TCoord<T>(a,b) {}
  private:
        T z;
};
```

TDerivedCoord1 由类模板 TCoord<T>派生而得，TDerivedCoord1 的数据成员和成员函数类型由模板参数 T 确定，因此 TDerivedCoord1 仍是一个类模板。

2．从类模板派生非类模板

可以从任意一个类模板中派生一个非类模板类，当编译器不再为类模板创建新类时使用该项技术。分析下面的例子。

```
    class TDerivedCoord2: public TCoord<int>
    {
    public:
                TDerivedCoord2(int a, int b, int c) : z(c),TCoord<int>(a,b) {}
    private:
                int z;
    };
```

类 TDerivedCoord2 是从类 TCoord<int>公有继承而来的，类 TCoord<int>是一个具体的类，因此类 TDerivedCoord2 也是一个具体的类，而非一个类模板。当从类模板派生非类模板时，程序员必须为基类模板指定具体的模板参数，否则不能派生出非类模板。在上面的例子中不能从类模板 TCoord<T>派生出具体类 TDerivedCoord2，而必须用具体类型，如 int、double 等代替模板参数 T 后进行派生，才能得到非类模板。

3．从非类模板派生类模板

从非类模板派生出类模板的技术可以把现存类库中的类转换为通用的类模板。

```
    template <class T>
    class TDerivedCoord3: public TDerivedCoord2
    {
    public:
                TDerivedCoord3(int a, int b, int c, T d):q(d), TDerivedCoord2(a,b,c) {}
    private:
                T q;
    };
```

在上面 TDerivedCoord3 的定义中，使用了前面生成的非类模板类 TDerivedCoord2 作为基类，派生出一个新的类模板 TDerivedCoord3。

从上面的讨论可以看出，模板不一定非要在类层次的根部（一般情况下是在根部），利用继承可以使一个类变成类模板，也可以使一个类模板变成一个具体的类。

7.3.4 使用类模板的注意事项

定义类模板时需注意以下问题。

（1）类模板中，表示一个类时用类模板名加<模板参数>。如果在一个类模板定义中用到另一个类模板，则采用以下方式定义。

```
Template <class T>
Class TRect{
public:
        TRect();
        Get();
        …
private:
        TCoord<T> p1;    // TCoord <T>表示一个类
        …
};
```

如果构造函数声明和实现分开时，构造函数实现的函数名应该是如下格式：

模板类名称<模板参数>::模板类名称()

注意，作用域运算符前面带了<模板参数>，而作用域运算符后没有，这点和普通的类不同。上述代码 TRect 的构造函数实现的函数名是：

```
TRect<T>:: TRect()     //作用域运算符前面是 TRect<T>，后面为 TRect()
{
        …
}
```

普通成员函数实现的函数名是：

模板类名称<模板参数>::成员函数名()

如上述代码 TRect 类成员函数 Get 的显示是：

```
TRect<T>::Get()
{
        …
}
```

（2）每一个类模板参数必须在类模板体内至少使用一次。
（3）在全局域中声明的与类模板参数同名的对象、函数或类型，在类模板体内被隐藏。
（4）类模板定义中声明的对象或类型不能与类模板参数同名。
（5）同一类模板参数名在同一类模板参数表中只能使用一次，但是可以在多个类模板声明或定义之间重复使用。

（6）类模板的实现和声明分开时，每个带模板参数的成员函数实现时，必须定义模板参数，参数名可以和声明不同。例如：

```
template <class TT>    //必须定义参数名，但是模板参数名可以不同，这里 T 变为了 TT
TT   TCoord <TT>::getx()
{
        return x;
}
```

7.4 C++11 标准的模板新内容

C++11 标准在模板定义和使用方面引入了一些新的特征。

7.4.1 模板的右尖括号

之前的 C++标准中，模板套模板中右尖括号不能连在一块，否则会和右移操作符混淆，如 vector< map< int, int> > //右边的两个 ">" 要分开。

而在 C++11 中，这种限制取消了，编译器能够判断出 ">>" 是右移操作符还是模板参数的结束标记。

7.4.2 别名模板

别名模板（alias template）：带模板参数的类型别名。
类型别名（type alias）是 C++11 新引入的语法形式：

```
using  newtype  =  oldtype;
```

在语法功能上，它相当于传统 C/C++语言中的 typedef 语句：

```
typedef  oldtype  newtype;
```

可以看出，类型别名中原有类型和别名的定义顺序与 typedef 语句正好相反。除此之外，类型别名与 typedef 语句还有一点不同，类型别名可以加上模板参数形成别名模板。

```
template<typename ...> using newtype = oldtype<...>;
```

注：C++11 引入类型别名意图取代 typedef 语句的原因在于：无法直接在 typedef 语句的基础上直接构建别名模板。这是因为 typedef 语句自身存在某些局限性，直接给 typedef 加上模板参数会带来语法解析上的问题。

看下面一段代码：

```
template <typename T, typename U>
struct A{};
//C++中 typedef 的使用方式
template<typename T>
```

```
struct B
{
    typedef  A<T, int>   type;
};
//C++11 中模板别名的使用方式

template<typename T>
using C = A<T, int>;

template<typename T>
using D = typename B<T>::type;
```

代码说明：

假设有一个带两个模板参数 T 和 U 的类模板 A。现在需要声明一个只带一个模板参数 T 的类模板，使其等价于模板参数 U 为 int 类型的 A 模板。也就是说，需要一个模板参数 T 任意、模板参数 U 为 int 类型的 A 模板的别名，或者说 A<T, int>的别名。

在 C++11 之前，答案为类模板 B。要定义类型别名，必然要使用 typedef，但由于 typedef 不能带模板参数，所以 typedef 必须被嵌入到一个带模板参数的类模板里面。在模板参数为 T 的类模板 B 里面，类型 type 被定义成 A<T, int>的别名。也就是说，typename B<T>::type 被定义成 A<T, int>的别名。

在 C++11 之后，答案为别名模板 C。类型别名直接就可以带模板参数。C<T>直接被定义成了 A<T, int>的别名。

如果出于某种原因，在定义别名的时候无法使用类模板 A 而只能使用类模板 B，别名模板也能发挥作用。这里 D<T>直接被定义成了 typename B<T>::type 的别名。由于后者是 A<T, int>的别名，所以 D<T>其实也是 A<T, int>的别名。

这段代码展示了别名模板的主要用途：

（1）为部分模板参数固定的类模板提供别名。

（2）为类模板中嵌入的类型定义提供别名。

7.4.3 函数模板的默认参数

在 C++98/03 中，类模板可以有默认参数，如下：

```
template<typename T, typename U = int, U N = 0>
    struct Foo
    {
        ....
    };
```

但是不支持函数的默认模板参数

```
template< typename T = int>     //在 C++98/03 中不被支持
    void func(void)
    {
        ....
```

在 C++11 中，可以支持函数模板的默认参数

```
template< typename T = int> //在 c++98/03 中不被支持
void func(void)
{
....
};
int main(){
    func(); //使用了默认模板参数 int
    return 0;
}
```

当所有模板参数都有默认参数时，函数模板的调用如同一个普通函数。对于类模板而言，即使所有参数都有默认参数，在使用时也必须在模板名后面跟随< >来实例化。

函数模板的默认参数在使用规则上也和其他的默认参数有所区别，例如，没有必须写在参数表最后的位置。

```
template<typename R = int, typename U> //默认模板参数没有必须写在参数表最后的位置
R func(U val)
{
    return val;
}
int main(void)
{
    func(123);   //参数 U 使用自动推导，推导为 int
    return 0;
}
```

在调用函数模板时，若显示指定模板的参数，参数填充顺序从右向左。

func<long> (123); //参数从右向左填充，U 被视为 long 类型，则返回的 123 为 long 类型

注：函数模板参数类型自动推导。

（1）在 C++语言中实现了这一自动推导模板参数值的功能。凡是可以推导出的模板参数"值"，就无需在模板实参列表中写明。

（2）当默认模板参数和模板参数自动推导同时使用时，若函数模板无法自动推导出参数类型，则编译器将使用默认模板参数，否则使用自动推导出的参数类型，即自动推导类型优先。可参考如下代码。

```
template<typename T>
void f(T val)
{
    cout << val << endl;
}
tempalte<typename T>
struct identity
```

```
    {
        typedef T type;
    };
    template<typename T = int>
    void func(typename identity<T>::type val, T = 0)
    {
    ..
    };
    int main()
    {
        f("hello world");   //模板参数自动推导，T 为 const char*
        func(123);          //T 为 int
        func(12,12.0);      //T 为 double，因为 func 中的第二个参数为 12.0，这样参数模板 T 就被优
                            //先自动推导为 double
        return 0;
    }
```

7.4.4 变长参数

C++98103 只有固定模板参数。C++11 加入新的表示法，允许任意个数、任意类别的模板参数，不必在定义时将参数的个数固定。

（1）变长参数类模板。

语法如下：

```
    template<typename... Value>
    class tuple
    {
        类模板语句体......
    };
```

实参的个数也可以是 0，所以 tuple<> someInstanceName 这样的定义也是可以的。
若不希望产生实参个数为 0 的变长参数模板，则语法如下：

```
    template<typename First, typename... Rest>
    class tuple
    {
        类模板语句体......
    };
```

（2）变长参数函数模板。

除了在类模板参数中能使用...表示不定长模板参数外，函数模板参数也使用同样的表示法代表不定长参数。语法如下：

```
    template<typename... Params>
    void printf(const std::string &strFormat, Params... parameters);
```

其中，Params 与 parameters 分别代表模板与函数的变长参数集合，称之为参数包（parameter pack）。参数包必须要和运算符"..."搭配使用。

（3）变长参数的使用。

变长参数模板中，变长参数包无法如同一般参数一样在类或函数中使用，因此典型的手法是以递归的方法取出可用参数：

```
void pringf(const char *s)
{
    while(*s)
    {
        if(*s=='%'&&*(++s)!='%')
            throw std::runtime_error("无效的格式化字符串：缺少参数");
        std::cout<<*s++;
    }
}
template<typename T, typename... Args>
void printf(const char *s, T value, Args... args)
{
    while(*s)
    {
        if(*s=='%'&&*(++s)!='%')
        {
            std::cout<<value;
            printf(*s ? ++s : s,args...);    //即便是*s==0 也会产生调用，以便检测更多的类型参数
            return;
        }
        std::cout<<*s++;
    }
    throw std::logic_error("没有传递给 printf 函数额外的参数");
    std::cout<<*s++;
}
```

printf 会不断地递归调用自身：函数参数包 args...在调用时，会被模板类别匹配分离为 T value 和 Args... args，直到 args...变为空参数，则会与简单的 printf(const char *s) 形成匹配，退出递归。

（4）变长参数模板的个数。

变长参数的数量可以藉以下的语法得知：

```
template<typename ...Args>
struct SomeStruct
{
    static const int size = sizeof...(Args); //  sizeof...(Args) 的结果是编译器常数
}
```

SomeStruct<Type1, Type2>::size 是 2，而 SomeStruct<>::size 会是 0。

7.5 综合应用实例

本节介绍两个复杂的例子，分别是函数模板的使用和类模板的使用。

【例 7.7】 实现快速排序的函数模板。

```cpp
#include<iostream>
#include<iomanip>
#include<cstdlib>
using namespace std;
template<class T>
inline void Swap(T &v1,T &v2)    //数据交换的函数模板
{
    T temp = v2;
    v2 =   v1;
    v1 = temp;
}


template <class T>
void QuickSort(T *array, int high,int low=0)        //快速排序函数模板
{
    while(high>low)
    {
        int i = low;
        int j = high;
     do
     {
        while(array[i]<array[low]&&i<j) i++;
            while(array[--j]>array[low]) ;
        if(i<j)
            Swap(array[i],array[j]);
     }while(i<j);
        Swap(array[low],array[j]);
     if(j-low>high-(j+1))
     {
            QuickSort(array,j-1,low);
            low = j+1;
     }
     else
     {
            QuickSort(array,high,j+1);
            high = j-1;
     }
    }
}
```

```
int main()
{
    int dim;
    cout<<" How many integers?"<<endl;
    cin>>dim;
    int *arrs = new int[dim+1];
    int i ;
    for(i=0;i<dim;i++)
        arrs[i] = rand();
    cout<<"……….unsorted…………."<<endl;
    for(i=0;i<dim;i++)
        cout<<setw(8)<<arrs[i];
    cout<<endl;
    QuickSort(arrs,dim);
    cout<<"………. sorted…………."<<endl;
    for(i=0;i<dim;i++)
        cout<<setw(8)<<arrs[i];
    delete arrs;
    system("pause");
    return 0;
}
```

例 7.7 程序的运行结果如图 7.10 所示。

图 7.10　例 7.7 程序的运行结果

【例 7.8】　一个栈的类模板 TStack 的实现例题。

一个栈的类模板的例子，该模板实现了一个栈的基本功能，如入栈、出栈、判断栈空或满等。栈中存放数据的类型由实例化时的模板类型参数决定。

程序如下：

```
#include <iostream>
using namespace std;
template <class T>
class TStack
{// 模板类 TStack，实现栈的基本功能，存放的数据类型由模板参数 T 决定
 public:
    TStack(int = 20);
    ~ TStack();
    int push(const T&);
```

```cpp
        int pop(T&);
        int stackEmpty();
        int stackFull();
        void print();
 private:
        int size;           //栈的最大存储容量
        int top;            //栈顶元素的下标
        T *stackPtr;        //指向栈起始地址的指针
};
//////////////////////////////////////////
//类模板的实现
template <class T>
TStack<T>:: TStack(int s)
{//构造一个容量为（0,500]的栈
    if(s < 0 || s > 500)
            size = 20;
    else
            size = s;
    top = 0;
    stackPtr = new T[size*sizeof(T)];
}
template <class T>
TStack<T>::~TStack()
{
    delete [] stackPtr;
}
template <class T>
void TStack<T>::print()
{//从栈底到栈顶输入栈中元素
    cout<< "Stack(";
    for(int i=0; i<top; i++)
    {
            cout<< stackPtr[i];
            if(i<top-1)
            cout<< ", ";
    }
    cout<< ")\n";
}
template <class T>
int TStack<T>::push(const T& item)
{   //入栈
    if (!stackFull())
    {
            stackPtr[top++] = item;
            return 1;
```

```cpp
        }
        return 0;
}
template <class T>
int TStack<T>::pop(T& item)
{   //出栈
        if (!stackEmpty())
        {
            item = stackPtr[--top];
            return 1;
        }
        return 0;
}
template <class T>
int TStack<T>::stackEmpty()
{   //判栈空
        if(top==0)
            return 1;
        else
            return 0;
}
template <class T>
int TStack<T>::stackFull()
{   //判栈满
        if(top>=size)
            return 1;
        else
            return 0;
}
/////////////////////////////////////////
//test.cpp  测试程序
int main()
{                       //实例化 TStack 的 3 个对象,每个对象做 5 次入栈操作
                        //每次操作后都打印出栈中所有元素
        TStack<int> s1;  //实例化一个存放 int 类型数据的类 TStack<int>
                        //并定义栈对象 s1
        cout<<"栈 s1 信息如下:"<<endl;
        int i;
        for ( i=0; i<5; i++)
        {
            s1.push(i*10);     //元素 i*10 入栈
            s1.print();        //打印栈中所有元素
        }
        TStack<double> s2;   //实例化一个存放 double 类型数据的类 TStack< double >
```

```
                                    //并定义栈对象 s2
            cout<<endl<<"栈 s2 信息如下:"<<endl;
            for(i=0; i<5; i++)
            {
                    s2.push(i*1.1);     //元素 i*1.1 入栈
                    s2.print();         //打印栈中所有元素
            }
            char array[5][10] = {"one", "two", "three", "four", "five"};
            TStack<char*> s3;       //实例化一个存放 char*类型数据的类 TStack< char*>
                                    //并定义栈对象 s3
            cout<<endl<<"栈 s3 信息如下:"<<endl;
            for(i=0; i<5; i++)
            {
                    s3.push(array[i]);//元素 array[i]0 入栈
                    s3.print();       //打印栈中所有元素
            }
            return 0;
    }
```

例 7.8 程序的运行结果如图 7.11 所示。

图 7.11 例 7.8 程序的运行结果

习题 7

一、简答题

1. 函数模板定义时应该注意哪些问题？
2. 已知下列模板定义：

   template <class T>

```
T Max1( const T* array, int size ) { /* ... */ }
template <class T>
T Max2( T p1, T p2 ) { /* ... */ }
```

下列哪些调用是错误的，为什么？

```
double d1, d2;
float f1, f2;
char c1, c2;
int ai[5] = { 511, 16, 8, 63, 34 };
```

（1）Max2(c2, 'c');
（2）Max2(d1, f1);
（3）Max1(ai, c1);

3．类模板定义时应该注意哪些问题？
4．简述类模板实例化的过程。

二、编程题

1．编写一个单链表的类模板 Link，并实现其主要操作 Delete 和 Insert。
2．编写一个函数模板 sort，使用 sort 对第 1 题中的 Link 按关键字排序。

第8章

标准模板库(STL)的介绍及应用

STL（Standard Template Library，标准模板库）是一个C++通用库，1994年7月由美国国家标准学会（ANSI）纳入C++标准，成为C++库的重要组成部分。从广义上讲，STL主要由容器、迭代器和算法三大部分组成。从实现层次看，基于模板技术，STL以一种类型参数化（type parameterized）的方式实现。在STL中，几乎所有的代码都采用了类模板和函数模板的方式，这与传统的由函数和类组成的库相比，提供了更好的代码重用机会。STL倡导新的编程风格——泛型程序设计。

通过对本章的学习，应该重点掌握以下内容：

- ➢ 标准模板库STL的基本概念。
- ➢ 标准模板库STL的组成部分。
- ➢ 命名空间的概念及使用。
- ➢ 容器的概念和使用。
- ➢ 迭代器的概念和使用。
- ➢ 算法的概念和使用。
- ➢ 标准模板库STL的应用。

8.1 标准模板库（STL）的概念

8.1.1 什么是 STL

STL 最初是由惠普实验室的 Alexander Stepanov、Meng Lee 和 David R Musser 开发的一系列组件，后来被引入到标准 C++库中，是标准 C++库的重要补充之一。STL 库包含了众多在计算机科学领域常用的基本数据结构和基本算法。其中模板是实现 STL 的基础，为 C++程序员提供了一个可扩展的应用框架，高度体现了软件的可复用性。

从逻辑层次来看，STL 体现了泛型程序设计的思想，引入了多个新的名词，如容器、算法、迭代器等。与 OOP 中的多态一样，泛型程序设计也是一种软件复用技术。从实现层次看，STL 以一种类型参数化的方式实现，这种方式基于一个刚引入 C++标准中的语言特性——模板。在 STL 中，几乎所有的代码都采用了类模板和函数模板的方式，这与传统的由函数和类组成的库相比，提供了更强的代码重用能力。除此之外，还有许多 C++的新特性为 STL 的实现提供了方便。

从广义上讲，STL 的代码分为 3 类：容器、迭代器和算法。这 3 类代码被组织为 13 个头文件：<algorithm>、<deque>、<functional>、<iterator>、<vector>、<list>、<map>、<memory>、<numeric>、<queue>、<set>、<stack>和<utility>。

8.1.2 STL 的组成部分

STL 是一个 C++通用库，其各部分结构图如图 8.1 所示。与其他 C++标准类库一样，STL 主要包括容器类，容器是能够保存其他类型对象的类，甚至可以包含混合类型的对象。可以使用算法对容器进行各种操作，但是必须以迭代器为中介。

图 8.1　STL 结构图

1. 容器

容器是能够保存其他类型对象的类。C++的容器可以包含混合类型的对象，即容器类可以包含一组相同类型或一组不同类型的对象。当容器类包含相同类型的对象时，称为同类容器类；当容器类包含不同类型的对象时，称为异类容器类。

2. 迭代器

迭代器从作用上来说是 STL 最基本的部分，但理解起来比较困难。简单地说，迭代器是指针的泛化，它允许程序员以相同的方式处理不同的数据结构（容器）。迭代器是访问容器的中介。

3. 算法

算法就是一个按照一组定义明确的步骤来解决某个问题的处理过程，理论上，它不依赖于任何特定的计算机编程语言。STL 提供了大约 70 个实现算法的函数模板。熟悉了 STL 后，当需要实现的功能与算法模板功能相同时，只需要通过调用算法模板，就可以完成所需要的功能，大大地提升了效率。

8.1.3　STL 对 C++的影响

STL 对 C++的思想影响极大。在 STL 出现之前，C++支持 3 种基本的编程样式——面向过程编程、数据抽象和面向对象编程。在面向对象编程中更注重的是对数据的抽象，即所谓抽象数据类型，而算法则通常被附属于数据类型之中。几乎所有的客体都可以被看成类或对象（即类的实例），通常人们所看到的算法被作为成员函数（member function）包含在类中，构成继承体系。在 STL 出现之后，C++可以支持一种新的编程模式——泛型程序设计。这一思想和面向对象的程序设计思想有着明显区别，主要体现在泛型程序设计中，大部分基本算法也被抽象、被泛化，独立于与之对应的数据结构，用相同或相近的方式处理各种不同情形。

因此，C++不仅仅是面向对象的程序设计语言，它的优越之处在于既满足了面向对象，又实现了泛型编程。在实际运用的时候，两者的结合使用往往可以使问题的解决更有效。

8.2　容器

在实际开发过程中，数据结构本身的重要性往往不逊于操作数据结构算法的重要性，尤其当程序中存在对时间特性要求很高的部分时，数据结构的选择就显得更加重要。经典的数据结构数量有限，但是程序员常常重复一些为了实现向量、链表等结构而编写的代码，这些代码十分相似，只是为了适应不同数据的变化而在细节上有所不同。容器为程序员提供了方便，它允许重复利用已有的实现去构造特定类型下的数据结构，通过设置的类模板，STL 容器对最常用的数据结构提供了支持，这些模板的参数可以指定容器中元素的数据类型，从而将许多重复而乏味的工作简化。

8.2.1　容器简介

容器是能够保存其他类型对象的类。C++的容器可以包含混合类型的对象，也就是说容器类可以包含一组相同类型或一组不同类型的对象。当容器类包含相同类型的对象时，称为同类容器类；当容器类包含不同类型的对象时，称为异类容器类。

容器类库共包括 10 种容器，这 10 种容器分为两大类，分别如下。

（1）顺序容器：向量（vector）、双队列（deque）、列表（list）、堆栈（stack）等。

（2）关联容器：集合（set）、多重集合（multiset）、映射（map）和多重映射（multimap）。

STL 的容器由 7 个头文件提供，分别是<vector>、<list>、<deque>、<set>、<map>、<stack>和<queue>。表 8.1 给出关于每种容器各方面特性的描述。

表 8.1 容器的特性描述

容 器 名	描 述	类 型	头 文 件
向量（vector）	连续存储元素的动态数组	顺序容器	<vector>
列表（list）	由节点组成的双向链表，每个节点包含一个元素	顺序容器	<list>
栈（stack）	后进先出的值的排列	顺序容器	<stack>
队列（queue）	先进先出的值的排列	顺序容器	<queue>
双队列（deque）	入队和出队能在队首和队尾两端进行的队列	顺序容器	<deque>
优先队列（priority_queue）	每次从队列中取出的是具有最高优先权的元素	顺序容器	<queue>
集合（set）	已排序好的元素集合，元素不能重复	关联容器	<set>
多重集合（multiset）	类似于 set，但是允许存在重复元素	关联容器	<set>
映射（map）	多个{关键字,值}对组成的已经排序好的集合	关联容器	<map>
多重映射（multimap）	允许关键字有重复映射	关联容器	<map>

8.2.2 容器的结构

所有的 STL 容器都是定义在命名空间 std 中的一个模板类，由<vector>、<list>、<deque>、<set>、<map>、<stack>和<queue>这 7 个头文件给出。在容器类中定义了一些常用的类型、函数等。下面简要介绍这些定义。

1．常用的类型

这些类型适用于所有容器，其含义描述如表 8.2 所示。

表 8.2 顺序容器和关联容器中常用的 typedef

类 型 名	值 的 类 型	描 述
value_type	值类型	容器中存放元素的类型
size_type	长度	用于计算容器中项目数和检索顺序容器的类型（不能对 list 检索）
difference_type	距离	引用相同容器的两个迭代器相减结果的类型（list 和关联容器没有定义）
iterator	迭代器	指向容器中存放元素类型的迭代器
const_iterator	常迭代器	指向容器中存放元素类型的常量迭代器，只能读取容器中的元素
reverse_iterator	逆向迭代器	指向容器中存放元素的逆向迭代器，这种迭代器在容器中逆向迭代
const_reverse_iterator	常逆向迭代器	指向容器中存放元素类型的常逆向迭代器，只能读取容器中的元素
pointer	指针	容器中存放元素类型的指针
const_pointer	常指针	容器中存放元素类型的常量指针，这种指针只能读取容器中的元素和进行 const 操作
reference	引用	容器中存放元素类型的引用
const_reference	常引用	容器中存放元素类型的常量引用，这种引用只能读取容器中的元素和进行 const 操作

2．常用的函数

与容器定义一些常用的类型一样，容器也在 public 部分定义了一些常用函数，这些函数是 STL 标准容器类所通用的。表 8.3 给出了这些常用的函数。

表 8.3 容器中常用的函数

函数名	功能描述	备注
默认构造函数	提供容器默认初始化的构造函数	
拷贝构造函数	将容器初始化为现有同类容器副本的构造函数	
析构函数	不再需要容器时进行内存整理的析构函数	
empty()	容器中没有元素时返回 true，否则返回 false	
max_size()	返回容器中最大元素个数	
size()	返回容器中当前元素个数	
operator=	将一个容器赋给另一个容器	
swap（b）	交换两个容器的元素	

还有一些只适用于顺序容器和关联容器，如表 8.4 所示。

表 8.4 顺序容器和关联容器公用的函数

函数名	功能描述	备注
begin()	有两个版本返回 iterator 或 const_iterator，引用容器第一个元素	不适用于容器适配器
end()	有两个版本返回 iterator 或 const_iterator，引用容器最后一个元素后面一位	不适用于容器适配器
rbegin()	有两个版本返回 reverse_iterator 或 const_reverse_iterator，引用容器最后一个元素	不适用于容器适配器
rend()	有两个版本返回 reverse_iterator 或 const_reverse_iterator，引用容器第一个元素前面一位	不适用于容器适配器
erase(p, q) 或 erase(p)	从容器中清除一个或几个元素	不适用于容器适配器
clear()	清除容器中所有元素	不适用于容器适配器

8.2.3 容器的使用

所有 STL 容器都属于标准命名空间，因此使用容器时必须包含下列语句：

```
using namespace std;
```

向量（vector）、列表（list）、队列（queue）、集合（set）和映射（map）是最常用的几种容器（关于容器定义详细的介绍参见附录 A 常用容器与算法介绍），下面介绍这几种容器的使用方法。

1. vector

vector 的行为方式完全是一个数组，它的内存空间完全是连续的，只不过这个数组的大小是可变的，对程序员来说，除了内存耗尽的情况外（这一情况一般不可能发生），不必关心这个数组的大小，只管添加元素。

实际上，vector 在初始化的时候，会申请一定的空间用来存储数据，一旦所申请的空间不够用了，它会在另外的地方开辟一块新的内存空间，然后将原空间中的元素全部复制到新的空间中。如果不特殊指定，每次新申请的通常是原空间的两倍。不过这个处理过程程序员不必关心，由 STL 来解决。

使用 vector 时必须包含头文件：

#include <vector>

以存储整型数据为例，定义如下：

vector<int> iv;   //构造一个 vector, iv 相当于一个数组
vector<int> iv1 ={2};   //构造一个 vector 包含一个元素，值为 2
vector<int> iv2 = {3，4}; //构造一个 vector 包含两个元素，值分别为 3 和 4
vector<int> iv3(iv1);   //构造一个 vector，并将 iv1 的元素全部复制到 iv3

向 iv 增加一个数，值为 5：

iv.push_back(5);

可以获得当前数组的大小（即包含元素的个数）：

iv.size();   //这时其值应为 1
iv.capacity();   //指容器在必须分配新的存储空间之前可以存放的元素总数空间大小
                  //注意和 size 函数的区别

也可以采用如下方式增加元素：

int n = 5;iv.push_back(n);

也可以在任意位置插入元素：

iv.insert(iv.begin(),n); //第一个参数是插入位置，必须在 iv.begin()和 iv.end()之间

此时：

iv.size()==3;   //这时其值应为 1
iv.capacity()==4; //空间大小，注意和 size 函数的区别

再加入一个元素时，原 iv 空间大小为 2，向 iv 中加入元素的时候发现空间不够，则以原空间的 2 倍申请一块新的内存（不同的编译器申请新空间大小的算法不同）。

可以像普通数组一样使用 iv（注意不能越界）：

int n1 = iv[0];   //n1 的值就是 iv 中第一个元素的值

可以直接设置 iv 的大小：

iv.resize(10);   //这时 iv 的大小为 10，然后为每一个元素赋值 iv[0],iv[1],…

删除尾部的一个元素：

iv.pop_back();   //iv 的大小减 1

可以直接清空 iv：

iv.clear();   //iv 的大小变为 0

可以判断 iv 是否为空：

iv.empty()==true

注意：

vector 可以存储任意类型的数据，可以是普通变量，可以是结构体变量，还可以是类定义的对象。

当存储对象时，push_back 操作要调用对象的拷贝构造函数，将对象复制到 vector 对象中，注意按照规则重载拷贝构造函数和赋值操作。

operator[]只能用来取得已经存在的元素，而不能向 vector 中添加元素，如下面的代码是错误的：

```
vector< int > iv;
iv[ 0 ] = 1;    //错误，vector 的空间还没有被分配
```

operator[]和正常数组的使用方法一样，也同样没有越界检查，如果通过 iv[10]的方式访问一个只有 9 个元素的 vector 不会被提示出错，但这样做可能会有无法预料的事情发生，因此必须避免。

2. list

相对于 vector 的线性存储空间，list 就复杂得多，它每次添加或删除一个元素，就会申请或释放一个元素的空间，然后用指针将它们联系起来。这样的好处是精确配置内存，绝对没有一点浪费，而且对于元素的插入和删除，list 都是常数时间。list 实际上是一个双向联表。

使用 list 容器必须包含头文件<list>：

```
#include<list>
```

创建一个 list 对象：

```
list<char > listChar;           //声明了一个 list<char>类型的空列表
list<int> listInt2 = {2, 3};    //声明了一个 list<int>类型的列表，它的长度为 2，值都为 3
```

向 list 中插入元素：

```
listChar.push_back('a');     //把一个数据放到一个 list 的后面
listChar.push_front ('b');   //把一个数据放到一个 list 的前面
```

判断 list 是否为空：

```
listChar.empty()==true
```

对 list 进行排序：

```
listChar.sort();
```

向 list 中插入一个对象：

```
listChar.insert(myList.end(), 'c');   //在 list 末尾插入字符 "c"
char ch[3] ={'a', 'b', 'c', 'd'};
listChar.insert(ListChar.begin(), &ch[0], & ch[3] ); /*在开始位置插入 3 个字符到 list 中，这里第二个参数为数组的起始位置，第三个参数为数组的结束位置*/
listChar.insert(ListChar.begin(),2,'s');   //在开始位置插入 2 个值为 "s" 的元素
```

在 list 中删除元素：

```
listChar.pop_front();                            //删除第一个元素
listChar.pop_back();                             //删除最后一个元素
listChar.erase(listChar.begin());                //使用 iterator 删除第一个元素
listChar.erase(listChar.begin(),listChar.end()); //使用 iterator 删除所有元素
listChar.remove('c');                            //使用 remove 函数删除指定的对象
```

3．queue

queue 就是 C++中代表队列的容器。它是一个先进先出的数据结构，元素在队尾入队，在队首出队。

使用 queue 容器必须包含头文件<queue>：

```
#include<queue>
```

创建一个 queue 对象：

```
queue<int> q1;
queue<string> q2;
```

元素入队：

```
q1.push(3);              //将 3 加入队列的队尾
q2.push("Hello");        //将"Hello"加入队列的队尾
```

元素出队：

```
q1.pop();                //弹出队列的第一个元素，注意，并不会返回被弹出元素的值
```

访问队首元素：

```
q1.front();              //返回最早入队的元素
```

访问队尾元素：

```
q1.back();               //返回最后入队的元素
```

判断队列是否为空：

```
q1.empty();              //当队列空时，返回 true
```

返回队列中的元素个数：

```
q1.size();
```

4．set

set 是一个集合，里面可以有多个元素，元素之间必须是排序好的，任意两个元素不能相同，因此其查找的效率较高。

使用 set 容器必须包含头文件<set>：

```
#include<set>
```

创建 set 对象：

```
set<int> s1;
set<string> s2;
```

向集合中插入元素：

```
s1.insert(3);
s2.insert("Hello");
```

元素的查找：

```
s1.find(3);        //查找值为 5 的元素
```

元素的删除：

```
s1.erase(2);       //删除值为 2 的元素
```

5．map

map 是以（关键字，值）的方式存储元素的集合，按照关键字排序，每一个元素有一个唯一的关键字，访问时按照关键字检索到对应的值。

使用 set 容器必须包含头文件<map>：

```
#include<map>
```

创建 map 对象：

```
map<string, int> m1;
```

向 map 中加入元素：

```
m1.insert("maths", 90);   //加入一个关键字为"maths"，值为 90 的元素
```

删除元素

```
m1.erase("maths");        //删除关键字为"maths"的元素
```

查找元素

```
int i=m1["maths"];        //查找关键字为"maths"的元素
```

修改元素

```
m1["maths"]=95;           //修改关键字为"maths"的元素
```

【例 8.1】 vector 容器完整的程序。构建一个 string 型 vector 对象，将字符串输入，然后累加各个元素字符串并输出。

程序如下：

```
#include <iostream>
#include <string>
#include <vector>
using namespace std;
int main()
{
    vector<string> v;     //string 是一个标准字符串类
```

```
            char str[10];
            for(int i =0;i<40;i++)
            {
                    memset(str,0,10);
                    sprintf(str,"%d",i);
                    v.push_back(str);            //将 str 转化为 string 对象，插入 vector 对象的尾部
            }
            string ss;
            for(int j =0;j<v.size();j++)
            {
                    string s1 = v[j];
                    s1 +=", ";
                    ss += s1;
            }
            cout<<ss;
            return 0;
}
```

输入程序运行结果：

0, 1, 2, 3, 4, 5, 6, 7, 8, 9, 10, 11, 12, 13, 14, 15, 16, 17, 18, 19, 20, 21, 22, 23, 24, 25, 26, 27, 28, 29, 30, 31, 32, 33, 34, 35, 36, 37, 38, 39,

【例 8.2】 list 容器完整的程序。本例初始化一个 list 的非空实例，然后将 list 中的元素值打印出来。

程序如下：

```
#include<list>
#include<iostream>
using namespace std;
int main()
{
        list<int> seq = (8, 9);    //初始化一个长度为 8，元素值都为 9 的 list<int>类型列表
        list<int>::const_iterator i = seq.begin();  //i 指向 seq 的第一个元素
        int count = seq.size();    //count 为 seq 的元素个数
        while(count)
        {//从头到尾输出 seq 的每一个元素
                cout<<"list 元素"<<count<<": "<<*i<<endl;          //*i 为位置是 i 的元素的值
                count- -;
                i++;
        }
        return 0;
}
```

程序运行结果：

list 元素 8：9
list 元素 7：9

```
list 元素 6：9
list 元素 5：9
list 元素 4：9
list 元素 3：9
list 元素 2：9
list 元素 1：9
```

8.3 迭代器

泛型编程倡导使用通用的方式编程。STL 通过 C++的模板机制实现了算法与数据类型的无关性，以及容器（数据结构）与数据类型的无关性，但是模板机制无法解决算法与容器的分离问题，为此 STL 中引入了迭代器技术。迭代器是一种抽象的设计概念，它提供了一种方法，允许依序访问某个容器所含的各个元素，而无需暴露该容器的内部结构。迭代器是一种类似指针的对象，而指针的各种行为中最常见且最重要的便是解析和成员访问。

每一种 STL 容器都提供专属迭代器。迭代器是算法与容器之间的接口，算法通过迭代器访问容器中的元素。如果一个算法采用迭代器作为参数，则它可作用于多种容器，即使这些容器互不相同。

STL 中有 5 种类型的迭代器，它们的关系如图 8.2 所示。

图 8.2 迭代器的关系

不同的迭代器满足不同的需求，每种迭代器都有自己特定的操作。图 8.2 中，箭头表示左边的迭代器能够满足右边迭代器需要的条件。例如，某个算法需要一个双向迭代器（Bidirectional Iterator），可以把一个随机存取迭代器（Random Access Iterator）作为参数；但反之不行。几乎 STL 提供的所有算法都是通过迭代器存取元素序列进行工作的，每一个容器都定义了其本身所专有的迭代器，用于存取容器中的元素。每种迭代器的作用如表 8.5 所示。

表 8.5 迭代器的作用

迭代器类型	功能描述	支持的容器
输入迭代器	从容器中读取元素。输入迭代器只能一次一个元素地向前移动。输入迭代器只支持一遍算法，同一输入迭代器不能两次遍历一个序列	istream
输出迭代器	向容器写入元素。输出迭代器只能一次一个元素地向前移动。输出迭代器只支持一遍算法，同一输出迭代器不能两次遍历一个序列	ostream、inserter
前向迭代器	组合输入迭代器和输出迭代器的功能，并保留在容器中的位置作为状态信息。支持多遍算法	
双向迭代器	组合正向迭代器和逆向迭代器的功能（逆向迭代器即为从容器末尾到容器开头）	list、set、multiset、map、multimap
随机存取迭代器	组合双向迭代器的功能与直接访问容器中任何元素的功能，即可以向前或向后跳过任意个元素	vector、deque、string 等

迭代器部分主要由头文件<utility>、<iterator>和<memory>组成。<utility>是一个很小的头文件，它包括了贯穿使用在 STL 中的几个模板的声明；<iterator>中提供了迭代器使用的许多方法；而<memory>则以不同寻常的方式为容器中的元素分配存储空间，同时也为某些算法执行期间产生的临时对象提供机制，<memory>中的主要部分是类模板 allocator，它负责产生所有容器中的默认适配器。

8.3.1 输入迭代器

输入迭代器（input iterator）是最普通的类型。输入迭代器至少能够使用==和!=测试是否相等；使用*访问数据；使用++操作递推迭代器到下一个元素或到达 past-the-end 值。输入迭代器是在每一个位置进行读操作的迭代器。输入迭代器支持以下 6 种操作。

（1）++i：前置自增迭代器。
（2）i++：后置自增迭代器。
（3）*i：引用迭代器指向的值，作为右值。
（4）i1=i2：将一个迭代器赋值给另一个迭代器。
（5）i1==i2：比较迭代器相等性。
（6）i1!=i2：比较迭代器不等性。
下面看一个模板函数 find()，以理解迭代器及其使用方法。

```
template <class InputIterator, class T>
InputIterator find(InputIterator first, InputIterator last, const T& value)
{
    while (first != last && *first != value)
        ++first;
    return first;
}
```

上面模板函数 find()在容器中查找值为 value 的元素，然后返回一个指向对象 iterator 的指针。在 find()中，如果参数 first 和 last 指向不同的容器，则该算法可能陷入死循环。

8.3.2 输出迭代器

输出迭代器（output iterator）只能够向一个序列写入数据，它可以被修改和引用。通常用于将数据从一个位置复制到另一个位置。由于输出迭代器无法读取对象，因此一般不会在搜索和其他算法中使用它。要想读取一个复制的值，必须使用另一个输入迭代器（或它的继承迭代器）。除了具有输入迭代器的所有功能外，输出迭代器还具有一个操作—— *i，复引用迭代器，作为左值。

注意：对输入和输出迭代器，一旦取出或放入值后，就只能前进（increment），不可多次取出或放入。

输出迭代器仅可以进行如下操作。

（1）++i：前置自增迭代器。
（2）i++：后置自增迭代器。

(3) *i = V：写入迭代器指向的值，注意作为左值。
(4) i1=i2：将一个迭代器赋值给另一个迭代器。
(5) i1==i2：比较迭代器相等性。
(6) i1!=i2：比较迭代器不等性。

【例 8.3】 一个关于输出迭代器的例题。

程序如下：

```cpp
#include <iostream>
#include <algorithm>
#include <vector>
using namespace std;
double darray[10] = {1.0, 1.1, 1.2, 1.3, 1.4, 1.5, 1.6, 1.7, 1.8, 1.9};
vector<double> vdouble(10);      //double 型 vector
int main()
{
    vector<double>::iterator outputIterator = vdouble.begin();   //输出迭代器
    copy(darray, darray + 10, outputIterator);      //将 darray 复制到容器 vdouble 中
    while (outputIterator != vdouble.end())
    {
        cout << *outputIterator <<" ";
        outputIterator++;
    }
    return 0;
}
```

程序运行结果：

```
1 1.1 1.2 1.3 1.4 1.5 1.6 1.7 1.8 1.9
```

上面程序使用通用算法 copy()将 double 中的数组 darray 复制到容器 vdouble 中，然后使用输出迭代器从头到尾将容器中的元素值输出。这里，copy()是 STL 的通用算法，它的作用是将一个序列从头到尾复制到另外一个序列中。

8.3.3 前向迭代器

前向迭代器（forward iterator）既可以用来读也可以用来写，它结合了输入迭代器和输出迭代器的功能，并能够保存迭代器的值，以便从其原先位置开始重新遍历。它能够向前推进到下一个值，但是不能递减，它包含了输入迭代器和输出迭代器的所有操作。

下面模板函数 fill()显示了前向迭代器的使用方法：

```cpp
template <class ForwardIterator, class T>
void fill(ForwardIterator first, ForwardIterator last, const T &x);
long *p = new int[100];
fill(p, p+10, 0);
fill(p+11, p+100, 10);
```

上面代码使用前向迭代器将数组 p 的前 10 个元素赋值为 0，后 90 个元素赋值为 10。

8.3.4 双向迭代器

双向迭代器（bidirection iterator）既可以用来读也可以用来写，它与前向迭代器类似，除了具有前向迭代器的功能外，它还可以递减，即双向迭代器不仅允许++，而且允许- -。所有的 STL 容器都提供了双向迭代器功能，以利于数据的写入和读出。

下面的模板函数 reverse()以双向迭代器为参数对容器进行逆向排序。

双向迭代器要求能够增减，如 reverse()算法要求两个双向迭代器作为参数：

```
template <class BiIterator>
void reverse (BiIterator first, BiIterator last);
reverse(vdouble.begin(), vdouble.end());
```

8.3.5 随机访问迭代器

随机访问迭代器（random access iterator）可以通过跳跃的方式访问容器中的任意数据，从而使数据的访问非常灵活。随机访问迭代器作为功能最强大的迭代器类型，可以任意存取迭代器，可以"任意的"前进和后退。vector、string 和 deque 都提供随机访问迭代器。指向数组的指针可以作为数组的随机访问迭代器。

8.3.6 迭代器的使用

从前面的讨论可以知道，如果要访问容器必须使用迭代器。下面分析一个例子，以理解迭代器的使用。

【例 8.4】 从标准输入设备读入 5 个整数，使用输出迭代器输出这 5 个整数。然后，使用 STL 通用算法 sort()对 vector 中的元素排序，再输出排序后 vector 中的元素。

程序如下：

```
#include <iostream>
#include <algorithm>
#include <vector>
using namespace std;
const int ReadLine=5;
int main()
{
    vector<int> myList;
    int temp;
    for(int i=0 ;i<ReadLine;i++)         //读取 ReadLine 个整数，并将结果存到 myList 中
    {
        cout<<"请输入一个整数："；
        cin >> temp;         //读入整数
        myList.push_back(temp);         //将读入的整数存到 myList 的最后
```

```cpp
        }
        cout<<"从头到尾输出容器中元素："<<endl;
        vector<int>::iterator outputIterator = myList.begin();
        while (outputIterator != myList.end())
        {
            cout << *outputIterator <<"   ";
            outputIterator++;
        }
        sort(myList.begin(),myList.end());        //将 myList 中元素排序
        cout<<endl<<"排序后输出结果："<<endl;
        outputIterator = myList.begin();
        while (outputIterator != myList.end())
        {
            cout << *outputIterator <<"   ";
            outputIterator++;
        }
        cout<<endl;
        return 0;
    }
```

程序运行结果：

```
请输入一个整数：32✓
请输入一个整数：23✓
请输入一个整数：78✓
请输入一个整数：85✓
请输入一个整数：56✓
从头到尾输出容器中元素：
32   23   78   85   56
排序后输出结果：
23   32   56   78   85
```

8.4 算法

算法是 STL 中最常用的部分，它实际上就是一系列的函数模板，当然也可以操作不同类型的数据。

8.4.1 算法和函数对象

从广义上讲，算法是一个按照一组定义明确的步骤来解决某个问题的处理过程。理论上，它不依赖于任何特定的计算机编程语言。在 STL 中，算法是一些模板函数，它并不像传统库函数那样，以预先编译好的对象模块组成可链接库。STL 算法的实现独立于单独的容器类型。

考虑以下 find 算法：

```
template <class InputIterator, class T>
```

```
InputIterator find(InputIterator first, InputIterator last, const T& value)
{
    while (first != last && *first != value)
        ++first;
    return first;
}
```

find 算法中，并不是针对特定容器的操作，而是通过迭代器实现对所用容器的操作。算法不直接访问容器中的元素，因而获得类型独立的元素的全部访问和遍历都通过迭代器 InputIterator 实现，实际的容器类型可能是一个容器类型，也可能是内置数组。通过模板参数 class T 实现特定数据类型的操作。InputIterator 实际上提供了指针的泛化，不仅指向普通的指针，也可以用来指向 STL 的迭代器。

STL 提供了 70 个算法，由头文件<algorithm>、<numeric>和<functional>组成。头文件<algorithm>是所有 STL 头文件中最大的一个，它由许多函数模板组成，每个函数在很大程度上都是独立的，其中常用的功能涉及比较、交换、查找、遍历操作、复制、修改、移除、反转、排序、合并等。头文件<numeric>很小，只包括几个在序列上进行简单数学运算的函数模板，以及加法和乘法在序列上的一些操作。头文件<functional>中则定义了一些类模板，用于声明函数对象。

8.4.2 算法分类介绍

STL 提供了 70 个算法，按照不同的分类方法可以将这些算法分成不同的类别。按照算法所做工作的不同，可以将算法分成 8 个种类：查找、排序、数值计算、比较、集合、容器管理、统计和堆操作。按照算法对容器的影响，可以将算法分成 4 个种类：非修正算法、修正算法、排序算法和数值计算算法。下面按照第二种分类方法对 STL 库中的算法进行简要介绍。

1．非修正算法

非修正算法的操作不对容器中的元素进行任何修改，这类算法包括 adjacent_find()、find()、find_end()、find_first()、count()、mismatch()、equal()、for_each()和 search()等，这些算法都包含在头文件<algorithm>中。下面以 for_each()算法为例，简单了解这类算法的用法，代码如例 8.5 所示。

【例 8.5】 非修正算法例题。
程序如下：

```
#include <iostream>
#include <string>
#include <list>
#include <algorithm>
using namespace std;
void print(string& str)
{
    cout << str << endl;
```

```
    }
    int main ()
    {
        list<string> fruit;                  //定义一个 list <string>列表 fruit
        fruit.push_back("橘子");              //将元素放入列表末端
        fruit.push_back("苹果");
        fruit.push_back("香蕉");
        fruit.push_front("菠萝");
        fruit.push_front("西瓜");
        for_each(fruit.begin(), fruit.end(), print);   //对列表中的元素逐个进行 print 操作
        return 0;
    }
```

程序运行结果：

```
西瓜
菠萝
橘子
苹果
香蕉
```

上面例子中定义了一个存放字符型元素的列表 fruit，然后使用 list 操作将几个元素依次放入列表的末尾，最后使用通用算法 for_each()将列表中的元素逐个输出。通用算法 for_each(InIt first, InIt last, Fun f)的功能是对序列中每个元素 x 都调用 f(x)。

2. 修正算法

在实际应用中，经常需要对容器中的元素进行修改和写操作，这类能够对容器中元素进行修改的算法称为修正算法。修正算法包括 copy()、copy_backward()、fill()、generate()、partition()、random_shuffle()、remove()、replace()、rotate()、reverse()、swap()、swap_ranges()、transform()和 unique()等。下面看一个例子，以理解修正算法的使用。

【例8.6】 修正算法例题。
程序如下：

```
#include<vector>
#include<algorithm>
#include<iostream>
using namespace std;
int main()
{
    vector<int> vec;
    vector<int>::iterator iter;            //定义一个存放 int 型数据的 vector
    for(int i=0;i<=5;i++)
        vec.push_back(i);                  //连续向 vec 中放入 5 个 int 型数据
    //从头到尾输出 vec 中的所有元素
    cout<<"初始 vec =(";
    for(iter= vec.begin();iter!= vec.end();iter++)
```

```cpp
            cout<<*iter<<" ";
        cout<<")"<<endl;
        fill(vec.begin(), vec.end(), 1);          //将 vec 中的所有元素都赋值为 1
        //从头到尾输出 vec 中的所有元素
        cout<<"执行 fill 操作后 vec = (";
        for(iter= vec.begin();iter!= vec.end();iter++)
            cout<<*iter<<" ";
        cout<<")"<<endl;
        replace(vec.begin(), vec.end(), 1, 5);
        //从头到尾输出 vec 中的所有元素
        cout<<"执行 replace 操作后 vec = (";
        for(iter= vec.begin();iter!= vec.end();iter++)
            cout<<*iter<<" ";
        cout<<")"<<endl;
        return 0;
    }
```

程序运行结果：

```
初始 vec = (0 1 2 3 4 5)
执行 fill 操作后 vec = (1 1 1 1 1)
执行 replace 操作后 vec = (5 5 5 5 5)
```

上面例子定义了一个存放 int 类型元素的向量 vec。将整数 1～5 依次放入 vec，从头到尾打印输出 vec 中的元素。接着，使用通用算法 fill()将 vec 中的元素都置为 1，再打印输出。然后，使用通用算法 replace()将 vec 中的 1 都替换成 5，再打印输出。这里，通用算法 fill(FwdIt first, FwdIt last, const T& x)的作用是将一个特定值 x 赋给序列中的所有元素。通用算法 replace(FwdIt first, FwdIt last, const T& vold, const T& vnew)的作用是将一个序列中等于一个特定值 vold 的所有元素都替换成另一个特定值 vnew。

3. 排序算法

对于一个序列来说，排序可能是最经常对其进行的操作，也是最重要的操作。STL 提供了大量的算法进行排序操作，以完成对容器内元素各种各样的排序要求。由于排序需要大量移动容器内的元素，因此排序算法用到的迭代器都是随机存取迭代器。STL 的排序算法包括 sort()、stable_sort()、partial_sort()、partial_sort_copy()、nth_element()、binary_search()、lower_bound()、upper_bound()、equal_range()、merge()、includes()、push_heap()、pop_heap()、make_heap()、sort_heap()、set_union()、set_intersection()、set_difference()、set_symmetric_difference()、min()、min_element()、max()、max_element()、lexicographica;_compare()、next_permutation()和 prev_permutation()等。下面给出一个例子以了解 sort()的使用，代码如例 8.7 所示。

【例 8.7】 排序算法例题。

程序如下：

```cpp
    #include <iostream>
    #include <algorithm>
```

```cpp
#include <functional>
#include <vector>
using namespace std;
class CBinaryGroup
{
public:
    friend bool less_second(const CBinaryGroup & m1, const CBinaryGroup & m2);
    CBinaryGroup(int a, int b):first(a), second(b){}
    bool operator < (const CBinaryGroup &m)const
    {
        return first < m.first;
    }
    int getFirst(){return first;}
    int getSecond(){return second;}
private:
    int first;
    int second;
};
bool less_second(const CBinaryGroup & m1, const CBinaryGroup & m2)
{
    return m1.second < m2.second;
}
int main()
{
    vector<CBinaryGroup> vect;
    int i;
    for( i=0 ; i<10 ; i++)
    {
        CBinaryGroup my(10-i, i*3);
        vect.push_back(my);
    }
    cout<<"原始 vector 的元素为: "<<endl;
    for(i = 0 ; i < vect.size(); i ++)
        cout<<"("<<vect[i].getFirst()<<","<<vect[i].getSecond()<<") ";
    cout<<endl;
    sort(vect.begin(), vect.end());
    cout<<"第一次排序后 vector 为: "<<endl;
    for(i = 0 ; i < vect.size(); i ++)
        cout<<"("<<vect[i].getFirst()<<","<<vect[i].getSecond()<<") ";
    cout<<endl;
    sort(vect.begin(), vect.end(), less_second);
    cout<<"第二次排序后 vector 为: "<<endl;
    for(i = 0 ; i < vect.size(); i ++)
        cout<<"("<<vect[i].getFirst()<<","<<vect[i].getSecond()<<") ";
    cout<<endl;
```

```
        return 0;
    }
```

程序运行结果：

> 原始 vector 的元素为：
> (10,0) (9,3) (8,6) (7,9) (6,12) (5,15) (4,18) (3,21) (2,24) (1,27)
> 第一次排序后 vector 为：
> (1,27) (2,24) (3,21) (4,18) (5,15) (6,12) (7,9) (8,6) (9,3) (10,0)
> 第二次排序后 vector 为：
> (10,0) (9,3) (8,6) (7,9) (6,12) (5,15) (4,18) (3,21) (2,24) (1,27)

上面例子中用到了一个自定义的二元组类 CBinaryGroup。在 main()函数中，定义了一个存放 CBinaryGroup 类型数据的向量 vect，并向 vect 中放入 10 个 CBinaryGroup 数据。打印输出 vect 中的元素后，使用通用算法 sort(RanIt first, RanIt last)将 vect 中的元素排序，再打印输出 vect 中的元素，然后使用通用算法 sort(RanIt first, RanIt last, Pred pr)将 vect 中的元素排序，再打印输出。目的是比较不同的输出结果以理解 sort()算法的作用。这里，sort()是 STL 通用算法，sort(RanIt first,RanIt last)的作用是使序列中的元素以升序方式存储，比较使用 operator<。sort(RanIt first, RanIt last, Pred pr)的作用是使序列中的元素以升序方式存储，比较使用函数对象 pr。

4．数值计算算法

数值计算算法主要是对容器中的元素进行数值计算。这类算法包括 accumulate()、inner_product()、partial_sum()、adjacent_difference()和一些推广的数值算法。

STL 提供的算法可以避免程序员重复编写同样的代码，提高了程序运行效率。上面对 STL 提供的算法做了简单介绍。如果想要熟练掌握 STL 算法，以便在编写程序时熟练应用，需要仔细了解每个算法的功能、参数等相关技术指标，甚至阅读相应的头文件。

8.5 综合应用实例

本节介绍一个例子，这个例子是从标准设备读入整数，从小到大对输入的整数进行排序，然后输出排序的结果。本节分别用 3 种方法实现这个例子，以更好地理解 STL 的使用。

【例 8.8】 排序实现算法例题。

程序如下：

```
#include <cstdlib>
#include <iostream>
using namespace std;
const int max_size = 10;        //数组允许元素的最大个数
int compare(const void *arg1, const void *arg2);
int main()
{
    int num[max_size];          //整型数组
    //从标准输入设备读入整数，同时累计输入个数，直到输入的是非整型数据为止
```

```
        cout<<"请输入不超过 10 个整数,输入非整型数据结束!"<<endl;
        for (int n = 0; cin >> num[n]; n ++)
                ;
        qsort(num, n, sizeof(int), compare);        //C 标准库的快速排序函数
        //将排序结果输出到标准输出设备
        cout<<"排序后结果为:"<<endl;
        for (int i = 0; i < n; i ++)
                cout << num[i] << " ";
        return 0;
}
//比较两数大小,如果*(int *)arg1 比*(int *)arg2 小,则返回-1;如果*(int *)arg1 比
// *(int *)arg2 大,则返回 1;如果*(int *)arg1 等于*(int *)arg2,则返回 0
int compare(const void *arg1, const void *arg2)
{
        return (*(int *)arg1 < *(int *)arg2) ? -1 :(*(int *)arg1 > *(int *)arg2) ? 1 : 0;
}
```

程序运行结果:

```
请输入不超过 10 个整数,输入非整型数据结束!
612 32 30 53 6 87 54 43 54 #↵
排序后结果为:
6 30 32 43 53 54 54 87 612
```

例 8.8 中,如果输入的整数个数超过 10,则程序会异常结束。下面程序使用了 STL 的容器和算法实现上面的例子。

【例 8.9】 部分使用 STL 容器和算法实现的排序例题。

程序如下:

```
#include <iostream>
#include <vector>
#include <algorithm>
using namespace std;
int main()
{
        vector<int> num;
        int element;
        //从标准输入设备读入整数,直到输入的是非整型数据为止
        cout<<"请输入 n 个整数,输入非整型数据结束!"<<endl;
        while (cin >> element)
                num.push_back(element);
        sort(num.begin(), num.end());
        cout<<"排序后结果为:"<<endl;
        for (int i = 0; i < num.size(); i ++)
                cout << num[i] << "\n";
        return 0;
}
```

程序运行结果：

> 请输入 n 个整数，输入非整型数据结束！
> 612 32 30 53 6 87 54 43 54 #↙
> 排序后结果为：
> 6 30 32 43 53 54 54 87 612

本例中，输入的整数个数没有限制。下面的程序是完全使用 STL 改写例 8.9 的代码。

【例 8.10】 全部使用 STL 容器和算法实现的排序例题。

程序如下：

```
#include <iostream>
#include <vector>
#include <algorithm>
#include <iterator>
using namespace std;
int main()
{
    typedef vector<int> int_vector;
    typedef istream_iterator<int> istream_itr;
    typedef ostream_iterator<int> ostream_itr;
    typedef back_insert_iterator< int_vector > back_ins_itr;
    int_vector num;
    //从标准输入设备读入整数，直到输入的是非整型数据为止
    cout<<"请输入 n 个整数，输入非整型数据结束！"<<endl;
    copy(istream_itr(cin), istream_itr(), back_ins_itr(num));
    sort(num.begin(), num.end());
    cout<<"排序后结果为："<<endl;
    copy(num.begin(), num.end(), ostream_itr(cout, "\n"));
    return 0;
}
```

程序运行结果：

> 请输入 n 个整数，输入非整型数据结束！
> 612 32 30 53 6 87 54 43 54 #↙
> 排序后结果为：
> 6 30 32 43 53 54 54 87 612

从上面的例子可以看出，第一种实现方法（见例 8.8）是一个和 STL 没有丝毫关系的传统风格的 C++程序，其中部分代码可读性非常差，尤其是 compare()函数。第二种实现方法（见例 8.9）将第一种方法中的部分代码改用了 STL 的部件，看起来比第一个程序简洁，已经没有了 compare()函数。第三种实现方法（见例 8.10）中几乎每行代码都与 STL 有关，并且包含了 STL 中几乎所有的部件，如容器、迭代器、算法等，程序看起来也简洁、易懂。仔细分析、比较这 3 种实现方法，可体会 STL 给 C++带来的改变。

习题 8

一、简答题

1. 简述 STL 框架。
2. 简述什么是容器。
3. 简述什么是迭代器。
4. 简述什么是算法。
5. 容器可以分为几类，分别是什么？
6. 迭代器可以分为几类，分别是什么？
7. 算法可以分为几类，分别是什么？

二、编程题

1. 在 STL 的容器 list 的基础上进行封装，实现一个 stack 的基本功能，并编写程序，验证所实现的 stack。
2. 使用 STL 模板编写程序管理一个班级学生的面向对象课程成绩，要求能够实现以下功能：

（1）增加学生成绩；
（2）删除特定条件的学生成绩；
（3）查找特定学生的成绩或查找特定成绩的学生；
（4）对学生成绩按照从高到低排序；
（5）输出所有学生的成绩。

3. 定义一个函数对象 Middle，使它能对 3 个对象进行运算，返回中间值。再定义一个具有同样功能的函数 middle。给出使用函数对象 Middle 和函数 middle 的例子，比较二者的区别。

第 9 章

面向对象程序设计实例

面向对象分析与设计是一种以显示客观世界的概念为基础组织模型的分析与设计技术。面向对象分析的任务就是建立问题领域中的类和对象的模型,即未来创建的系统做什么;面向对象的设计任务就是实现类和对象模型,即针对系统描述系统是怎样实现的。本章主要通过实例——图书管理系统详细介绍 C++如何采用面向对象分析与设计技术解决实际问题。

通过对本章的学习,应该重点掌握以下内容:

➢ 面向对象分析的过程。
➢ 面向对象设计的过程。

9.1 图书管理系统需求分析

9.1.1 需求分析的任务

需求分析的基本任务：为了满足用户需求，要准确地定义新系统的目标，回答系统必须"做什么"的问题。

需求分析的具体内容可以归纳为以下几个方面：软件的功能性需求、软件与硬件或其他外部系统接口、软件的非功能性需求、软件的反向需求、软件设计和实现上的限制、阅读支持信息等。

软件的功能需求是整个需求分析中的关键部分，描述软件在各种可能条件下，对所有可能输入的数据信息，应完成哪些具体功能，产生什么样的输出。

非功能需求是指软件产品为满足用户业务需求而必须具有除功能需求以外的特性，是衡量软件能否良好运行的定性指标。

9.1.2 图书管理系统需求描述

人工管理图书的手续烦琐、效率低下，给具有强烈时间观念的管理人员带来了诸多不便，学校图书资料室缺少一套完善的图书管理软件，为了方便对图书的管理，需要开发图书管理系统。本系统要求实现图书管理、读者管理、图书借阅管理等日常管理工作以提高工作效率和管理水平。

系统合法用户分为普通管理员和系统管理员，其中系统管理员负责读者维护和图书维护，普通管理员负责日常借阅管理。读者维护应实现对读者信息进行添加、删除、修改和查询等操作。图书信息维护应实现对图书信息进行添加、删除、修改和查询等操作。借阅管理实现读者借书、还书功能，并在读者借还书时，对相应数据文件进行及时更新。

9.1.3 图书管理系统需求

了解系统的用户需求后，可以进行系统需求分析，得到系统的功能需求。

对用户需求进行详细分析后，得到系统功能如下：

（1）借书功能：应该能够实现在借书时要求输入读者学号和书号，然后进行相关借阅信息的修改和存储。读者和书籍要有相应的状态标志来区分书籍的状态和读者的状态，即读者有无借书和书籍是否已经被借阅等。

（2）还书功能：应该能够实现在还书时要求输入读者学号和书号，然后进行相应状态的修改和存储。读者还书后也要修改相应的状态标志。

（3）图书管理功能：应该能够实现图书维护的基本操作，包含图书的增加、更改、删除、查找和显示操作。

（4）用户管理功能：应该能够实现读者维护的基本操作，包含读者的增加、更改、删除、查找和显示操作。

本系统约定一本图书一个编号，每个读者同时只允许借阅一本图书。

9.2 图书管理系统需求模型

本项目采用面向对象分析作为主要的系统建模方法，使用 UML 作为建模语言，从几个角度对系统建立模型。系统的需求模型主要包含用例图和用例规约。

9.2.1 图书管理系统用例图

UML 用例图从用户的角度描述软件产品的需求，画好用例图是实现软件需求的第一步。

用例图描述了一组用例、参与者及它们之间的关系。参与者不是特指人，是指系统以外的，在使用系统或与系统交互中所扮演的角色。因此，参与者可以是人，可以是事物，也可以是时间或其他系统等。图书管理系统中图书管理员就是参与者。

用例是外部可见的一个系统功能，这些功能由系统提供，并通过与参与者之间消息的交换来表达。用例的用途是在不揭示系统内部构造的情况下定义行为序列，它把系统当成一个黑箱，表达整个系统对外部用户可见的行为。借书、还书等都是用例。

建立系统的用例模型首先要识别出系统的参与者，接着要识别出参与者的主要用例并描述用例，最后画出每个参与者的用例。

系统总体用例图如图 9.1 所示。

图 9.1 图书管理系统用例图

本系统参与者有两个：普通管理员和系统管理员。普通管理员负责借书、还书业务，同时能够查找图书。系统管理员负责读者维护和图书维护业务。图 9.1 中的读者管理用例使用了增加读者、删除读者、修改读者、查找读者和显示读者信息等 5 个用例，相当于后者是前者的子用例。同样，图书管理使用了增加图书、删除图书、修改图书、查找图书和显示图书信息等 5 个子用例。借书用例和还书用例均使用了查找图书用例。

9.2.2 图书管理系统用例规约

用例图从总体上大致描述了系统所能提供的各种服务，让人们对系统的功能有一个总体认识，但仅此是不够的，还需要描述每一个用例的详细信息，即用例规约。用例模型是由用例图和每一个用例的详细描述——用例规约所组成的。用例规约相对于用例图来讲，将用例工作利用文本进行详细描述，为用例分析提供依据，是更加重要的工作。系统的每个用例都应进行用例规约的描述，描述清楚参与者与系统怎样交互完成用例功能。

1．增加读者

系统管理员使用本用例进行增加读者，系统管理员由系统设定，每次进入系统要求进行身份验证，其用例规约如表 9.1 所示。

表 9.1 增加读者用例规约

用例编号	UC-01
用例名称	增加读者
用例描述	参与者输入相关信息后系统增加读者信息
参与者	系统管理员
前置条件	参与者进行合法身份验证合格
后置条件	增加读者成功
基本路径	1. 参与者请求增加读者 2. 系统提示输入学号 3. 参与者填写学号 4. 系统提示输入姓名 5. 参与者填写姓名 6. 系统设定读者初始状态为有效状态 7. 系统设定借书信息初始状态为没有借过图书 8. 系统设定读者所借图书信息为空 9. 系统添加图书成功，用例结束
扩展点	
业务规则	系统中读者一次只能借一本书
非功能需求	系统应能区分读者当前有没有借书，以及读者的状态是否有效
补充说明	

2．删除读者

系统管理员使用本用例进行删除系统读者操作，其用例规约如表 9.2 所示。

表9.2 删除读者用例规约

用例编号	UC-02
用例名称	删除读者
用例描述	系统删除参与者请求删除的读者
参与者	系统管理员
前置条件	参与者进行合法身份验证合格
后置条件	删除读者成功
基本路径	1. 参与者请求删除读者 2. 系统提示输入要删除的读者的学号 3. 系统确认读者存在 4. 系统确认读者当前没有借过图书 5. 系统设置读者状态为已删除 6. 系统删除读者成功，用例结束
扩展点	3a 系统中没有该读者信息 　3a.1 系统提示读者不存在 　3a.2 系统返回，用例结束 4a 读者所借图书信息存在 　4a.1 系统提示读者借出图书，不能删除 　4a.2 系统返回，用例结束
业务规则	
非功能需求	系统不能删除有借书记录的读者
补充说明	

3．修改读者

系统管理员使用本用例进行修改系统读者信息操作，其用例规约如表9.3所示。

表9.3 修改读者用例规约

用例编号	UC-03
用例名称	修改读者
用例描述	系统按参与者的请求修改读者信息
参与者	系统管理员
前置条件	参与者进行合法身份验证合格
后置条件	修改读者成功
基本路径	1. 参与者请求修改读者 2. 系统提示输入要删除的读者学号 3. 系统确认读者存在 4. 系统请求参与者输入修改信息 5. 参与者修改读者信息 6. 系统修改读者成功，用例结束
扩展点	3a 系统中没有该读者信息 　3a.1 系统提示读者不存在 　3a.2 系统返回，用例结束
业务规则	
非功能需求	系统不能修改已经删除的读者信息
补充说明	

4. 查找读者

系统管理员使用本用例进行查找系统读者信息操作，其用例规约如表9.4所示。

表9.4 查找读者用例规约

用例编号	UC-04
用例名称	查找读者
用例描述	系统查找参与者请求的读者信息
参与者	系统管理员
前置条件	参与者进行合法身份验证合格
后置条件	查找读者成功
基本路径	1. 参与者请求查找读者 2. 系统提示输入要查找的读者学号 3. 系统确认读者存在 4. 系统提示读者存在，用例结束

扩展点	3a 系统中没有该读者信息
	   3a.1 系统提示读者不存在
	   3a.2 系统返回，用例结束

业务规则	
非功能需求	
补充说明	

5. 查看读者信息

系统管理员使用本用例进行查看系统读者详细信息操作，其用例规约如表9.5所示。

表9.5 查看读者信息用例规约

用例编号	UC-05
用例名称	查看读者信息
用例描述	系统返回参与者请求的读者的详细信息
参与者	系统管理员
前置条件	参与者进行合法身份验证合格
后置条件	查看读者信息成功
基本路径	1. 参与者请求查看读者信息 2. 系统提示输入要查找的读者学号 3. 系统确认读者存在 4. 系统显示读者详细信息，用例结束

扩展点	3a 系统中没有该读者信息
	   3a.1 系统提示读者不存在
	   3a.2 系统返回，用例结束

业务规则	
非功能需求	
补充说明	

6. 增加图书

系统管理员使用本用例进行增加图书操作，其用例规约如表9.6所示。

表 9.6 增加图书用例规约

用例编号	UC-06
用例名称	增加图书
用例描述	参与者输入相关信息后系统增加图书信息
参与者	系统管理员
前置条件	参与者进行合法身份验证合格
后置条件	增加图书成功
基本路径	1. 参与者请求增加图书 2. 系统提示输入图书编号 3. 参与者填写图书编号 4. 系统提示输入图书名称 5. 参与者填写图书名称 6. 系统设定图书初始状态为在架状态 7. 系统设定借书信息初始状态为可以借出状态 8. 系统添加图书成功,用例结束
扩展点	
业务规则	系统中的图书一本一个编号
非功能需求	
补充说明	

7. 删除图书

系统管理员使用本用例进行删除系统图书操作,其用例规约如表 9.7 所示。

表 9.7 删除图书用例规约

用例编号	UC-07
用例名称	删除图书
用例描述	系统删除参与者请求删除的图书
参与者	系统管理员
前置条件	参与者进行合法身份验证合格
后置条件	删除图书成功
基本路径	1. 参与者请求删除图书 2. 系统提示输入要删除图书的编号 3. 系统确认图书在架 4. 系统确认图书当前没有被借出 5. 系统设置图书状态为已删除 6. 系统删除图书成功,用例结束

扩展点	3a 系统中没有该图书信息
	   3a.1 系统提示图书不存在
	   3a.2 系统返回,用例结束
	4a 图书被借出
	   4a.1 系统提示借出图书,不能删除
	   4a.2 系统返回,用例结束

业务规则	
非功能需求	系统不能删除借出图书
补充说明	

8. 修改图书

系统管理员使用本用例进行修改系统图书信息操作，其用例规约如表9.8所示。

表9.8 修改图书用例规约

用例编号	UC-08
用例名称	修改图书
用例描述	系统按参与者的请求修改图书信息
参与者	系统管理员
前置条件	参与者进行合法身份验证合格
后置条件	修改图书成功
基本路径	1．参与者请求修改图书 2．系统提示输入要修改的图书的编号 3．系统确认图书存在 4．系统请求参与者输入修改信息 5．参与者修改图书信息 6．系统修改图书成功，用例结束
扩展点	3a 系统中没有该图书信息 　　3a.1 系统提示图书不存在 　　3a.2 系统返回，用例结束
业务规则	
非功能需求	系统不能修改已经删除的图书信息
补充说明	

9. 查找图书

系统管理员使用本用例进行查找系统图书信息操作，其用例规约如表9.9所示。

表9.9 查找图书用例规约

用例编号	UC-09
用例名称	查找图书
用例描述	系统查找参与者请求的图书信息
参与者	系统管理员
前置条件	参与者进行合法身份验证合格
后置条件	查找图书成功
基本路径	1．参与者请求查找图书 2．系统提示输入要查找的图书编号 3．系统确认图书存在 4．系统提示图书存在，用例结束
扩展点	3a 系统中没有该图书信息 　　3a.1 系统提示图书不存在 　　3a.2 系统返回，用例结束
业务规则	
非功能需求	
补充说明	

10. 查看图书信息

系统管理员使用本用例进行查看系统图书详细信息操作,其用例规约如表 9.10 所示。

表 9.10 查看图书信息用例规约

用例编号	UC-10
用例名称	查看图书信息
用例描述	系统返回参与者请求的图书的详细信息
参与者	系统管理员
前置条件	参与者进行合法身份验证合格
后置条件	查看图书信息成功
基本路径	1.参与者请求查看图书信息 2.系统提示输入要查找的图书编号 3.系统确认图书存在 4.系统显示图书详细信息,用例结束

扩展点	3a 系统中没有该图书信息
	   3a.1 系统提示图书不存在
	   3a.2 系统返回,用例结束

业务规则	
非功能需求	
补充说明	

11. 借书

普通管理员使用本用例进行借书处理,其用例规约如表 9.11 所示。

表 9.11 借书用例规约

用例编号	UC-11
用例名称	借书
用例描述	系统修改相应图书的信息和相应读者的信息完成借书处理
参与者	普通管理员
前置条件	参与者登录系统
后置条件	借书处理完成
基本路径	1. 参与者请求借书 2. 系统提示输入要借的图书编号 3. 系统确认图书存在 4. 系统提示输入读者学号 5. 系统确认读者存在 6. 系统确认读者没有已借图书信息 7. 系统修改读者借阅图书标记 8. 系统修改读者所借图书信息 9. 系统修改图书状态 10. 系统提示借书成功,用例结束

(续表)

扩展点	3a 系统中没有该图书信息 　　3a.1 系统提示图书不存在 　　3a.2 系统返回，用例结束
扩展点	5a 系统中没有该读者信息 　　5a.1 系统提示读者不存在 　　5a.2 系统返回，用例结束 6a 系统中没有该图书信息 　　6a.1 系统提示读者有借书信息 　　6a.2 系统返回，用例结束
业务规则	
非功能需求	
补充说明	

12．还书

普通管理员使用本用例进行还书处理，其用例规约如表9.12所示。

表9.12　还书用例规约

用例编号	UC-12
用例名称	还书
用例描述	系统修改相应图书的信息和相应读者的信息完成还书处理
参与者	普通管理员
前置条件	参与者登录系统
后置条件	还书处理完成
基本路径	1．参与者请求借书 2．系统提示输入要还的图书编号 3．系统确认图书存在 4．系统提示输入读者学号 5．系统确认读者存在 6．系统修改读者借阅图书标记 7．系统修改读者所借图书信息 8．系统修改图书状态 9．系统提示还书成功，用例结束
扩展点	3a 系统中没有该图书信息 　　3a.1 系统提示图书不存在 　　3a.2 系统返回，用例结束 4a 系统中没有该读者信息 　　4a.1 系统提示读者不存在 　　4a.2 系统返回，用例结束
业务规则	
非功能需求	
补充说明	

9.3 图书管理系统设计

需求分析之后,进入系统设计阶段,系统设计在需求分析与代码实现之间建立起一座桥梁,指导开发人员实现能满足用户需求的软件产品。

在建立好用例模型后,本项目下一步的目标是从用例描述中抽象出领域模型,找出分析类,然后按照一定的原则进行系统设计,设计出相应的设计类。

9.3.1 分析类

分析类先从需求规约中提取名词,然后进行分析精炼。通过仔细分析用例规约可以看出,系统中反复出现的名词一是读者,二是图书。从用例规约不难找出它们相应的属性,即类的成员属性。读者类的成员属性主要是读者学号、读者姓名、读者借阅状态、读者的有效状态等;图书类的成员属性主要有图书编号、图书名称、图书在架状态、图书借出状态等,从而可以得到本系统的分析类如图 9.2 所示。

图 9.2 系统分析类图

9.3.2 顺序图

顺序图可以描述设计中的对象如何控制它的方法和行为,展示了活动或行为发生的顺序。建立顺序图是为了进一步描述用例,同时得到系统的控制管理类。下面给出系统借书用例的顺序图,用顺序图让读者明白设计类是怎么得到的。

图 9.3 描绘的是借书用例顺序图,图中的虚线是系统对请求信息的返回。

在图 9.3 中出现的"查询图书"和"修改图书状态"这样的消息其实都应该是调用对象提供的方法,也就是图书类应该有这样的成员函数。

为了使系统的设计变得更加明晰,可以模拟三层架构的体系结构,即分表示层、业务层和模型层。其中,表示层用于与用户进行交互并显示结果;控制层主要完成三项任务,一是进行业务逻辑验证,二是调用模型组件,三是决定将合适的视图组件如何返回给用户;模型层主要由实体类组成,包括一些基本的逻辑。

在系统中表示层对应系统的输出界面,控制层设计管理类实现业务逻辑,如读者类的增、删、改、查等方法,经过进一步的分析设计,可以得到系统的设计类图。

图 9.3 借书用例顺序图

9.3.3 设计类图

通过分析顺序图可以得到类的详细信息,顺序图中的消息对应的是类的方法,从用例规约中可以抽取类的属性,通过不断迭代可以得到设计类图。

图 9.4 是读者类图。读者类中设计对成员属性提供修改和读取的成员函数。其中,r_del 是读者的状态属性,即表示读者是否被删除;r_bor 是读者的借阅属性,即表示读者是否借阅过图书;brbook 表示读者所借的图书。

图 9.5 是图书类图,图书类中也只设计对成员属性提供修改和读取的成员函数。其中,no 是图书的编号属性;name 是图书的名称属性;b_flag 表示图书是否被借阅;b_del 表示图书是否被删除。

CReader
-r_del: int
-r_bor: int
-brbook
+getr_del(): int
+setr_del()
+getr_bor(): int
+setr_bor()
+setbrbook()
+getbrbook()
+show()

CBook
-no: int
-name: wchar_t
-b_flag: int
-b_del: int
+setno()
+getno(): int
+setname()
+getname(): <未指定>
+getb_flag(): int
+setb_flag()
+getb_del(): int
+setb_del()

图 9.4 读者类图   图 9.5 图书类图

设计一个读者管理类(见图 9.6),把对读者的增、删、改、查等方法放在这个类中。同时,该类的构造函数和析构函数负责读者对象的持久化处理,C++中使用文件形式进行对象的持久化保存。

图 9.6 读者管理类

同理，设计一个图书管理类（见图 9.7），把对图书的增、删、改、查等方法放在这个类中。该类的构造函数和析构函数负责图书对象的持久化处理，即进行输入/输出流操作。

系统管理员的身份是需要验证的，因此系统中可以设计一个用户类，如图 9.8 所示。其中，no 是编号属性，name 是姓名属性。

图 9.7 图书管理类　　　　　　　　图 9.8 用户类

用户类和读者类可以使用继承来重用某些功能。

9.3.4 系统结构设计

设计系统的功能架构，图 9.9 是系统模块结构图。

图 9.9 系统模块结构图

系统模块结构图反映了系统的层次结构，对应系统的界面层次。系统的主要功能为 4 块：读者管理、借书管理、还书管理和图书管理。其中，读者管理和图书管理又包含详细的下级模块。

9.4 图书管理系统的实现

系统分析设计完成后,可以开始系统的编码实现。本系统实现采用多文件组织形式,这样易于维护和扩充。

9.4.1 类的定义

在自定义的头文件 Mytype.h 中,存放所有类的定义。文件内容如下。

```cpp
#include<iostream>
#include<string>
#include<cstdlib>
using namespace std;
//图书类
class CBook
{
private:
    int no;                    //图书编号
    char name[20];             //图书名称
    int b_flag;                //1 为在架,2 为借出
    int b_del;                 //1 为存在,2 为删除
public:
    CBook();         //默认构造函数
    CBook(int no,char na[]);    //构造函数
    void setno(int n);
    int getno();
    void setname(char na[]);
    char* getname();
    int getb_flag();
    void setb_flag(int);
    int getb_del();
    void setb_del(int);
};
//用户类
class CUser
{
private:
    int no;
    char name[20];
public:
    CUser();
    CUser(int id, char na[]);
    void setno(int n);
```

```cpp
    int getno();              //返回图书编号值
    void setname(char na[]);
    char* getname();          //返回图书名称
    void show();
};
//用户类的派生类——读者类
class CReader:public CUser
{
private:
    int r_del;                //1 存在，2 删除
    int r_bor;                //1 借过书，2 没有借过书
    CBook brbook;
public:
    CReader();
    CReader(int id, char na[]);
    int getr_del();
    void setr_del(int);
    int getr_bor();
    void setr_bor(int);
    void setbrbook(CBook bt);
    CBook getbrbook();
    void show();              //方法重写
};
//读者管理类
class CReaderManager
{
public:
    CReader rdarray[50];
    int top;
public:
    CReaderManager();
    ~CReaderManager();
    void addreaders();                //添加读者
    int findreaders(int suffix);      //查找读者，这个函数用于借书、还书操作
    int findreaders();                //查找读者，这个函数用于读者维护操作
    void editreaders();               //编辑读者信息
    void delreaders();                //删除读者，读者如果借了书，则要还书后才能删除
    void listreaders();               //显示所有读者
};
//图书管理类
class CBookManager
{
public:
    CBook btarray[50];                //图书集合
    int top;
```

```
public:
    CBookManager();
    ~CBookManager();
    void addbooks() ;
    int findbooks(int suffix);
    int findbooks() ;
    void editbooks();
    void delbooks();
    void listbooks() ;
};
```

9.4.2 类的实现

类的实现可以分为多个文件组织，也可以放在一个文件中，本系统类比较少，所以只定义一个文件存放。文件名为 classImp.cpp，具体内容如下。

```
#include<fstream>
#include"Mytype.h"
//用户类的实现
CUser::CUser(){}
CUser::CUser(int id, char na[])
{
    no = id;
    strcpy(name, na);
}

void CUser::setno(int n)
{
    no=n;
}

int CUser::getno()           //返回图书编号值
{
    return no;
}

void CUser::setname(char na[])
{
    strcpy(name, na);
}

char* CUser::getname()       //返回图书名称
{
    return name;
```

```cpp
}

void CUser::show()
{
    cout<<"系统管理员编号:   "<<no<<"系统管理员姓名:   "<<name;
}

//读者类的实现
CReader::CReader(){}

CReader::CReader(int id, char na[]):CUser(id, na)
{
    r_del=1;
    r_bor=2;
}

int CReader::getr_del()
{
    return r_del;
}

void CReader::setr_del(int n)
{
    r_del=n;
}

int CReader::getr_bor()
{
    return r_bor;
}

void CReader::setr_bor(int n)
{
    r_bor=n;
}

void CReader::setbrbook(CBook bt)     //设置借书标记
{
    brbook = bt;
}
CBook CReader::getbrbook()
{
    return brbook;
}
```

```cpp
void CReader::show()
{
    char *js;
    char *sc;
    if(r_del==1)
    {
      cout<<"读者编号：   "<<this->getno()<<endl;
      cout<<"读者姓名：   "<<this->getname()<<endl;
      if(r_bor==1)
            cout<<"已借图书名称: "<<brbook.getname();
      else
            cout<<"目前没有已借图书!"<<endl;
    }
    else
      cout<<"该读者已经从系统删除!"<<endl;

}
//图书类的实现
CBook::CBook(){}        //构造函数

CBook::CBook(int id,char na[])
{
    no=id;
    strcpy(name, na);
    b_flag=1;
    b_del=1;
}

void CBook::setno(int n)
{
    no=n;
}
int CBook::getno()      //返回图书编号值
{
    return no;
}
void CBook::setname(char na[])      //返回图书名称
{
    strcpy(name, na);
}
char* CBook::getname()
{
    return name;
}
int CBook::getb_flag()
```

```cpp
    return b_flag;
}
void CBook::setb_flag(int n)
{
    b_flag=n;
}
int CBook::getb_del()
{
    return b_del;
}
void CBook::setb_del(int n)
{
    b_del=n;
}
```

//读者管理类的实现
```cpp
CReaderManager::CReaderManager()
{
    CReader rd;
    top=-1;
    fstream file("reader.txt",ios::in);      //打开文件
    while (1)
    {
        file.read((char *)&rd,sizeof(rd));
        if (!file)   break;
        top++;
        rdarray[top]=rd;
    }
    file.close();        //关闭文件
}


CReaderManager::~CReaderManager()        //析构函数
{
    fstream file("reader.txt",ios::out);
    for (int i=0;i<=top;i++)
    {
        if (rdarray[i].getr_del()==1)
            file.write((char *)&rdarray[i],sizeof(rdarray[i]));
    }
    file.close();
}


Void   CReaderManager::addreaders()      //添加读者
{
```

```cpp
        CReader rd;
        int no;
        char rname[20];
        cout<<"请输入学号: ";
        cin>>no;
        cout<<endl<<"请输入姓名: ";
        cin>>rname;
        cout<<endl;
        rd.setno(no);
        rd.setname(rname);
        rd.setr_bor(2);
        rd.setr_del(1);
        top++;
        rdarray[top]=rd;
        return;
}

int CReaderManager::findreaders(int suffix)
//查找读者,这个函数用于借书、还书操作。参数 suffix 是数组下标
{
        int no;
        cout<<"请输入学号: ";
        cin>>no;
        for(int i=0; i<=top; i++)
        {
                if(rdarray[i].getno()==no && rdarray[i].getr_del()==1)
                {
                        return i;
                }
        }
        return -1;
}

int CReaderManager::findreaders()
//查找读者,这个函数用于读者维护操作
{
        int no;
        char value[3];
        cout<<"请输入学号: ";
        cin>>no;
        for(int i=0; i<=top; i++)
        {
                if(rdarray[i].getno()==no && rdarray[i].getr_del()==1)
                {
                        if(rdarray[i].getr_bor()==1) strcpy(value,"借");
```

```
                if(rdarray[i].getr_bor()==2) strcpy(value,"无");
                cout<<"学号: "<<rdarray[i].getno()<<" 姓名: "<<rdarray[i].getname()<<" 是否借书: "<<value<<endl;
                return i;
            }
        }
        return -1;
}
void CReaderManager::editreaders()           //编辑读者信息
{
        int cur;
        cur = findreaders();
        if (cur==-1)
        {    cout<<"没有该学生"<<endl;
             return;
        }
        cout<<"请修改数据: "<<endl;
        cout<<endl<<"  姓名: ";
        cin>>rdarray[cur].getname();
        return ;
}
void CReaderManager::delreaders()
//删除读者,读者如果借了书,则要还书后才能删除
{
        int cur;
        cur = findreaders();
        if (cur==-1)
        {
             return;
        }
        if(rdarray[cur].getr_bor()==1)
        {
             cout<<"该用户借了图书,请还书后再删除"<<endl;
             return;
        }
        rdarray[cur].setr_del(2);
        return;
}
void CReaderManager::listreaders()           //显示所有读者
{
        char value[3];
        for(int i=0; i<=top; i++)
        {
             if(rdarray[i].getr_del()==1)
             {
```

```cpp
            if(rdarray[i].getr_bor()==1) strcpy(value,"借");
            if(rdarray[i].getr_bor()==2) strcpy(value,"无");
            cout<<"学号: "<<rdarray[i].getno()<<"  姓名: "<<rdarray[i].getname()<<"  是否借书: "<<value<<endl;
        }
    }
    char ch;
    cout<<"按任意键继续...\n";
    cin>>ch;
    return;
}

//图书管理类的实现
CBookManager::CBookManager()
{
    CBook b;
    top=-1;
    fstream file("book.txt",ios::in);              //打开文件
    while (1)
    {
        file.read((char *)&b,sizeof(b));
        if (!file) break;
        top++;
        btarray[top] = b;
    }
    file.close();                                  //关闭文件
}


CBookManager::~CBookManager()
/析构函数，将 btarray[]写到 book.txt 文件中
{
    fstream file("book.txt",ios::out);
    for (int i=0;i<=top;i++)
    {
        if (btarray[i].getb_del()==1)
            file.write((char *)&btarray[i],sizeof(btarray[i]));
    }
    file.close();
}


void CBookManager::addbooks()                      //往图书数据库中加图书
{
    CBook bk;
    int no;
    char bname[20];
```

```cpp
        cout<<"请输入书号: ";
        cin>>no;
        cout<<endl<<"请输入书名: ";
        cin>>bname;
        cout<<endl;
        bk.setno(no);
        bk.setname(bname);
        bk.setb_del(1);
        bk.setb_flag(1);
        top++;
        btarray[top]=bk;
        return;
}

int CBookManager::findbooks(int suffix)
//查找图书，这个函数用于借书、找书操作，suffix 是数组下标
{
        int no;
        cout<<"请输入书号: ";
        cin>>no;
        for(int i=0; i<=top; i++)
        {
                if(btarray[i].getno()==no && btarray[i].getb_del()==1)
                {
                        return i;
                }
        }
        return -1;
}

int CBookManager::findbooks()
//查找图书，这个函数用于图书维护
{
        int no;
        char value[6];
        cout<<"请输入书号: ";
        cin>>no;
        for(int i=0; i<=top; i++)
        {
                if(btarray[i].getno()==no && btarray[i].getb_del()==1)
                {
                        if(btarray[i].getb_flag()==1) strcpy(value,"在架");
                        if(btarray[i].getb_flag()==2) strcpy(value,"借出");
                        cout<<"书号: "<<btarray[i].getno()<<" 书的名称: "<<btarray[i].getname()<<" 图书状态: "<<value<<endl;
```

```cpp
            return i;
        }
    }
    return -1;
}

void CBookManager::editbooks()          //编辑图书
{
    int cur;
    cur = findbooks();
    if (cur==-1)
    {   cout<<"没有这本书"<<endl;
        return;
    }
    cout<<"书号: "<<btarray[cur].getno()<<"  书的名称: "<<btarray[cur].getname()<<endl;
    cout<<"请修改数据："<<endl;
    cout<<endl<<"书的名称: ";
    cin>>btarray[cur].getname();
    return ;
}

void CBookManager::delbooks()           //删除图书
{
    int cur;
    cur = findbooks();
    if (cur==-1)
    {
        return;
    }
    if(btarray[cur].getb_flag()==2)     //删除时判断图书是否借出
    {
        cout<<"该图书已经借出，请在归还后再删除。"<<endl;
        return;
    }
    btarray[cur].setb_del(2);
    return;
}

void CBookManager::listbooks()          //显示全部图书
{
    char value[6];
    for(int i=0; i<=top; i++)
    {
        if(btarray[i].getb_del()==1)
```

```cpp
            {
                if(btarray[i].getb_del()==1) strcpy(value,"在架");
                if(btarray[i].getb_flag()==2) strcpy(value,"借出");
                cout<<"书号: "<<btarray[i].getno()<<"  书的名称: "<<btarray[i].getname()<<"  图书状态: "<<value<<endl;
            }
        }
        return;
}
```

9.4.3 用户界面设计

为了清晰，把所有的用户界面以函数形式放在一个文件中，文件名为 menu.cpp，内容如下。

```cpp
#include <iostream>
using namespace std;
void mainjiemian()    //登录主界面
{
    cout<<"******欢迎使用图书管理系统       ******"<<endl;
    cout<<endl;
    cout<<"******请选择您的身份             ******"<<endl;
    cout<<"******  1    系统管理员          ******"<<endl;
    cout<<"******  2    图书管理员          ******"<<endl;
    cout<<"******  3    系统初始化          ******"<<endl;
    cout<<"******  4    退 出 系 统         ******"<<endl;
    cout<<"******************************"<<endl;
    cout<<endl;
    cout<<"请选择数字:";
}

void staffjiemian()              //管理员界面
{
    cout<<"****************************************"<<endl;
    cout<<"*            图 书 管 理 系 统          *"<<endl;
    cout<<"*                                       *"<<endl;
    cout<<"*                                       *"<<endl;
    cout<<"*           (1) 图书管理                *"<<endl;
    cout<<"*                                       *"<<endl;
    cout<<"*           (2) 用户管理                *"<<endl;
    cout<<"*                                       *"<<endl;
    cout<<"*           (3) 退 出                   *"<<endl;
    cout<<"****************************************"<<endl;
}
```

```cpp
void bookjiemain()            //图书维护子菜单
{
    cout<<"|---------------------|"<<endl;
    cout<<"|      图书维护        |"<<endl;
    cout<<"|     (1)增加图书      |"<<endl;
    cout<<"|     (2)更改图书      |"<<endl;
    cout<<"|     (3)删除图书      |"<<endl;
    cout<<"|     (4)查找图书      |"<<endl;
    cout<<"|     (5)显示图书      |"<<endl;
    cout<<"|     (6)返回上一层    |"<<endl;
    cout<<"|---------------------|"<<endl;
}

void readerjiemian()   //读者维护子菜单
{
    cout<<"|----------------------------- |"<<endl;
    cout<<"|      读者维护          |"<<endl;
    cout<<"|     (1)增加读者        |"<<endl;
    cout<<"|     (2)更改读者        |"<<endl;
    cout<<"|     (3)删除读者        |"<<endl;
    cout<<"|     (4)查找读者        |"<<endl;
    cout<<"|     (5)显示读者        |"<<endl;
    cout<<"|     (6)返回上一层      |"<<endl;
    cout<<"|----------------------------- |"<<endl;
}

void yewujiemian()   //借书、还书
{
    cout<<"******欢迎使用图书管理系统******"<<endl;
    cout<<endl;
    cout<<"******请选择您的操作          ******"<<endl;
    cout<<"****** 1    借书管理          ******"<<endl;
    cout<<"****** 2    还书管理          ******"<<endl;
    cout<<"****** 3    返回上一层        ******"<<endl;
    cout<<"******************************"<<endl;
    cout<<endl;
}
```

9.4.4 系统主函数

系统主函数放在 login.cpp 文件中，内容如下。

```cpp
#include<iostream>
#include<Cstdlib>
```

```cpp
#include"Mytype.h"
#include<fstream>
using namespace std;
void sysmanage();         //函数声明
void jiehuan();           //函数声明
void mainjiemian();       //函数声明
void init()      //初始化文件写入系统管理员的信息
{
    int id;
    char n[20];
    cout<<"请输入系统管理员编号:";
    cin>>id;
    cout<<"请输入系统管理员姓名:";
    cin>>n;
    CUser super(id,n);
    fstream ff("init.txt",ios::out);          //打开文件
    if(!ff)
    {
        cout<<"open file error!\n";
        exit(1);
    }
    ff.write((char *)&super,sizeof(CUser));
    ff.close();
    cout<<"系统初始化成功! 按任意键继续...";
    cin.get();
    cin.get();
}
//主函数
int main()
{
    char in;
    do
    {
        system("cls");   //清屏
        mainjiemian();
        cin>>in;
        switch (in)
        {
            case '1':
                sysmanage();      //进入 guanliyuan.cpp
                break;
            case '2':
                jiehuan();        //进入 yewu.cpp
                break;
            case '3':
```

```
                    init();           //调用初始化函数
                    break;
            case '4':
                    break;
            default:cout<<"输入错误，请重新输入。"<<endl;
        }

    }while(in!='4');
    return 0;
}
```

9.4.5 系统管理员功能模块

系统管理员功能实现放在 guanliyuan.cpp 文件中，内容如下。

```
#include<iostream>
#include<fstream>
using namespace std;
#include"Mytype.h"
void staffjiemian();
void bookmanage();
void duzhemanage();
int superyz()
{
    CUser super;
    int id;
    cout<<"请输入您的编号";
    cin>>id;
    fstream ff("init.txt",ios::in);   //打开文件
    if(!ff)
    {
        cout<<"open file error!\n";
        exit(1);
    }
    ff.read((char *)&super,sizeof(CUser));
    ff.close();
    if (id!=super.getno())
        return 0;
    else
        return 1;
}
void sysmanage()
{
    int f;
```

```
            f=superyz();    //验证身份
            if(f)
            {
                char in1;
                do
                {
                    system("cls");    //清屏
                    staffjiemian();
                    cin>>in1;
                    switch (in1)
                    {
                        case '1':
                            //图书管理
                            bookmanage();    //进入 tushuguanli.cpp
                            break;
                        case '2':
                            //读者管理
                            duzhemanage();         //进入 duzheguanli.cpp
                            break;
                        case '3':
                            break;
                        default:cout<<"输入错误，请重新输入。"<<endl;
                    }
                }while(in1!='3');
            }
            else
                cout<<"您不是图书管理员!";
        }
```

其中，tushuguanli.cpp 内容如下。

```
    #include<iostream>
    #include<fstream>
    using namespace std;
    #include"Mytype.h"
    void bookjiemain();
    void bookmanage()
    {
        char in;
        CBookManager bm;
        do
        {
          system("cls");    //清屏
          bookjiemain();
          cin>>in;
          switch (in)
```

```
            {
                case '1':
                    //增加图书
                     bm.addbooks();
                     break;
                case '2':
                    //修改图书
                     bm.editbooks();
                     break;
                case '3':
                    //删除图书
                     bm.delbooks();
                     break;
                case '4':
                    //查找图书
                     bm.findbooks();
                     break;
                case '5':
                    //显示图书
                     bm.listbooks();
                     break;
                case '6':
                    //返回
                     break;
                 default:cout<<"输入错误，请重新输入。"<<endl;
            }

        }while(in!='6');

    }
```

duzheguanli.cpp 内容如下：

```
    #include"Mytype.h"
    void readerjiemian();
    void duzhemanage()
    {
        char in;
        CReaderManager rm;
        do
        {
           system("cls");   //清屏
           readerjiemian();
           cin>>in;
           switch (in)
           {
```

```
            case '1':
                //增加读者
                rm.addreaders();
                break;
            case '2':
                //修改读者
                rm.editreaders();
                break;
            case '3':
                //删除读者
                rm.delreaders();
                break;
            case '4':
                //查找读者
                rm.findreaders();
                break;
            case '5':
                //显示读者
                rm.listreaders();
                break;
            case '6':
                //返回
                break;
            default:cout<<"输入错误，请重新输入。"<<endl;
        }

    }while(in!='6');

}
```

9.4.6　普通管理员功能

普通管理员功能实现放在 yewu.cpp 文件中，内容如下。

```
#include<iostream>
#include<fstream>
using namespace std;
#include"Mytype.h"
void yewujiemian();
//借书处理
void borrowbook()
{
    int rsuffix, bsuffix;
    CBookManager t_bd;
```

```cpp
        CReaderManager t_rd;
        rsuffix=t_rd.findreaders(0);
        bsuffix=t_bd.findbooks(0);
        if ( bsuffix==-1)
        {
            cout<<"书不存在！\n";
            return;
        }
        if (rsuffix==-1 )
        {
            cout<<"读者不存在！\n";
            return;
        }
        if(t_bd.btarray[bsuffix].getb_flag()==2)
        {
            cout<<"图书已经借出，请选择其他图书"<<endl;
            return;
        }
        if(t_rd.rdarray[rsuffix].getr_bor()==1)
        {
            cout<<"你已经借过图书，请先归还再借其他图书"<<endl;
            return;
        }
        t_bd.btarray[bsuffix].setb_flag(2);
        t_rd.rdarray[rsuffix].setr_bor(1);
        t_rd.rdarray[rsuffix].setbrbook(t_bd.btarray[bsuffix]);
        return;

}

//还书处理
void returnmanage()
{
    int rsuffix, bsuffix;
    CBookManager t_bd;
    CReaderManager t_rd;
    rsuffix=t_rd.findreaders(0);
    bsuffix=t_bd.findbooks(0);
    if ( bsuffix==-1)
    {
        cout<<"书不存在！\n";
        return;
    }
    if (rsuffix==-1 )
    {
```

```cpp
            cout<<"读者不存在！\n";
            return;
        }
        if(t_rd.rdarray[rsuffix].getbrbook().getno()==t_bd.btarray[bsuffix].getno())
        {
            t_bd.btarray[bsuffix].setb_flag(1);
            t_rd.rdarray[rsuffix].setr_bor(2);
            CBook cb;
            t_rd.rdarray[rsuffix].setbrbook(cb);
        }
        else
        {
            cout<<"请重新输入，读者借的图书号不正确"<<endl;
            return;
        }
        return;
}
void jiehuan()
{
    char in1;
    do
    {
        system("cls");    //清屏
        yewujiemian();
        cin>>in1;
        switch (in1)
        {
            case '1':
                //借书管理
                borrowbook();
                break;
            case '2':
                //还书管理
                returnmanage();
                break;
            case '3':
                break;
            default:cout<<"输入错误，请重新输入。"<<endl;
        }
    }while(in1!='3');
}
```

习题 9

一、思考题

1. 总结图书管理系统分析设计过程。
2. 总结用例模型的内容。

二、设计题

1. 图书管理系统中对读者和图书编号没有验证唯一性。实际上，读者的学号和图书编号应是唯一的，不允许重复，试实现这个功能。
2. 图书管理系统中没有对图书进行分类，请加入此功能。

附录 A 常用容器与算法介绍

A.1 常用容器

A.1.1 向量（vector）

vector 是一种随机访问的数组类型，它提供了对数组元素的快速、随机访问。表 A.1 给出 vector 的主要成员及其解释。

表 A.1 vector 主要成员的功能

序号	成员	功能
1	allocator_type	分配器对象类型，模板参数 A 的同义词
2	pointer	指向被控序列中元素的指针
3	const_pointer	指向被控序列元素的常量指针
4	reference	指向被控序列中元素的引用
5	const_reference	指向被控序列元素的常量引用
6	value_type	被控序列中元素的类型，模板参数 T 的同义词
7	iterator	指向被控序列的随机存取迭代器
8	const_iterator	常随机存取迭代器
9	size_type	无符号整数，表示任意被控序列的长度
10	difference_type	被控序列中任意两个元素地址之间的差距
11	const_reverse_iterator	指向被控序列元素的常量反转型迭代器
12	reverse_iterator	指向被控序列元素的反转型迭代器
13	vector()	存储一个分配器对象 A()，构造一个空的被控序列
14	explicit vector(const A& al)	存储一个分配器对象 al，构造一个空的被控序列
15	explicit vector(size_type n)	存储一个分配器对象 A()，构造一个由 n 个值为 T() 的元素组成的序列
16	vector(size_type n, const T& x)	存储一个分配器对象 A()，构造一个由 n 个值为 x 的元素组成的序列
17	vector(size_type n, const T& x, const A& al)	存储一个分配器对象 al，构造一个由 n 个值为 x 的元素组成的序列
18	vector(const vector& x)	存储一个分配器对象 x.get_allocator()，构造一个由 x 控制序列的复制
19	vector(InIt first, InIt last)	存储一个分配器对象 A()，如果 InIt 为整型，则构造(size_type)first 个值为(T)last 的元素组成的序列；否则，构造指定序列[first, last)
20	void reserve(size_type n)	如果 n 大于 max_size()，则抛出一个 lengh_error 异常；否则，它将确保自此以后调用 capacity() 得到的返回值不会小于 n
21	size_type capacity() const	返回当前分配给被控序列的存储空间大小，至少为 size()
22	iterator begin()	返回指向被控序列第一个元素的随机存取迭代器。如果被控序列为空，则指向紧接着序列末端的下一个位置
23	const_iterator begin() const	返回指向被控序列第一个元素的随机常存取迭代器。如果被控序列为空，则指向紧接着序列末端的下一个位置。
24	iterator end()	返回指向被控序列末端下一个位置的随机存取迭代器
25	const_iterator end() const	返回指向被控序列末端下一个位置的随机存取迭代器

(续表)

序号	成员	功能
26	reverse_iterator rbegin()	返回指向紧接着被控序列末端下一位置的反转型迭代器，即它指向该序列逆序列的开始处
27	const_reverse_iterator rbegin() const	返回指向紧接着被控序列末端下一位置的反转型迭代器，即它指向该序列逆序列的开始处
28	const_reverse_iterator rend()	返回指向被控序列第一个元素的反转型迭代器，它指向该序列逆序列的末端
29	reverse_iterator rend()	返回指向被控序列第一个元素的反转型迭代器，它指向该序列逆序列的末端
30	void resize(size_type n)	确保被调用之后再调用 size()函数得到的返回值是 n。如果在调用过程中需要扩展被控序列的长度，则向被控序列末端添加值为 T()的元素。如果需要缩短被控序列的长度，调用 erase(begin()+n, end())
31	void resize(size_type n, T x)	确保被调用之后再调用 size()函数得到的返回值是 n。如果在调用过程中需要扩展被控序列的长度，则向被控序列末端添加值为 x 的元素。如果需要缩短被控序列的长度，调用 erase(begin()+n, end())
32	size_type size() const	返回被控序列的长度
33	size_type max_size() const	返回容器对象所能控制的最长序列的长度
34	bool empty() const	被控序列为空时返回 true，否则返回 false
35	A get_allocator() const	返回存储在 vector 中的分配器对象
36	reference at(size_type pos)	返回控制序列位置为 pos 的引用，如果 pos 无效，则抛出一个 out_of_range 异常
37	const_reference at(size_type pos) cosnt	返回控制序列位置为 pos 的引用，如果 pos 无效，则抛出一个 out_of_range 异常
38	reference operator[](size_type pos)	返回指向被控序列中位置为 pos 的引用，如果 pos 是无效位置，则函数行为是未定义的
39	const_reference operator[](size_type pos)	返回指向被控序列中位置为 pos 的引用，如果 pos 是无效位置，则函数行为是未定义的
40	reference front()	返回指向被控序列第一个元素的引用，被控序列不能为空
41	const_reference front() const	返回指向被控序列第一个元素的引用，被控序列不能为空
42	reference back()	返回指向被控序列最后一个元素的引用，被控序列不能为空
43	const_reference back() const	返回指向被控序列最后一个元素的引用，被控序列不能为空
44	void push_back(const T& x)	将值为 x 的元素插入到被控序列末端，如果调用中出现异常，则容器保持不变且继续抛出异常
45	void pop_back()	删除被控序列最后一个元素，执行操作前序列不能为空，该函数不抛出异常
46	void assign(InIt first, InIt last)	如果 InIt 为整型，函数相当于 assign((size_type)first, (T)last)；否则，将*this 控制的序列替换成[first, last)，其中[first, last)不能和最初控制的序列重叠
47	void assign(size_type n, const T& x)	将*this 所控制的序列替换成一个由 n 个值为 x 的元素组成的序列
48	iterator insert(iterator it, const T& x)	在被控序列中 it 所指元素前插入一个单独的值为 x 的元素，则返回指向刚插入元素的迭代器
49	void insert(iterator it, size_type n, const T& x)	在被控序列中 it 所指元素前连续插入 n 个值为 x 的元素
50	void insert(iterator it, InIt first, InIt last)	如果 InIt 是整型，则函数相当于 insert(it, (size_type)first, (T)last)；否则向序列中插入序列[first, last)，插入的序列不能和最初的被控序列有重叠
51	iterator erase(iterator it)	从被控序列中删除 it 所指的元素，则返回指向被删除元素的下一个元素的迭代器。如果没有这样的元素，则指向 end()
52	iterator erase(iterator first, iterator last)	从被控序列中删除区间[first, last)的所有元素，返回指向 last 的迭代器
53	void clear()	清除被控序列的所有元素，其实际上是调用 eraase(begin(), end())

(续表)

序号	成员	功能
54	void swap(vecrot& x)	在*this 和 x 之间交换被控序列，如果 get_allocator()==x. get_allocator()，则操作在常量时间内完成，并且不抛出任何异常也不会导致任何指向这两个序列的引用、指针和迭代器无效。否则，它将以与这两个序列元素个数成比例的次数调用元素的构造函数并为元素赋值
55	~vector()	析构函数，释放必要的资源

A.1.2 列表（list）

类模板 list 是一个容器，它控制一个由 N 个节点组成的序列。这个序列用双向链表存储，每个节点存储一个单独的元素。它的优势在于链表的弹性，可以随意地插入和删除元素，只需要改变节点向前和向后的连接。表 A.2 给出 list 的主要成员及其解释。

表 A.2 list 主要成员的功能

序号	成员	功能
1	allocator_type	分配器对象类型，模板参数 A 的同义词
2	pointer	指向被控序列中元素的指针
3	const_pointer	指向被控序列元素的常量指针
4	reference	指向被控序列中元素的引用
5	const_reference	指向被控序列元素的常量引用
6	value_type	被控序列中元素的类型，模板参数 T 的同义词
7	iterator	指向被控序列的双向迭代器
8	const_iterator	常双向迭代器
9	size_type	无符号整数，表示任意被控序列的长度
10	difference_type	被控序列中任意两个元素地址之间的差距
11	const_reverse_iterator	指向被控序列元素的常量反转型双向迭代器
12	reverse_iterator	指向被控序列元素的反转型双向迭代器
13	list()	存储一个分配器对象 A()，构造一个空的被控序列
14	explicit list(const A& al)	存储一个分配器对象 al，构造一个空的被控序列
15	explicit list(size_type n)	存储一个分配器对象 A()，构造一个由 n 个值为 T() 的元素组成的序列
16	list(size_type n, const T& x)	存储一个分配器对象 A()，构造一个由 n 个值为 x 的元素组成的序列
17	list(size_type n, const T& x, const A& al)	存储一个分配器对象 al，构造一个由 n 个值为 x 的元素组成的序列
18	list(const list& x)	存储一个分配器对象 x. get_allocator()，构造一个由 x 控制序列的复制
19	list(InIt first, InIt last)	存储一个分配器对象 A()
20	void reverse()	反转出现在被控序列中的所有元素
21	void unique()	删除被控序列中所有与前面元素相等的元素
22	void unique(Pred pr)	假设迭代器 Pi 指向 i 处的元素，Pj 指向 j 处的元素，则函数删除所有满足 ((i+1==j) && pr(*Pi, *Pj)) 为 true 的元素
23	iterator begin()	返回一个双向迭代器，它指向被控序列的第一个元素。如果被控序列为空，则指向紧接着该序列末端的下一个位置

（续表）

序号	成员	功能
24	const_iterator begin() const	返回一个双向迭代器，它指向被控序列的第一个元素。如果被控序列为空，则指向紧接着该序列末端的下一个位置
25	iterator end()	返回指向被控序列末端下一个位置的双向迭代器
26	const_iterator end() const	返回指向被控序列末端下一个位置的双向迭代器
27	reverse_iterator rbegin()	返回指向紧接着被控序列末端下一位置的反转型双向迭代器，即它指向该序列逆序列的开始处
28	const_reverse_iterator rbegin() const	返回指向紧接着被控序列末端下一位置的反转型双向迭代器，即它指向该序列逆序列的开始处
29	const_reverse_iterator rend() const	返回指向被控序列第一个元素的反转型双向迭代器，它指向该序列逆序列的末端
30	reverse_iterator rend()	返回指向被控序列第一个元素的反转型双向迭代器，它指向该序列逆序列的末端
31	void resize(size_type n)	确保被调用之后再调用 size()函数得到的返回值是 n。如果在调用过程中需要扩展被控序列的长度，那么向被控序列末端添加值为 T()的元素。如果需要缩短被控序列的长度，则调用 erase(begin()+n, end())
32	void resize(size_type n, T x)	确保被调用之后再调用 size()函数得到的返回值是 n。如果在调用过程中需要扩展被控序列的长度，则向被控序列末端添加值为 x 的元素。如果需要缩短被控序列的长度，则调用 erase(begin()+n, end())
33	size_type size() const	返回被控序列的长度
34	size_type max_size() const	返回容器对象所能控制的最长序列的长度
35	bool empty() const	被控序列为空时返回 true，否则返回 false
36	A get_allocator() const	返回存储在 list 中的分配器对象
37	void splice(iterator it, list& x)	把 x 控制的序列插入到 this 控制序列中 it 指定元素的前面，并删除 x 中的所有元素
38	void splice(iterator it, list& x, iterator first)	删除 x 控制序列中 first 指定的元素，并把它插入到 this 控制序列中 it 指定元素的前面
39	void splice(iterator it, list& x, iterator first, iterator last)	把 x 控制序列中由[first, last]指定的区间插入到 this 控制序列中 it 所指元素的前面，并在 x 中删除区间[first, last]的元素。如果&x==this，则区间[first, last]中不能包含 it 指定的元素
40	reference front()	返回指向被控序列第一个元素的引用，则被控序列不能为空
41	const_reference front() const	返回指向被控序列第一个元素的引用，则被控序列不能为空
42	reference back()	返回被控序列最后一个元素的引用，则被控序列不能为空
43	const_reference back() const	返回被控序列最后一个元素的引用，则被控序列不能为空
44	void push_back(const T& x)	将值为 x 的元素插入到被控序列末端，如果调用中出现异常，容器保持不变且继续抛出异常
45	void pop_back()	删除被控序列中的最后一个元素，执行操作前序列不能为空。该函数不抛出异常
46	void assign(InIt first, InIt last)	如果 InIt 为整型，函数相当于 assign((size_type)first, (T)last)；否则，将*this 控制的序列替换成[first, last)，其中[first, last)不能和最初控制的序列重叠

(续表)

序号	成员	功能
47	void assign(size_type n, const T& x)	将*this 所控制的序列替换成一个由 n 个值为 x 的元素组成的新序列
48	iterator insert(iterator it, const T& x)	在被控序列中 it 所指元素前插入一个单独的值为 x 的元素，则返回指向刚插入元素的迭代器
49	void insert(iterator it, size_type n, const T& x)	在被控序列中 it 所指元素前连续插入 n 个值为 x 的元素
50	void insert(iterator it, InIt first, InIt last)	如果 InIt 是整型，则函数相当于 insert(it, (size_type)first, (T)last)；否则向被控序列中插入序列[first, last)，插入的序列不能和最初的被控序列有重叠
51	iterator erase(iterator it)	从被控序列中删除 it 所指的元素，返回指向被删除元素的下一个元素的迭代器。如果没有这样的元素则指向 end()
52	iterator erase(iterator first, iterator last)	从被控序列中删除区间[first, last)中的所有元素，返回指向 last 的迭代器
53	void clear()	清除被控序列的所有元素，它实际上是调用 eraase(begin(), end())
54	void swap(vecrot& x)	在*this 和 x 之间交换被控序列，如果 get_allocator()==x. get_allocator()，则操作在常量时间内完成，并且不抛出任何异常，也不会导致任何指向这两个序列的引用、指针和迭代器无效。否则，它将以与这两个序列元素个数成比例的次数调用元素的构造函数并为元素赋值
55	void merge(list& x)	删除 x 所控制序列的所有元素，并把它们插入到 this 所控制的序列中，两个序列必须按照相同的谓词排序。谓词为：假设 Pi 指向位置 i 的元素，Pj 指向位置 j 的元素，如果 i<j，则!(*Pj<*Pi) 为 true
56	void merge(list& x, Pred pr)	删除 x 所控制序列的所有元素，并把它们插入到 this 所控制的序列中，两个序列必须按照相同的谓词排序。谓词为：假设 Pi 指向位置 i 的元素，Pj 指向位置 j 的元素，如果 i<j，则!pr(*Pj, *Pi) 为 true
57	void pop_front()	删除序列的第一个元素，执行操作前序列不能为空，该函数不抛出任何异常
58	void push_front(const T& x)	把一个值为 x 的元素插入到被控序列的开始处，如果调用中出现异常，则容器保持不变且继续抛出异常
59	void remove(const T& x)	在被控序列中删除符合*P == x 的元素，P 为一个指向元素的迭代器。该函数不抛出任何异常
60	void remove_if(Pred pr)	在被控序列中删除使 pr(*P)为 true 的元素，P 为一个指向元素的迭代器。只有在 pr 抛出异常时，该函数才会有异常发生，此时，被控序列处于一个未指定状态，异常继续向外抛出
61	void sort()	按照下述谓词排序被控序列，谓词为：假设迭代器 Pi 指向位置 i 的元素，Pj 指向位置 j 的元素，如果 i<j，则!(*Pj<*Pi) 为 true
62	~list()	析构函数，释放必要的资源

A.1.3 双队列（deque）

类模板 deque 控制长度为 N 的序列，它的每个单元长度一样，因此 deque 和 vector 一样可以在常量时间内任意存取元素，它支持随机存取迭代器，可以很好地实现先进先出或后进先出的数据结构。表 A.3 给出 deque 主要成员及其解释。

表 A.3 deque 主要成员的功能

序号	成员	功能
1	allocator_type	分配器对象类型，模板参数 A 的同义词
2	pointer	指向被控序列中元素的指针
3	const_pointer	指向被控序列元素的常量指针
4	reference	指向被控序列中元素的引用
5	const_reference	指向被控序列元素的常量引用
6	value_type	被控序列中元素的类型，模板参数 T 的同义词
7	iterator	指向被控序列的随机存取迭代器
8	const_iterator	常随机存取迭代器
9	size_type	无符号整数，表示任意被控序列的长度
10	difference_type	被控序列中任意两个元素地址之间的差距
11	const_reverse_iterator	指向被控序列元素的常量反转型随机存取迭代器
12	reverse_iterator	指向被控序列元素的反转型迭代器
13	deque()	存储一个分配器对象 A()，构造一个空的被控序列
14	explicit deque(const A& al)	存储一个分配器对象 al，构造一个空的被控序列
15	explicit deque(size_type n)	存储一个分配器对象 A()，构造一个由 n 个值为 T() 的元素组成的序列
16	deque(size_type n, const T& x)	存储一个分配器对象 A()，构造一个由 n 个值为 x 的元素组成的序列
17	deque(size_type n, const T& x, const A& al)	存储一个分配器对象 al，构造一个由 n 个值为 x 的元素组成的序列
18	deque(const vector& x)	存储一个分配器对象 x.get_allocator()，构造一个由 x 控制序列的复制
19	deque(InIt first, InIt last)	存储一个分配器对象 A()
20	void pop_front()	删除被控序列的第一个元素，执行操作前序列不能为空，删除元素仅会导致原先指向被删除元素的迭代器和引用无效。该函数不抛出任何异常
21	void push_front(const T& x)	把一个值为 x 的元素插入到被控序列的开始处，插入元素会导致所有指向已有元素的迭代器无效。如果调用过程中抛出异常，则容器保持不变且继续向外抛出异常
22	iterator begin()	返回指向被控序列第一个元素的随机存取迭代器。如果被控序列为空，则指向紧接着该序列末端的下一个位置
23	const_iterator begin() const	返回指向被控序列第一个元素的随机存取迭代器。如果被控序列为空，则指向紧接着该序列末端的下一个位置
24	iterator end()	返回指向被控序列末端下一个位置的随机存取迭代器
25	const_iterator end() const	返回指向被控序列末端下一个位置的随机存取迭代器
26	reverse_iterator rbegin()	返回指向紧接着被控序列末端下一位置的反转型迭代器，即它指向该序列逆序列的开始处
27	const_reverse_iterator rbegin() const	返回指向紧接着被控序列末端下一位置的反转型迭代器，即它指向该序列逆序列的开始处
28	const_reverse_iterator rend()	返回指向被控序列第一个元素的反转型迭代器，它指向该序列逆序列的末端
29	reverse_iterator rend()	返回指向被控序列第一个元素的反转型迭代器，它指向该序列逆序列的末端
30	void resize(size_type n)	确保被调用之后再调用 size() 函数得到的返回值是 n。如果在调用过程中需要扩展被控序列的长度，则向被控序列末端添加值为 T() 的元素。如果需要缩短被控序列的长度，则调用 erase(begin()+n, end())

(续表)

序号	成员	功能
31	void resize(size_type n, T x)	确保被调用之后再调用 size() 函数得到的返回值是 n。如果在调用过程中需要扩展被控序列的长度，则向被控序列末端添加值为 x 的元素。如果需要缩短被控序列的长度，则调用 erase(begin()+n, end())
32	size_type size() const	返回被控序列的长度
33	size_type max_size() const	返回容器对象所能控制的最长序列的长度
34	bool empty() const	被控序列为空时返回 true，否则返回 false
35	A get_allocator() const	返回存储在 deque 中的分配器对象
36	reference at(size_type pos)	返回控制序列位置为 pos 的引用，如果 pos 无效，则抛出一个 out_of_range 异常
37	const_reference at(size_type pos) cosnt	返回控制序列位置为 pos 的引用，如果 pos 无效，则抛出一个 out_of_range 异常
38	reference operator[](size_type pos)	返回指向被控序列中位置为 pos 的引用，如果 pos 是无效位置，那么函数行为是未定义的
39	const_reference operator[](size_type pos)	返回指向被控序列中位置为 pos 的引用，如果 pos 是无效位置，那么函数行为是未定义的
40	reference front()	返回被控序列第一个元素的引用，被控序列不能为空
41	const_reference front() const	返回被控序列第一个元素的引用，被控序列不能为空
42	reference back()	返回被控序列最后一个元素的引用，被控序列不能为空
43	const_reference back() const	返回被控序列最后一个元素的引用，被控序列不能为空
44	void push_back(const T& x)	将值为 x 的元素插入到被控序列末端，插入元素会导致所有指向已有元素的迭代器无效。如果调用中出现异常，则容器保持不变且继续抛出异常
45	void pop_back()	删除被控序列最后一个元素，执行操作前序列不能为空，删除元素仅会导致原先指向被删除元素的迭代器和引用无效。该函数不抛出异常
46	void assign(InIt first, InIt last)	如果 InIt 为整型，函数相当于 assign((size_type)first, (T)last)；否则，将*this 控制的序列替换成[first, last)，其中[first, last)不能和最初控制的序列重叠
47	void assign(size_type n, const T& x)	将*this 所控制的序列替换成一个由 n 个值为 x 的元素组成的新序列
48	iterator insert(iterator it, const T& x)	在被控序列中 it 所指元素前插入一个单独的值为 x 的元素，则返回指向刚插入元素的迭代器
49	void insert(iterator it, size_type n, const T& x)	在被控序列中 it 所指元素前连续插入 n 个值为 x 的元素
50	void insert(iterator it, InIt first, InIt last)	如果 InIt 是整型，则函数相当于 insert(it, (size_type)first, (T)last)；否则向被控序列中插入序列[first, last)，插入的序列不能和最初的被控序列有重叠
51	iterator erase(iterator it)	从被控序列中删除 it 所指的元素，则返回指向被删除元素的下一个元素或 end()的迭代器
52	iterator erase(iterator first, iterator last)	从被控序列中删除区间[first, last)中的所有元素，返回指向 last 的迭代器
53	void clear()	清除被控序列的所有元素，它实际上是调用 eraase(begin(), end())
54	void swap(vecrot& x)	在*this 和 x 之间交换被控序列，如果 get_allocator()==x. get_allocator()，则操作在常量时间内完成，并且不抛出任何异常也不会导致任何指向这两个序列的引用、指针和迭代器无效。否则，它将以与这两个序列元素个数成比例的次数调用元素的构造函数并为元素赋值
55	~ deque()	析构函数，释放必要的资源

A.1.4 栈（stack）

类模板 stack 是一个容器适配器，它自己不能直接维护被控序列，是它存储的容器对象为它实现所有的功能。也就是说，类模板 stack 中有一个容器作为它的成员对象，实现栈的被控序列实际是存储于这个容器中的。下面 stack 定义中，Cont 类型的保护成员变量 c 就是实际存储被控序列的容器。其中，Cont 可以是 deque、vector 或 list 类型，定义中使用的是 deque。表 A.4 给出 stack 的主要成员及其解释。

表 A.4 stack 主要成员的解释

序号	成员	功能
1	container_type	容器类型，模板参数 Cont 的同义词
2	value_type	被控序列中元素的类型，模板参数 T 的同义词
3	size_type	无符号整数，表示任意被控序列的长度
4	stack()	将存储对象初始化为 c()，以此指定一个空初始被控序列
5	explicit stack(const container_type& cont)	将存储对象初始化为 c(cont)，把被控序列初始化为 cont 所控制序列的一个复制
6	bool empty() const	被控序列为空时返回 true，否则返回 false
7	size_type size() const	返回被控序列的长度
8	value_type& top()	返回被控序列最后一个元素的引用，被控序列不能为空
9	const value_type& top() const	返回被控序列最后一个元素的引用，被控序列不能为空
10	Void push(const value_type& x)	向被控序列末端插入一个值为 x 的元素
11	void pop()	删除被控序列最后一个元素，执行操作前序列不能为空
12	~stack()	析构函数，释放必要的资源
13	c	存储被控序列的容器，在这里是 deque 类型

A.1.5 队列（queue）

类模板 queue 是一个容器适配器，它自己不能直接维护被控序列，是它存储的容器对象为它实现所有的功能。和类模板 stack 一样，类模板 queue 中有一个容器作为它的成员对象，实现队列的被控序列实际是存储于这个容器中的。下面 queue 定义中，Cont 类型的保护成员变量 c 就是实际存储被控序列的容器。同样，Cont 可以是 deque、vector 或 list 类型，定义中使用的是 deque。表 A.5 给出 queue 的主要成员及其解释。

表 A.5 queue 主要成员的功能

序号	成员	功能
1	container_type	容器类型，模板参数 Cont 的同义词
2	value_type	被控序列中元素的类型，模板参数 T 的同义词
3	size_type	无符号整数，表示任意被控序列的长度
4	queue()	将存储对象初始化为 c()，以此指定一个空的初始被控序列

(续表)

序号	成员	功能
5	explicit queue(const container_type& cont)	将存储对象初始化为 c(cont),把被控序列初始化为 cont 所控制序列的一个复制
6	bool empty() const	被控序列为空时返回 true,否则返回 false
7	size_type size() const	返回被控序列的长度
8	value_type& back()	返回被控序列最后一个元素的引用,被控序列不能为空
9	const value_type& back() const	返回被控序列最后一个元素的引用,被控序列不能为空
10	void push(const value_type& x)	向被控序列末端插入一个值为 x 的元素
11	void pop()	删除被控序列最后一个元素,执行操作前序列不能为空
12	value_type& front()	返回被控序列第一个元素的引用,此时被控序列不能为空
13	const value_type& front() const	返回被控序列第一个元素的引用,此时被控序列不能为空
14	~stack()	析构函数,释放必要的资源

A.2 常用算法

下面列出 STL 常用算法的原型及其功能,其中,每种算法都会用到迭代器参数,算法中给出的迭代器类型是指该算法实际参数类型允许的迭代器最小种类。算法中用到的迭代器如下。

(1) OutIt:输出迭代器。
(2) InIt:输入迭代器。
(3) FwdIt:前向迭代器。
(4) BidIt:双向迭代器。
(5) RanIt:随机存取迭代器。

A.2.1 非修正算法

常用的非修正算法及其功能介绍如表 A.6 所示。

表 A.6 非修正算法及其功能

序号	算法名称	算法原型	算法功能
1	find()	template<class InIt, class T> InIt find(InIt first, InIt last, const T& val);	返回指向序列中第一个等于指定元素的迭代器
2	find_if()	template<class InIt, class Pred> InIt find_if(InIt first, InIt last, Pred pr);	返回指向序列中第一个使得函数对象 pr(x)返回 true 的元素的迭代器
3	find_end()	template<class FwdIt1, class FwdIt2> FwdIt1 find_end(FwdIt1 first1, FwdIt1 last1, FwdIt2 first2, FwdIt2 last2); template<class FwdIt1, class FwdIt2, class Pred> FwdIt1 find_end(FwdIt1 first1, FwdIt1 last1, FwdIt2 first2, FwdIt2 last2, Pred pr);	查找在一个序列中另外一个序列最后出现的位置,返回指向这个位置元素的迭代器。比较使用 operator==或函数对象

（续表）

序号	算法名称	算法原型	算法功能
4	find_first_of()	template<class FwdIt1, class FwdIt2> FwdIt1 find_first_of(FwdIt1 first1, FwdIt1 last1, FwdIt2 first2, FwdIt2 last2); template<class FwdIt1, class FwdIt2, class Pred> FwdIt1 find_first_of (FwdIt1 first1, FwdIt1 last1, FwdIt2 first2, FwdIt2 last2, Pred pr);	查找在一个序列中另外一个序列第一次出现的位置，返回指向这个位置元素的迭代器。比较使用 operator==或函数对象
5	count()	tempale<class InIt, class T> typename iterator_traits<InIt>::difference_type count(InIt first, InIt last, const T& val);	计算序列中等于指定值的元素个数
6	count_if()	template<class InIt, class Pred, class Dist> typename iterator_traits<InIt>::difference_type count_if(InIt first, InIt last, Pred pr);	计算序列中使得函数对象 pr(x)返回 true 的元素个数
7	for_each()	template<class InIt, class Fun> Fun for_each(InIt first, InIt last, Fun f);	对序列中每个元素 x 都调用 f(x)，f 为函数对象

8	equal()	template<class InIt1, class InIt2>
		bool equal(InIt1 first, InIt1 last, InIt2 x);
		template<class InIt1, class InIt2, class Pred>
		bool equal(InIt1 first, InIt1 last, InIt2 x, Pred pr);
			比较两个序列是否相等，相等返回 true，比较按照元素的存储顺序使用 operator==或函数对象挨个进行比较

9	search()	template<class FwdIt1, class FwdIt2> FwdIt1 search(FwdIt1 first1, FwdIt1 last1, FwdIt2 first2, FwdIt2 last2); template<class FwdIt1, class FwdIt2, class Pred> FwdIt1 search(FwdIt1 first1, FwdIt1 last1, FwdIt2 first2, FwdIt2 last2, Pred pr);	在一个序列中查找另一个序列第一次出现的位置，返回指向这个位置元素的迭代器。比较使用 operator==或函数对象

A.2.2 修正算法

常用的修正算法及其功能介绍如表 A.7 所示。

表 A.7 修正算法及其功能

序号	算法名称	算法原型	算法功能
1	copy()	template<class FwdIt, class OutIt> OutIt copy(InIt first, InIt last, OutIt x);	将一个序列从头到尾复制到另外一个序列中
2	copy_backward()	Template<class BidIt1, class BidIt2> BidIt2 copy_backward(BidIt1 first, BidIt1 last, BidIt2 x);	将一个序列从尾到头地复制到另外一个序列
3	fill()	template<class FwdIt, class T> void fill(FwdIt first, FwdIt last, const T& x);	将一个特定的值赋给序列中的所有元素
4	generate()	template<class FwdIt, class Gen> void generate(FwdIt first, FwdIt last, Gen g);	对序列中的元素都赋值为 g()，g 为函数对象

· 341 ·

(续表)

序号	算法名称	算法原型	算法功能
5	partition()	template<class BidIt, class Pred> BidIt partition(BidIt first, BidIt last, Pred pr);	将序列中所有使得 pr(x) 为 true 的元素 x 移到序列的开始处，返回指向操作后序列的迭代器。pr 为函数对象

6	random_shuffle()	template<class RanIt>
		void random_shuffle(RanIt first, RanIt last);
		template<class RanIt, class Fun>
		void random_shuffle(RanIt first, RanIt last, Fun& f);
			对序列中的元素进行随机重排

7	remove()	template<class FwdIt, class T> FwdIt remove(FwdIt first, FwdIt last, const T& val);	移除一个序列中所有等于一个特定值的元素，返回指向结果序列末端的迭代器
8	remove_if()	template<class FwdIt, class Pred> FwdIt remove_if(FwdIt first, FwdIt last, Pred pr);	移除一个序列中所有使得 pr(x) 为 true 的元素 x，返回指向结果序列末端的迭代器。pr 为函数对象
9	replace()	template<class FwdIt, class T> void replace(FwdIt first, FwdIt last, const T& vold, const T& vnew);	将一个序列中等于一个特定值的所有元素都替换成另一个特定值
10	replace_if()	template<class FwdIt, class Pred, class T> void replace_if(FwdIt first, FwdIt last, Pred pr, const T& val);	将一个序列中每一个使得 pr(x) 为 true 的元素 x 的值都替换成一个特定值，pr 为函数对象
11	rotate()	template<class FwdIt> void rotate(FwdIt first, FwdIt middle, FwdIt last);	旋转序列中的元素
12	reverse()	template<class BidIt> void reverse(BidIt first, BidIt last);	反转一个序列
13	swap()	template<class T> void swap(T& x, T&y);	交换两个已存储的值
14	swap_ranges()	template<class FwdIt1, class FwdIt2> FwdIt2 swap_ranges(FwdIt1 first, FwdIt1 last, FwdIt2 x);	交换两个序列中所存储的值，返回指向一个序列的迭代器
15	unique()	template<class FwdIt> FwdIt unique(FwdIt first, FwdIt last); template<class FwdIt, class Pred> FwdIt unique(FwdIt first, FwdIt last, Pred pr);	移除一个序列中所有和前面元素相等的元素，返回指向结果序列末端的迭代器
16	iter_swap()	template<class FwdIt1, class FwdIt2> void iter_swap(FwdIt1 x, FwdIt2 y);	交换两个由迭代器所指定的存储值

A.2.3 排序算法

常用的排序算法及其功能介绍如表 A.8 所示。

表 A.8 排序算法及其功能

序 号	算法名称	算 法 原 型	算 法 功 能

1	sort()	template<class RanIt>
		void sort(RanIt first, RanIt last);
		template<class RanIt, class Pred>
		void sort(RanIt first, RanIt last, Pred pr);
			使序列中的元素以升序方式存储，比较使用 operator<或函数对象

2	lower_bound()	template<class FwdIt, class T> FwdIt lower_bound(FwdIt first, FwdIt last, const T& v); template<class FwdIt, class Pred> FwdIt lower_bound(FwdIt first, FwdIt last, Pred pr);	返回指向有序序列中第一个不小于给定值元素的迭代器。比较使用 operator<或 pr
3	upper_bound()	template<class FwdIt, class T> FwdIt upper_bound(FwdIt first, FwdIt last, const T& v); template<class FwdIt, class T, class Pred> FwdIt upper_bound(FwdIt first, FwdIt last, const T& v, Pred pr);	在有序序列中检测最后一个不小于给定的特定值的元素位置，返回指向该位置元素的迭代器。比较使用 operator<或函数对象

4	equal_range()	template<class FwdIt, class T>
		pair<FwdIt, FwdIt> equal_range(FwdIt first, FwdIt last,
		   const T& val);
		template<class FwdIt, class T, class Pred>
		pair<FwdIt, FwdIt> equal_range(FwdIt first, FwdIt last,
		   const T& val, Pred pr);
			返回有序序列中第一个和最后一个不小于一个特定值的边界。比较使用 operator<或函数对象

5	merge()	template<class InIt1, class InIt2, class OutIt> OutIt merge(InIt1 first1, InIt1 last1, InIt2 first2, InIt2 last2, OutIt x); template<class InIt1, class InIt2, class OutIt, class Pred> OutIt merge(InIt1 first1, InIt1 last1, InIt2 first2, InIt2 last2, OutIt x, Pred pr);	将两个有序序列合并产生一个新的序列，返回指向这个序列的迭代器。比较使用 operator<或函数对象

6	includes()	template<class InIt1, class InIt2>
		bool includes(InIt1 first1, InIt1 last1, InIt2 first2, InIt2 last2);
		template<class FwdIt1, class FwdIt2, class Pred>
		bool includes(InIt1 first1, InIt1 last1, InIt2 first2, InIt2 last2, Pred pr);
			检测一个有序序列是否包含另外一个有序序列，如果包含返回 true，否则返回 false。比较使用 operator<或函数对象

7	min()	template<class T>
		const T& min(const T& x, const T& y);
		template<class T, class Pred>
		const T& min(const T& x, const T& y, Pred pr);
			返回两个元素中的较小元素的引用。比较使用 operator<或函数对象

序号	算法名称	算法原型	算法功能

8	max()	template<class T>
		const T& max(const T& x, const T& y);
		template<class T, class Pred>
		const T& max(const T& x, const T& y, Pred pr);
			返回两个元素中的较大元素的引用。比较使用 operator<或函数对象

9	min_element()	template<class FwdIt> FwdIt min_element(FwdIt first, FwdIt last); template<class FwdIt, class Pred> FwdIt min_element(FwdIt first, FwdIt last, Pred pr);	返回指向序列中最小值的迭代器,比较使用 operator<或函数对象
10	max_element()	template<class FwdIt> FwdIt max_element(FwdIt first, FwdIt last); template<class FwdIt, class Pred> FwdIt max_element(FwdIt first, FwdIt last, Pred pr);	返回指向序列中最大值的迭代器,比较使用 operator<或函数对象

A.2.4 数值计算算法

常用的数值计算算法及其功能介绍如表 A.9 所示。

表 A.9 数值计算算法及其功能

序号	算法名称	算法原型	算法功能
1	accumulate()	template<class InIt, class T> T accumulate(InIt first, InIt last, T val); template<class FwdIt, class T, class Pred> T accumulate(InIt first, InIt last, T val, Pred pr);	使用 operator+或 pr 对序列中的所有元素求和,返回所得的和
2	inner_product()	template<class InIt1, class InIt2, class T> T inner_product(InIt1 first1, InIt1 last1, InIt2 first2, T val); template<class InIt1, class InIt2, class T, class Pred1, class Pred2> T inner_product(InIt1 first1, InIt1 last1, InIt2 first2, T val, Pred1 pr1, Pred2 pr2);	使用 operator+和 operator*或 pr1 和 pr2 对两个序列中的相应元素的乘积求和,返回所得的和
3	partial_sum()	template<class InIt, class OutIt> OutIt partial_sum(InIt first, InIt last, OutIt result); template<class InIt, class OutIt class Pred> OutIt partial_sum(InIt first, InIt last, OutIt result, Pred pr);	使用 operator+或 pr 产生一个求和序列,其中每个元素都是在已有的总和上再加上一个元素所得的结果,返回指向该序列的迭代器

附录 B C++新特性

C++标准委员会于 1997 年 11 月 14 日通过了第一个 C++标准最终草案，1998 年，C++的 ANSI/ISO 标准被投入使用，即 C++98 标准；后来标准委员会于 2003 年对该标准做了小幅修正；C++标准委员会于 2011 年 8 月 12 日公布了第三个 C++标准，此次标准为 C++98 发布后 13 年来第一次重大修正，即 C++11 标准，该标准的 C++也被称为 C++2.0 或现代 C++；2014 年 9 月 10 日，标准委员会发布了 C++14 标准，对 C++11 标准做了补充完善，标准委员会计划在 C++17 标准中对 C++做一次重大修正。

本附录描述的特性是 C++11 中的几个非常有用且常见的新特性。

1）auto 关键字转意

在 C99 标准中，auto 关键字表示自动局部变量，实际上定义局部变量时一般省略了该关键字。在 C++11 标准中改变了 auto 关键字的含义，用于在定义变量时，根据赋值运算右边的数据类型自动推导定义变量的类型。

例如：

  auto   i = 10; //i 根据 int 常量 10 推断为 int 变量
  auto   d=10.0; //d 根据 double 常量 10.0 推断为 double 类型变量

在使用 STL 时，如果和 auto 关键字结合，能够使代码更简洁，如遍历一个 vector 时：

  for (std::vector::const_iterator itr = vec.cbegin(); itr != vec.cend(); ++itr)

而使用 auto 关键字：

  for (auto itr = myvec.cbegin(); itr != myvec.cend(); ++itr)

auto 有以下注意问题，不能推导出常量类型，例如：

  const   int a =10;
  auto b = a;   // b 的类型是 int

2）基于范围的 for 循环

语法如下：

  for(数据类型 数据元素: 容器)
  {
  循环体
  }

说明：

（1）数据类型可以采用新特性 auto 关键字由编译器自动根据容器的元素类型推断。

（2）数据元素变量为值类型，是容器元素的一个拷贝，不是容器元素，如遍历过程中改变容器数据元素的值时，可以采用引用方式说明，实际上，为减少变量的复制，当不改变元素值的遍历时，可采用常引用是一个比较合适的选择。

（3）for 循环适用于：begin()函数表示容器的开始，end()函数表示容器中最后一个元素结尾的容器。STL 中的所有容器都可以在上述方式进行遍历。

例如：

```cpp
#include <vector>
#include <iostream>
int main()
{
    std::vector<int> vc = { 1,2,3,4,5,6,7,8,9 };
    for (const auto &x : vc)
    {
        std::cout << x << std::endl;
    }
    return 0;
}
```

3）lambda 匿名函数对象（仿函数）

lambda 具有如下格式：

[捕获列表] (参数列表)→返回类型 { 函数体 }

可以看到，它有四个组成部分。

说明：

（1）捕获列表用于获得 lambda 匿名函数所处作用域内可以处理的变量；可以直接为变量名称，但是有以下特殊用法：

[=] 传值方式捕获所处函数体内所有局部变量；
[&] 引用方式捕获所处函数体内所有局部变量；
[this] 捕获当前对象，lambda 函数体内可以访问对象的成员变量和成员函数。

（2）返回类型可以省略，如果省略则由编译器根据函数体内的返回类型自动推断。如果不省略则必须和函数体内返回类型保持一致。

例如：

```cpp
#include <vector>
#include <iostream>
int main()
{
    std::vector<int> vc = { 1,2,3,4,5,6,7,8,9 };
    auto fun = [&vc]   //定义 lambda 函数对象 fun，捕获参数为引用的 vc
    {
        for (const auto &x : vc)
        {
            std::cout << x << std::endl;
        }
    };
    fun();//这里调用了 lambda 函数
    return 0;
}
```

由于 STL 的算法中大量使用了函数对象方式,在使用 STL 编程中能有效提高编程效率。

```cpp
#include <vector>
#include <iostream>
#include <algorithm>
int main()
{
    std::vector<int> vc = { 1,2,3,4,5,6,7,8,9 };
    auto it = std::find_if(vc.begin(), vc.end(), [](int &nn)
    {
        return nn == 10;
    });
    if (it == vc.end())
        std::cout << "vc 容器中没有值为 10 的元素";
    return 0;
}
```

4)右值引用及移动构造

C++(包括 C)中所有的表达式和变量要么是左值要么是右值。一般来说,左值是非临时对象,那些可以在多条语句中使用的对象,可以采用取地址符&获得对象的地址。

右值是指临时对象,它们只在当前语句中有效,无法获得对象地址,在之前的语法中也无法用一个标识符表示该对象。例如:int　i = 0;// 就是一个左值

而如有函数:

```cpp
int fun();
```

则 fun 的返回值就是一个右值,因为函数的返回值是一个临时变量,C++11 定义了标识符&&表示右值引用,语法如下:

数据类型 && 变量名 = 临时变量;

传统意义的引用都是左值引用,C++11 定义右值引用的主要目的之一是可以捕获临时变量。例如:

```cpp
#include <string>
int main()
{
  std::string str1("test1"),str2("test2");
  auto &&str = str1 + str2; //s 两个字符串的相加结果是一个临时变量
     return 0;
}
```

右值引用是用来支持移动语义的。移动语义可以将资源(堆、系统对象等)从一个对象转移到另一个对象,这样能够减少不必要的临时对象的创建、复制及销毁,能够大幅度提高 C++ 应用程序的性能。临时对象的维护(创建和销毁)对性能有严重影响。

要实现转移语义,需要定义移动构造函数及移动赋值操作符。如果移动构造函数和移动拷贝操作符没有定义,那么就遵循现有的机制,拷贝构造函数和赋值操作符会被调用。

移动构造函数及移动赋值操作符是将临时对象的资源直接取过来，而不必复制。

移动构造函数 语法如下：

  类名 (类名 && 对象名称)

C++11 定义了 std：：move 函数，可以将一个左值转换为右值。

下面例子说明了移动拷贝和移动赋值操作定义方法：

```cpp
class MyString{
private:
    char* pdata;
    size_t   nlen;
    void init_data(const char *s) {
        pdata = new char[nlen + 1];
        memcpy(pdata, s, nlen);
        pdata[nlen] = '\0';
    }
public:
    MyString():pdata(NULL),nlen(0)
    {}
    MyString(const char* p) {
        nlen = strlen(p);
        init_data(p);
    }
    MyString(const MyString& str) {
        nlen = str.nlen;
        if(str.nlen == 0)
            pdata = NULL;
        else
            init_data(str.pdata);
        std::cout << "调用拷贝构造函数 "<< std::endl;
    }
    MyString& operator=(const MyString& str) {
        if (this != &str) {
            nlen = str.nlen;
            if (str.nlen == 0)
                pdata = NULL;
            else
                init_data(str.pdata);
            std::cout << "调用赋值操作" << std::endl;
            return *this;
        }
    }
    MyString(MyString&& str) {
        nlen = str.nlen;
        pdata = str.pdata;
```

```cpp
            str.pdata = NULL;//资源被转移了，赋值为 NULL
            str.nlen = 0;
            std::cout << "调用右值拷贝构造函数 " << std::endl;
        }
        MyString& operator=(MyString&& str) {
            nlen = str.nlen;
            pdata = str.pdata;
            str.pdata = NULL; //资源被转移了，赋值为 NULL
            str.nlen = 0;
            std::cout << "调用右值赋值操作 " << std::endl;
            return *this;
        }
        virtual ~MyString() {
            if (pdata) free(pdata);
        }
    };
    int main() {
        MyString a;
        a = MyString("Hello");
        std::vector<MyString> vec;
        vec.push_back(MyString("World"));//这里会调用右值拷贝
    }
```

5）智能指针

智能指针相对普通指针加了一层封装机制，目的是为了使得智能指针可以方便管理指针对象的生命期，智能指针负责自动释放所指向的对象。

C++11 不再提倡使用 C++98 的 auto_ptr，并设计了 3 种智能指针，即 shared_ptr、weak_ptr 和 unique_ptr。头文件：<memory>。作用如下。

（1）unique_ptr。

只允许有一个指针的所有者，可以移到新所有者，但不会复制或共享。用于替换已弃用的 auto_ptr。

（2）shared_ptr。

采用引用计数的智能指针。可以有多个所有者。当所有的 shared_ptr 所有者放弃所有权时，才会由 shared_ptr 释放指针指向资源。

（3）weak_ptr。

结合 shared_ptr 使用的特例智能指针。weak_ptr 提供对一个或多个 shared_ptr 实例拥有的对象的访问，应用于需要使用指针对象但不需要其保持活动状态。

```cpp
        #include <iostream>
        #include <memory>
        using namespace std;
        int main()
        {
            unique_ptr<int> up1(new int(10));
```

```
           // unique_ptr<int> up2 = up1; // 非法赋值
        unique_ptr<int> up3 = move(up1);
               //  现在 up3 针拥有指针所有权，up1 为空
        shared_ptr<int> sp1(new int(20));
        shared_ptr<int> sp2 = sp1; //   sp1，sp2 都有指针所用权
        return 0;   //不需 delete ，由智能指针自动释放
    }
```

6）C++11 还包括其他许多非常有用的新特性。列举如下。

（1）override 和 final。override 表示该函数派生于虚函数，final 表示终止派生。

（2）强类型枚举。由关键字 enum class 标识，使枚举常量在作用域中使用。

（3）static_assert。编译时断言。如果为假，编译器报出错误信息。

（4）线程库。支持线程及临界资源的处理。

附录 C　C/C++跨平台开源开发环境——Code::Blocks

Code::Blocks 是一个开放源码的全功能跨平台 C/C++集成开发环境。

Code::Blocks 由纯粹的 C++语言开发完成，它使用了著名的图形界面库 wxWidgets（2.6.2 unicode）版。对于追求完美的 C++程序员，再也不必忍受 Eclipse 的缓慢，不必忍受 VS.NET 的庞大和高昂的价格。其官方网址为 http://www.codeblocks.org。

1．特点

1）开源（遵循 GPL2 规范）

Code::Blocks 是一个开源、免费、跨平台的 C++ IDE，功能不逊色于 Visual C++。Code::Blocks、MinGW 和 wxWidgets 是三个著名的开源项目，分别是 IDE、编译器和界面库。由这三样可以搭建出全开源纯 C++开发环境。

2）跨平台

虽然 Code::Blocks 从一开始就追求跨平台目标，但是最初的开发重点是 Windows 平台，从 2006 年 3 月 21 日版本：1.0 revision 2220 开始，Code::Blocks 在它的每日构建中正式提供 GNU/Linux 版本，这样 Code::Blocks 在 1.0 发布时就成为跨越平台的 C/C++IDE，支持 Windows 和 GNU/Linux。由于它开放源码的特点，Windows 用户可以不依赖于 VS.NET，编写跨平台 C++应用。目前官网上还提供苹果 Mac OS X 系统的安装包。

目前支持的平台如下。

（1）Windows 2000/XP/Vista/7/8.x/10。

（2）Linux (Ubuntu & Debian, 32 & 64 bits)。

（3）Mac OS X 10.4+。

3）可扩展插件

Code::Blocks 支持多种插件，包括代码格式化工具 AStyle、代码分析器、类向导、代码补全、代码统计、编译器选择、复制字符串到剪贴板、调试器、文件扩展处理器、Dev-C++DevPak 更新/安装器、DragScroll、源码导出器、帮助插件、键盘快捷键配置、插件向导、To-Do 列表、wxSmith、wxSmith MIME 插件、wsSmith 工程向导插件、Windows7 外观等。

4）其他特点

Code::Blocks 提供了许多工程模板，包括控制台应用、DirectX 应用、动态连接库、FLTK 应用、OpenGL 应用、QT 应用、静态库、Win32 GUI 应用、wxWidgets 应用、wxSmith 工程等，另外它还支持用户自定义工程模板。

Code::Blocks 支持语法彩色醒目显示，支持代码完成、工程管理、项目构建、调试（功能堪比 vc6.0）。

Code::Blocks 具有灵活而强大的配置功能，除支持自身的工程文件、C/C++文件外，还支持 AngelScript、批处理、CSS 文件、D 语言文件、Diff/Patch 文件、Matlab 文件、OpenGL Shading 语言文件、Python 文件、Windows 资源文件、XBase 文件、XML 文件、nVidia cg 文件等。识别 Dev-C++工程、MS VS 6.0-7.0 工程文件、工作空间、解决方案文件。

2. 安装

建议从官网下载包含有 mingw 编译器的版本，如图 C.1 所示。

图 C.1　下载安装包

这里以 codeblocks-13.12mingw-setup.exe 为例，介绍 Code::Blocks 的安装过程。

双击安装程序后，会进入安装向导。在点击"I Agree"接受授权信息后开始进入安装过程。首先显示图 C.2 所示的可选的安装组件，保持默认即可。单击"Next"按钮，进入图 C.3 选择安装路径的画面。

图 C.2　安装组件

图 C.3　设置安装路径

在自定义安装路径以后，单击"Install"按钮开始安装。接下来一直单击"Next"按钮即可完成安装过程。

3. 源代码编辑及编译

运行 codeblocks，显示如图 C.4 所示的主界面。

单击菜单项 File→New→Project，建立工程。

在弹出的图 C.5 所示的项目（模板）中，选择"Console application"模板，编写面向控制台的应用程序。单击"Go"按钮进入该类模板的向导。

单击"Next"按钮，然后保持默认"C++"，再单击"Next"按钮后开始输入工程信息，包括工程名称、保存地址等。

输入相关信息后，单击"Next"按钮。接下来，保持默认，一路单击"Next"按钮，直到单击"Finish"按钮为止。工程建立完毕，工程信息出现在左边的工程窗口。

图 C.4　主界面

图 C.5　项目模板

单击源文件名就可以编辑代码了。编辑结束保存后,单击图 C.6 所示的菜单项 Build/Build 开始编译。

图 C.6　编译

编译结果会显示在下方窗口中。如果有编译错误，也会显示在这个窗口中。如果无错误，可以单击菜单项 Build/Run，或单击工具栏绿色三角形按钮开始执行程序。

4．调试

设置断点有两种方法：一是用右键单击要设置断点的行，弹出一个菜单。在菜单中选择"Toggle breakpoint"，则该行左侧会出现红色圆点，表示设置了一个断点，如图 C.7 所示。

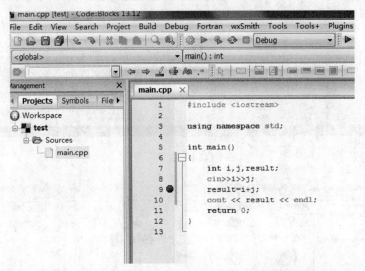

图 C.7　设置断点及断点示例

然后单击菜单项：Debug/Start，或者单击红色三角按钮，开始执行调试运行。

单击菜单项 Debug→Next line 等，或者单击工具条上的相应按钮，即可实现单步、运行到光标处等调试方法，如图 C.8 所示。

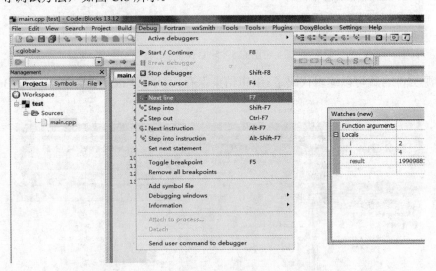

图 C.8　单步调试

如果在单击调试运行后未出现 Watches 窗口，则可以单击菜单项 Debug/Debugging windows/Watches 调出监视窗口。

停止调试，单击菜单项 Debug→Stop debugger。

建议调试结束时都应该单击 Stop debugger 来正常停止调试。

5．相关配置

如果需要，还可以修改各种设置。单击菜单 Settings，可以设置编程环境（通用设置）、编辑器、编译器、调试器等，如图 C.9 所示。

图 C.9　设置菜单

其中，在编译器设置中，可以看到目前使用的编译器，如图 C.10 所示。

图 C.10　设置编译器选项

由于 Code::Blocks 默认使用 gcc/g++编译器，所以在该页面中可以通过勾选为编译器命令 gcc 或 g++加上各种编译参数。

参 考 文 献

[1] 钱能. C++程序设计教程. 北京: 清华大学出版社, 1999.
[2] 徐建民. C语言程序设计. 北京: 电子工业出版社, 2002.
[3] 谭浩强. C程序设计（第2版）. 北京: 清华大学出版社, 1999.
[4] 李大友. C语言程序设计. 北京: 清华大学出版社, 1999.
[5] 张富. C及C++程序设计. 北京: 人民邮电出版社, 2003.
[6] 张基温. C语言程序设计案例教程. 北京: 清华大学出版社, 2005.
[7] 吕凤翥. C++语言基础教程（第2版）. 北京: 清华大学出版社, 2006.
[8] 吕凤翥. C语言基础教程——基础理论与案例. 北京: 清华大学出版社, 2006.
[9] 周霭如, 林伟健. C++程序设计基础（第2版）. 北京: 电子工业出版社, 2006.
[10] 林锐. 高质量程序设计指南——C++/C语言（第3版）. 北京: 电子工业出版社, 2007.
[11] 郑莉, 董渊, 张瑞丰. C++语言程序设计（第3版）. 北京: 清华大学出版社, 2005.
[12] H.M.Detiel, P.J.Detiel. C++ How To Program Third Edition. Pearson Education, Inc, 2002.
[13] Anton Eliens. Principles of Objected-Oriented Software Development. 北京：机械工业出版社, 2003.